高等学校"十二五"应用型特色规划教材

Java 语言程序设计

姚晓玲　王立波　张龙翔　孙晓燕　编著

电子工业出版社
Publishing House of Electronics Industry
北京·BEIJING

内 容 简 介

Java 语言是面向对象的编程语言，具有跨平台、安全、稳定以及多线程等优良特性，在网络程序开发、移动程序开发方面使用广泛，是目前最常用的编程语言之一。

全书分为 15 章，分别介绍了 Java 的基本数据类型结构、语句、类与对象、方法、数组、类的深入探讨、继承与多态、接口、异常处理、Java 常用类、图形用户界面、文件和流、线程等内容。

本书注重面向对象的编程实践和问题分析能力的训练，使用大量例题来帮助理解和应用知识，并且对 Java 8 的部分新特性进行了介绍。本书通俗易懂，便于自学，每一章都配有应用举例，以帮助读者理解该章节的主要内容。本书配套 PPT、源代码、习题解答。

本书适合作为高等院校相关专业的 Java 程序设计的教材，也可供自学者及软件开发人员参考。

未经许可，不得以任何方式复制或抄袭本书之部分或全部内容。
版权所有，侵权必究。

图书在版编目（CIP）数据

Java 语言程序设计 / 姚晓玲等编著. —北京：电子工业出版社，2017.1
ISBN 978-7-121-30569-6

Ⅰ.①J…　Ⅱ.①姚…　Ⅲ.①JAVA 语言－程序设计－高等学校－教材
Ⅳ.①TP312.8

中国版本图书馆 CIP 数据核字（2016）第 296085 号

策划编辑：任欢欢（malan@phei.com.cn）
责任编辑：任欢欢
印　　刷：北京七彩京通数码快印有限公司
装　　订：北京七彩京通数码快印有限公司
出版发行：电子工业出版社
　　　　　北京市海淀区万寿路 173 信箱　　邮编：100036
开　　本：787×1092　1/16　　印张：22.25　　字数：612 千字
版　　次：2017 年 1 月第 1 版
印　　次：2020 年 12 月第 5 次印刷
定　　价：48.00 元

凡所购买电子工业出版社图书有缺损问题，请向购买书店调换。若书店售缺，请与本社发行部联系，联系及邮购电话：(010) 88254888，88258888。

质量投诉请发邮件至 zlts@phei.com.cn，盗版侵权举报请发邮件至 dbqq@phei.com.cn。
本书咨询联系方式：192910558（QQ）群。

前　言

  Java语言是目前IT行业较为流行的面向对象的开发语言，具有平台无关性、安全、多线程等特点，适用于网络程序开发以及移动程序开发等领域。

  本书注重实用性，旨在面向对象的编程实践和分析能力的培养，利用大量例题来帮助理解和应用知识，面向实际应用，不拘泥于Java语法知识介绍，把面向对象的编程思想融合到Java语言介绍中，并针对编程开发的需求和Java语言的发展，引入Java 8的部分新特性、JUnit框架使用等。

  全书分为15章，分别介绍了Java的基本数据类型结构、语句、类与对象、方法、数组、类的深入探讨、继承与多态、接口、异常处理、Java常用类、图形用户界面、文件和流、线程等内容。

  第1章介绍Java语言的来历、特点，Java程序的运行过程，详解介绍了Java平台。第2章～第4章讲解Java程序的基本结构、分支、循环结构程序的编写。第5章介绍类与对象，对类和对象的概念、定义类和创建对象、构造方法等进行介绍，使读者初步有类与对象的概念。第6章介绍方法，包括方法的定义、声明、调用、方法参数传递、参数作用域、可变参数等内容，并介绍数学类和给出方法的应用举例。第7章讲述数组，此章不仅仅介绍一维、二维数组的定义，而且对于数组存放对象，方法传递数组的特点、Arrays等进行探讨，最后利用数组完成词典管理的应用程序。第8章对类进行深入探讨，在第5章的基础上，对类定义中出现的访问权限、this关键字、构造方法重载等进行介绍，除此之外，对包、枚举、内部类、类之间的关系、注解、泛型类等进行讲解。第9章为继承与多态相关内容，介绍类间的继承关系、继承与多态的实现，并讲解抽象类、Object类以及继承和多态的应用举例，给出了使用继承和多态的租车系统案例，以具体应用帮助读者理解面向对象特征。第10章为接口相关内容，介绍接口的概念以及使用、面向接口的编程、内部匿名类的创建、Java 8接口的新特性、Lambda表达式等，为帮助理解接口，讲解了水生产线的程序设计。第11章为异常处理相关内容，对异常的层次结构、try-catch-finally语句、异常抛出、JDK1.7异常新特性、自定义异常进行介绍。第12章常用类一章对String、StringBuffer、大数类、日期类、日期格式处理类、集合框架、Class类等进行介绍，在本章最后，举例说明使用List修改第5章的词典程序，帮助理解集合框架。第13章对图形界面进行讲解，包括各种组件的介绍、事件处理等，并利用词典程序的图形界面的实现帮助理解图形界面应用。第14章介绍文件输入/输出流，输入/输出流是Java的重要组成部分，其提供二十多种流，但其使用方式较为类似，本章最后给出了词典程序利用文件流进行读写的例子。第15章为线程相关内容，介绍线程的概念、实现以及线程的状态转换等特点，最后以多线程售票程序为例介绍线程的使用。

  本书的每个章节都包含关键术语和本章小结，关键术语给出每章出现的专业术语和其对照的英文含义，本章小结对每章的主要内容进行总结。本书的全部例题在JDK1.8环境下全部通过，并带有关键性注释，为鼓励读者去运行和练习例题，本书大部分例题没有给出运行结果。

  本书由孙晓燕完成第1、2、3、4章的编写；由张龙翔完成第7、8、9、10章的编写；由王立波完成第13、14、15章的编写；姚晓玲负责内容总体安排及第5、6、11、12章的编写。本书编写过程中，得到胡顺波老师的精心指导与大力支持，在此表示感谢。

  希望本教程能对读者学习Java有帮助。

  由于编者水平有限，书中难免存在不妥之处，恳请读者批评指正。

作者

目 录

第1章 Java 概述 ·········· 1
1.1 Java、互联网和其他 ·········· 1
1.1.1 Java 平台简介 ·········· 1
1.1.2 万维网与互联网 ·········· 1
1.1.3 Java 发展历史 ·········· 2
1.2 Java 的特点 ·········· 3
1.3 第一个 Java 程序 ·········· 3
1.4 编写、编译、执行 Java 程序 ·········· 4
1.4.1 Java 源程序的创建 ·········· 4
1.4.2 编译 Java 源文件 ·········· 5
1.4.3 执行 Java 字节码文件 ·········· 5
关键术语 ·········· 6
本章小结 ·········· 6
复习题 ·········· 7

第2章 程序设计基础 ·········· 8
2.1 Java 程序的基本结构 ·········· 8
2.1.1 算法与程序 ·········· 8
2.1.2 Java 程序基本结构 ·········· 8
2.2 标识符与关键字 ·········· 9
2.2.1 标识符的组成 ·········· 9
2.2.2 关键字 ·········· 10
2.3 控制台输入/输出 ·········· 10
2.3.1 控制台输出 ·········· 10
2.3.2 Scanner 类的使用 ·········· 11
2.4 变量 ·········· 12
2.4.1 变量的声明 ·········· 13
2.4.2 变量的使用 ·········· 13
2.5 常量 ·········· 13
2.5.1 字面常量 ·········· 13
2.5.2 有名常量 ·········· 14
2.6 算术运算和位运算 ·········· 14
2.6.1 算术运算符和算术表达式 ·········· 15
2.6.2 整数的算术运算 ·········· 15
2.6.3 浮点数的算术运算 ·········· 16
2.6.4 算术混合运算的精度 ·········· 17
2.6.5 位运算 ·········· 18
2.7 赋值语句和赋值表达式 ·········· 19
2.7.1 赋值表达式 ·········· 19
2.7.2 赋值语句 ·········· 20
2.8 数据类型转换 ·········· 20
2.8.1 类型的默认转换 ·········· 20
2.8.2 强制类型转换 ·········· 20
2.8.3 字符串和基本数据类型数据的转换 ·········· 21
2.9 字符数据类型及其运算 ·········· 22
2.10 Java 程序设计风格 ·········· 23
2.10.1 命名规范 ·········· 23
2.10.2 Java 样式文件 ·········· 24
2.10.3 代码的编写风格 ·········· 24
关键术语 ·········· 25
本章小结 ·········· 25
复习题 ·········· 26

第3章 分支结构 ·········· 29
3.1 boolean 数据类型 ·········· 29
3.2 关系运算符和关系表达式 ·········· 29
3.3 逻辑运算符和逻辑表达式 ·········· 30
3.3.1 非（!）运算 ·········· 30
3.3.2 与（&&）运算 ·········· 31
3.3.3 或（||）运算 ·········· 31
3.3.4 位运算符做逻辑运算 ·········· 32
3.4 if 语句 ·········· 32
3.4.1 if 语句 ·········· 33
3.4.2 if-else 语句 ·········· 34
3.4.3 if-else if 语句 ·········· 35
3.4.4 if-else 语句常见问题 ·········· 37
3.5 switch 语句 ·········· 37
3.6 条件表达式 ·········· 39
3.7 格式化控制台输出 ·········· 40
3.8 应用示例 ·········· 41
关键术语 ·········· 43
本章小结 ·········· 43
复习题 ·········· 44

第 4 章 循环结构 ... 47

- 4.1 while 循环 ... 47
- 4.2 do-while 循环 ... 48
- 4.3 for 循环 ... 49
- 4.4 循环嵌套和编程方法 ... 50
  - 4.4.1 循环嵌套 ... 50
  - 4.4.2 编程方法 ... 51
- 4.5 break 和 continue ... 52
  - 4.5.1 break 语句 ... 52
  - 4.5.2 continue 语句 ... 53
- 4.6 循环示例 ... 54
  - 4.6.1 for 循环实现实例 ... 54
  - 4.6.2 while 循环语句实现实例 ... 55
- 关键术语 ... 55
- 本章小结 ... 56
- 复习题 ... 56

第 5 章 类和对象 ... 60

- 5.1 类、对象、方法、成员变量 ... 60
- 5.2 定义类和对象 ... 61
  - 5.2.1 定义类 ... 61
  - 5.2.2 创建对象 ... 61
  - 5.2.3 访问对象的属性和方法 ... 62
- 5.3 方法的基本定义 ... 63
  - 5.3.1 方法定义格式 ... 63
  - 5.3.2 return 语句 ... 65
  - 5.3.3 方法调用 ... 65
  - 5.3.4 方法调用的一般过程 ... 66
  - 5.3.5 成员方法和成员变量的关系 ... 67
- 5.4 set 和 get 方法 ... 68
  - 5.4.1 setter 方法的一般形式 ... 68
  - 5.4.2 getter 方法 ... 70
- 5.5 构造方法 ... 72
- 5.6 基本数据类型和引用类型 ... 74
- 5.7 Java 的包装类 ... 76
  - 5.7.1 int 和 Integer 类之间的转换 ... 77
  - 5.7.2 Integer 类的常用方法 ... 77
  - 5.7.3 装箱和拆箱 ... 78
- 5.8 instanceof 运算符 ... 79
- 5.9 应用示例 ... 79
- 关键术语 ... 81
- 本章小结 ... 81
- 复习题 ... 82

第 6 章 方法 ... 84

- 6.1 方法的定义 ... 84
- 6.2 方法的调用 ... 85
- 6.3 参数的值传递 ... 87
- 6.4 方法重载 ... 89
- 6.5 变量的作用域 ... 90
- 6.6 参数可变的方法 ... 91
- 6.7 递归 ... 92
- 6.8 方法示例 ... 93
- 6.9 Math 数学类方法 ... 94
  - 6.9.1 Math 类的两个字段 ... 94
  - 6.9.2 Math 类的部分数学方法 ... 94
- 关键术语 ... 95
- 本章小结 ... 96
- 复习题 ... 96

第 7 章 数组 ... 99

- 7.1 数组 ... 99
  - 7.1.1 什么是数组 ... 99
  - 7.1.2 声明数组 ... 99
  - 7.1.3 数组的创建 ... 99
  - 7.1.4 声明、创建数组并初始化 ... 100
  - 7.1.5 数组元素的访问 ... 100
  - 7.1.6 数组长度属性 length ... 101
- 7.2 数组的基本应用 ... 102
  - 7.2.1 数组排序 ... 102
  - 7.2.2 数组查找 ... 104
- 7.3 数组的进一步探讨 ... 105
  - 7.3.1 数组与 foreach 语句 ... 105
  - 7.3.2 数组与方法 ... 106
  - 7.3.3 数组与对象 ... 107
- 7.4 二维数组 ... 109
  - 7.4.1 二维数组的声明、创建和初始化 ... 109
  - 7.4.2 访问二维数组元素 ... 110
  - 7.4.3 二维数组的 length 属性 ... 110
  - 7.4.4 二维数组的应用举例 ... 111
- 7.5 Arrays 类 ... 111
- 7.6 数组应用示例 ... 113
- 关键术语 ... 117
- 本章小结 ... 117
- 复习题 ... 118

第 8 章 类的深入探讨 122

- 8.1 面向对象编程的三个特征 122
- 8.2 类的组织形式——包 123
  - 8.2.1 包的声明 123
  - 8.2.2 导入包的类 124
  - 8.2.3 Java 中的常用包 124
- 8.3 类的其他特性 125
  - 8.3.1 访问权限修饰符 125
  - 8.3.2 构造方法重载 129
  - 8.3.3 this 关键字 131
  - 8.3.4 static 关键字 133
- 8.4 枚举 137
  - 8.4.1 枚举的定义 137
  - 8.4.2 枚举的使用 137
- 8.5 内部类 138
  - 8.5.1 成员内部类 138
  - 8.5.2 局部内部类 140
- 8.6 类与类之间的关系 142
  - 8.6.1 类的 UML 图 142
  - 8.6.2 依赖关系 143
  - 8.6.3 关联关系 143
  - 8.6.4 聚合关系 144
  - 8.6.5 组合关系 146
- 8.7 类的设计原则 146
- 8.8 注解 147
  - 8.8.1 基本 Annotation 148
  - 8.8.2 自定义的注解 149
  - 8.8.3 注解的注解 150
- 8.9 泛型 151
  - 8.9.1 泛型类的声明 151
  - 8.9.2 泛型对象的声明和创建 152
- 8.10 类的应用示例 152
- 关键术语 154
- 本章小结 154
- 复习题 155

第 9 章 继承和多态 158

- 9.1 继承 158
  - 9.1.1 继承在 Java 中的实现 158
  - 9.1.2 方法重写 159
  - 9.1.3 访问权限修饰符 protected 160
  - 9.1.4 super 关键字 161
  - 9.1.5 继承下的构造方法 162
- 9.2 Object 类介绍 163
- 9.3 抽象类和最终类 166
  - 9.3.1 抽象类和抽象方法 166
  - 9.3.2 最终类和最终方法 167
- 9.4 多态 168
  - 9.4.1 父类引用指向子类对象 168
  - 9.4.2 多态的实现 168
- 9.5 继承和多态示例 169
  - 9.5.1 四则运算程序 169
  - 9.5.2 动物喂养案例 173
  - 9.5.3 舒舒租车系统 176
- 关键术语 182
- 本章小结 182
- 复习题 183

第 10 章 接口 189

- 10.1 接口 189
  - 10.1.1 接口的定义 189
  - 10.1.2 接口的实现 189
  - 10.1.3 接口和抽象类的关系 190
  - 10.1.4 接口的 UML 表示 191
- 10.2 接口与多态 191
  - 10.2.1 接口实现多态 191
  - 10.2.2 面向接口的编程 192
- 10.3 匿名内部类 194
- 10.4 Java 常用接口 195
- 10.5 接口的新特性 197
  - 10.5.1 默认方法 197
  - 10.5.2 接口的静态方法 198
  - 10.5.3 函数式接口 199
- 10.6 lambda 表达式 199
  - 10.6.1 lambda 表达式的语法 200
  - 10.6.2 lambda 表达式与函数式接口 200
- 10.7 接口的应用示例 201
- 关键术语 203
- 本章小结 203
- 复习题 203

第 11 章 异常处理 208

- 11.1 异常概述 208
- 11.2 异常类型 209
  - 11.2.1 Error 类 210
  - 11.2.2 Exception 类 210

11.3 try-catch-finally 语句 ·············· 211
　　11.3.1 多 catch 语句段的
　　　　　 try-catch 语句 ··············· 211
　　11.3.2 try-catch-finally 与 return 语句 212
　　11.3.3 try-catch 语句的嵌套 ········ 214
　　11.3.4 try 语句块中自动释放资源 ··· 215
　　11.3.5 一个 catch 语句块捕获
　　　　　 多种类型异常对象 ············ 215
11.4 throw 异常的抛出 ················· 216
　　11.4.1 throw 抛出异常 ·············· 216
　　11.4.2 throws 子句 ················· 217
　　11.4.3 异常抛出和子类 ············· 218
11.5 自定义异常 ······················· 218
11.6 异常应用示例 ····················· 218
关键术语 ································· 220
本章小结 ································· 220
复习题 ··································· 220

第 12 章　Java 常用类 ················ 223

12.1 String 类和 StringBuffer 类 ········ 223
　　12.1.1 构造字符串对象 ············· 223
　　12.1.2 字符串特性 ··················· 224
　　12.1.3 字符串对象不可变性 ········ 226
12.2 StringBuffer 类 ···················· 227
　　12.2.1 StringBuffer 类创建对象 ······ 227
　　12.2.2 StringBuffer 类常用方法 ····· 228
12.3 大数类 ···························· 229
　　12.3.1 BigInteger 类 ················· 229
　　12.3.2 BigDecimal 类 ················ 230
12.4 Java 常用日期处理类 ·············· 232
　　12.4.1 Date 类 ······················ 233
　　12.4.2 Calendar 类 ·················· 234
　　12.4.3 DateFormat 类 ················ 236
　　12.4.4 SimpleDateFormat 类 ········· 237
12.5 Java 集合框架 ···················· 238
　　12.5.1 List 列表接口 ················ 239
　　12.5.2 Set 集合接口 ················· 240
　　12.5.3 Map 映射接口 ················ 241
12.6 Collections 类 ····················· 242
12.7 Class 类 ·························· 244
12.8 集合应用示例 ····················· 246
关键术语 ································· 247
本章小结 ································· 247
复习题 ··································· 247

第 13 章　图形用户界面 ············· 249

13.1 AWT 和 Swing ····················· 249
　　13.1.1 AWT 介绍 ··················· 249
　　13.1.2 Swing 介绍 ··················· 250
13.2 窗体 ······························ 251
13.3 面板 ······························ 253
13.4 Swing 常用组件 ···················· 254
　　13.4.1 标签 ························· 254
　　13.4.2 按钮 ························· 254
　　13.4.3 文本框 ······················· 255
　　13.4.4 文本域 ······················· 256
　　13.4.5 单选按钮 ····················· 257
　　13.4.6 复选框 ······················· 258
　　13.4.7 菜单条、菜单和菜单项 ······ 259
13.5 布局管理 ·························· 261
　　13.5.1 流式布局管理器 ············· 262
　　13.5.2 边界式布局管理器
　　　　　 BorderLayout ················· 262
　　13.5.3 网格式布局管理器 ··········· 263
13.6 事件驱动程序设计 ················· 264
　　13.6.1 事件模型 ····················· 264
　　13.6.2 Java 事件类、监听器接口
　　　　　 和适配器类 ··················· 265
　　13.6.3 事件处理实现方式 ··········· 268
13.7 常用事件类及事件处理 ············ 270
　　13.7.1 窗口事件及处理 ············· 270
　　13.7.2 动作事件及处理 ············· 271
　　13.7.3 选择事件及处理 ············· 272
　　13.7.4 键盘事件及处理 ············· 273
13.8 图形用户界面应用实例 ············ 274
关键术语 ································· 278
本章小结 ································· 278
复习题 ··································· 278

第 14 章　文件和流 ·················· 281

14.1 File 类 ···························· 281
14.2 输入流和输出流 ··················· 284
14.3 二进制流 ·························· 284
　　14.3.1 InputStream 类
　　　　　 和 OutputStream 类 ··········· 285
　　14.3.2 FileInputStream 类

    和 FileOutputStream 类············ 287
  14.3.3 BufferedInputStream 类
    和 BufferedOutputStream 类···· 290
  14.3.4 DataInputStream 类
    和 DataOutputStream 类········ 291
 14.4 字符流···································· 293
  14.4.1 Reader 类和 Writer 类············ 293
  14.4.2 FileReader 类和 FileWriter 类·295
  14.4.3 InputStreamReader 类
    和 OutputStreamWriter 类········ 297
  14.4.4 BufferedReader 类
    和 BufferedWriter 类············ 298
 14.5 随机流···································· 299
 14.6 流的应用示例························ 300
 关键术语······································· 301
 本章小结······································· 301
 复习题··· 302
第 15 章 线程······································ 304
 15.1 线程的定义···························· 304
  15.1.1 进程、线程与多线程············ 304
  15.1.2 Java 的多线程机制··············· 304
  15.1.3 主线程······························· 305
 15.2 线程的创建和运行················ 305
  15.2.1 继承 Thread 类创建线程········ 305

  15.2.2 实现 Runnable 接口创建线程·306
  15.2.3 两种多线程实现机制的比较···307
 15.3 线程状态································ 309
  15.3.1 线程的状态·························· 309
  15.3.2 线程的调度·························· 311
  15.3.3 线程操作方法······················ 314
 15.4 线程的同步···························· 317
  15.4.1 同步代码块·························· 317
  15.4.2 同步方法····························· 318
 关键术语··· 319
 本章小结··· 319
 复习题··· 319

附录 A Java 的下载、安装与配置··········· 322

附录 B Eclipse 下载与安装······················ 326

附录 C Java 运算符的优先级和结合性···· 335

附录 D Java API 使用······························ 336

附录 E JUnit 测试工具的使用··················· 339

参考文献··· 345

第1章　Java 概述

引言

Java 语言是目前使用非常广泛的网络编程语言，具有跨平台等特性，本章对 Java 的发展历史、Java 特点、Java 在互联网上的发展进行了介绍，同时使用一个 Java 程序演示创建、编译、执行 Java 程序的具体过程。

1.1 Java、互联网和其他

1.1.1 Java 平台简介

Java 语言是由 Sun 公司于 1995 年 5 月推出的面向对象编程语言。在 1991 年 Sun 公司制定了发展消费电子产品绿色计划（Green Project），为此 Sun 公司开发 Java 语言的前身语言 Oak 语言，然而由于语言本身和市场的问题，消费性电子产品的发展无法达到当初预期的目标，因此该项目被取消，然而随着互联网在 1990 年的兴起，Sun 公司看到 Oak 语言在互联网上应用的前景，因此 Sun 公司对 Oak 语言进行改造，于 1995 年以 Java 语言的名称推出，推出之后，随着互联网的迅猛发展，Java 语言逐渐成为重要的网络编程语言。目前，由于 Sun 公司被 Oracle 公司收购，Java 语言由 Oracle 公司负责维护，目前 Oracle 已发布 Java 8 版本。

Java 语言推出后，以其跨平台的特点受到各方的重视，**Java 语言跨平台性**是指利用 Java 语言编写的程序可以在不同类型的机器、多种类型的操作系统上运行，被称为"Write Once, Run Everywhere"。之所以 Java 具备跨平台的特性，是由于 Java 平台由 **Java 虚拟机**（Java Virtual Machine）和 **Java 应用编程接口**（Application Programming Interface，简称 API）构成。Java 应用编程接口主要是利用 Java 编写程序，而 Java 虚拟机负责运行编译后的 Java 程序，对于不同类型的操作系统，Java 提供不同的 Java 虚拟机，从而实现了 Java 的跨平台性。

针对 Java 语言的应用场景不同，Java 平台提供 3 种版本，分别是 Java SE（Java 2 Standard Edition）、Java EE（Java 2 Platform Enterprise Edition）、Java ME（Java 2 Micro Edition）。

Java SE 即 Java 平台标准版，利用该版本可以开发和部署在桌面、服务器、嵌入式环境和实时环境中使用的 Java 应用程序。Java SE 包含了支持 Java Web 服务开发的类，并为 Java Platform Enterprise Edition（Java EE）提供基础。

Java EE 即 Java 平台企业版，企业版可以帮助开发和部署可移植、健壮、可伸缩且安全的服务器端 Java 应用程序。Java EE 是在 Java SE 的基础上构建的，它提供 Web 服务、组件模型、管理和通信 API，可以用来实现企业级的面向服务体系结构（Service-Oriented Architecture，SOA）应用程序。

Java ME 即 Java 平台微型版，微型版为在移动设备和嵌入式设备（手机、PDA、电视机顶盒和打印机）上运行的应用程序提供一个健壮且灵活的环境。Java ME 包括灵活用户界面、健壮的安全模型、内置的网络协议，可以给动态下载的联网和离线应用程序丰富支持。

1.1.2 万维网与互联网

互联网（Internet）始于 1969 年美国的阿帕网，是网络与网络之间所串联成的庞大网络，这些网络以一组通用的协议相连,形成逻辑上的单一巨大国际网络。这种将计算机网络互相连接在一起的方法可称作"网络互联",在这基础上发展出覆盖全世界的全球性互联网络称**互联网**,即是互相连接在一起的网络结构。互联网并不等同万维网,万维网只是基于超文本相互链接而成的全球性系统,是互联网所能提供的服务之一。

WWW(World Wide Web)是环球信息网的缩写,也被称为**"万维网"**,简称为 Web。Web 分为 Web 客户端和 Web 服务器端。WWW 可以让 Web 客户端(常用浏览器)访问浏览 Web 服务器上的页面,服务器端程序是一个由许多互相链接的超文本组成的系统,通过互联网访问。在这个系统中,每个有用的事物,称为一种"资源",资源由一个全局"统一资源标识符"(Uniform Resource Identifier,URI)标识,这些资源通过超文本传输协议(Hypertext Transfer Protocol)传送给用户,而后者通过点击链接来获得资源。

在 Web 早期阶段,Web 服务器程序的页面大部分是静态页面,即用户可以浏览页面,但使用页面与用户交互比较困难,而 Java 的出现使 Web 和客户交互变得方便,促进了 Web 的发展,同时也促进了 Java 的发展。

Java Web,是用 Java 技术来解决相关 Web 互联网领域的技术总称,Java 在客户端的应用有 Java Applet,Java 在服务器端的应用非常的丰富,比如 Servlet、JSP 和第三方框架等,Java 技术对 Web 领域的发展注入了强大的动力。

1.1.3 Java 发展历史

Java 语言自从 1995 年推出后,发展非常迅速,目前版本为 Java 8,其发展的历史为:

1995 年 5 月 23 日,Java 语言诞生;

1996 年 1 月,第一个 JDK——JDK1.0 诞生;

1996 年 4 月,10 个最主要的操作系统供应商申明将在其产品中嵌入 Java 技术;

1996 年 9 月,约 8.3 万个网页使用 Java 技术;

1997 年 2 月 18 日,JDK1.1 发布;

1997 年 4 月 2 日,JavaOne 会议召开,参与者逾一万人,创当时全球同类会议规模之纪录;

1997 年 9 月,Java Developer Connection 社区成员超过十万;

1998 年 2 月,JDK1.1 被下载超过 2,000,000 次;

1999 年 6 月,SUN 公司发布 Java 的三个版本:标准版(J2SE)、企业版(J2EE)和微型版(J2ME);

2000 年 5 月 8 日,JDK1.3(Kestrel 美洲红隼)发布;

2000 年 5 月 29 日,JDK1.4(Sparkler 宝石)发布;

2001 年 6 月 5 日,NOKIA 宣布,到 2003 年将出售 1 亿部支持 Java 的手机;

2001 年 9 月 24 日,J2EE1.3 发布;

2002 年 2 月 26 日,J2SE1.4 发布(Merlin 灰背隼),自此 Java 的计算能力有了大幅提升;

2004 年 9 月 30 日,J2SE1.5 发布,成为 Java 语言发展史上的又一里程碑。为了表示该版本的重要性,J2SE1.5 更名为 Java SE 5.0(Tiger 老虎);

2005 年 6 月,JavaOne 大会召开,Sun 公司公开 Java SE 6。此时,Java 的各种版本已经更名,以取消其中的数字"2":J2EE 更名为 Java EE,J2SE 更名为 Java SE,J2ME 更名为 Java ME;

2006 年 4 月,Sun 公司发布 Java SE 6.0 版(Mustang,野马);

2009 年 12 月,Sun 公司发布 Java EE 6;

2011 年 7 月,Oracle 公司发布 Java SE 7.0(Dolphin,海豚);

2014 年 3 月,Oracle 公司发布 Java SE 8.0。

1.2 Java 的特点

作为目前流行的网络编程语言，Java 语言具有下列主要特点：

1. 跨平台性

跨平台性是 Java 最重要的特性，所谓的跨平台（Cross-Platform），是指软件可以不受计算机硬件和操作系统的约束而在任意计算机环境下正常运行。这是软件发展的趋势和编程人员追求的目标。之所以这样说，是因为计算机硬件的种类繁多，操作系统也各不相同，不同的用户和公司有自己不同的计算机环境偏好，而软件为了能在这些不同的环境里正常运行，就需要独立于这些平台。

而在 Java 语言中，Java 自带的虚拟机很好地实现了跨平台性。Java 源程序代码经过编译后生成二进制的字节码，字节码是不能直接被操作系统平台识别，而是需要被 Java 虚拟机识别和执行的一种机器码指令。Java 虚拟机负责将字节码翻译成其所在操作系统平台的机器码，使当前平台运行该机器码。Java 虚拟机提供了一个字节码与底层硬件平台及操作系统的桥梁，对于不同的操作系统平台，提供不同的 Java 虚拟机，使得 Java 语言具备跨平台性。

2. 面向对象

面向对象是指以对象为基本粒度，其下包含属性和方法。对象的说明用属性表达，通过使用方法来操作这个对象。面向对象技术使得应用程序的开发变得简单易用，节省代码。Java 是一种面向对象的语言，也继承了面向对象的诸多好处，如代码扩展、代码复用等。

3. 安全性

安全性可以分为四个层面，即语言级安全性、编译时安全性、运行时安全性、可执行代码安全性。语言级安全性指 Java 的数据结构是完整的对象，这些封装过的数据类型具有安全性。编译时要进行 Java 语言和语义的检查，保证每个变量对应一个相应的值，编译后生成 Java 类。运行时 Java 类需要类加载器载入，并经由字节码校验器校验之后才可以运行。Java 类在网络上使用时，对它的权限进行了设置，保证了被访问用户的安全性。

4. 多线程

多线程在操作系统中已得到了最成功的应用。多线程是指允许一个应用程序同时存在两个或两个以上的线程，用于支持事务并发和多任务处理。Java 除了内置的多线程技术之外，还定义了一些类、方法等来建立和管理用户定义的多线程。

5. 简单易用

Java 源代码的书写不拘泥于特定的环境，可以用记事本、文本编辑器等编辑软件来实现，然后将源文件进行编译，编译通过后可直接运行，得到运行结果。

1.3 第一个 Java 程序

Java 是面向对象的编程语言，Java 应用程序的源代码是由若干个书写形式相对独立的类组成。

【例 1】 编写第一个 Java 程序，输出 Hello World。

```java
/**
 *第一个 Java 程序,输出 Hello World, 文件名为 HelloWorld.java
 **/
public class HelloWorld{
    public static void main (String[] args) {
```

```
        System.out.println ("Hello World");//输出 Hello World
    }
}
```

【例1】是一个简单的 Java 程序,其功能是输出 HelloWorld,从该程序中可以看出 Java 程序的基本特点:

Java 程序由类组成,编写 Java 程序就是写类;
main 方法存在于类中,而且是类运行的入口方法;
方法中有语句,语句以分号结束;
Java 程序保存的源文件名为该公有类的类名,其扩展名为.java,即源文件名为类名.java;
Java 语言的语法格式和 C、C++语言类似。

1.4 编写、编译、执行 Java 程序

一个 Java 程序从编写到运行需要经过编写(edit)、编译(compile)、运行(run)等阶段,具体过程如图 1-1 所示。

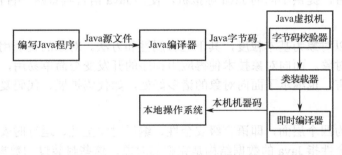

图 1-1 Java 程序处理过程图

编写是指创建、编写 Java 源文件(source file)。可以使用记事本或者其他文本编辑器(editor)编写 Java 源代码,如【例1】的 HelloWorld 程序是使用记事本编写的,**注意源文件的扩展名为.java**。

编译是指使用 Java 编译器(compiler)编译源文件,成功编译后生成字节码(bytecode)文件,字节码文件的扩展名为.class,其主文件名与源文件主文件名相同。字节码文件不是可执行文件,不可以被系统直接执行,而是需要虚拟机解释(interpret)执行。

运行是指使用 Java 虚拟机解释(interpret)执行编译生成的字节码文件。这个过程经过字节码校验、加载类,以及即时编译等过程,生成可执行的机器代码,然后在本机操作系统上执行。

在编译和运行一个 Java 程序之前,需要安装 Java 的运行平台,本书选择 Java SE 平台作为 Java 的运行环境,Java 的版本为 Java 8。Java 平台的下载安装过程请阅读附录 A。

Java 程序的开发,可以使用普通的文本编辑器如记事本、Editplus 等,也可以使用集成开发环境(Integrated Development Environment,IDE)如 Eclipse 以提高工作效率,本节首先使用文本编辑器来演示 Java 的程序的开发、运行过程,在以后章节中,使用 Eclipse 来完成 Java 程序的开发和运行。

Eclipse 的安装和使用请参考附录 B。

1.4.1 Java 源程序的创建

【例2】 编写程序,输出 Welcome to Java World。

```
/**
```

```
    *输出 Welcome to Java World
    **/
    public class Welcome{
        public static void main (String[] args) {
          System.out.println ("Welcome to Java World");
        }
    }
```

在 D 盘下新建一个文件夹，命名为 myjava。将上述代码保存到 myjava 文件夹，文件命名为 Welcome.java。

由于 Java 源文件的扩展名必须是.java，而且文件名必须与公有类名完全相同，【例 2】源代码的文件必须命名为 Welcome.java，因为公有类的类名就是 Welcome。

编写 Java 程序，需要注意下列问题：

Java 代码可以使用文本编辑器如 EditPlus 或者记事本书写，Java 源文件中语句所涉及的括号及标点符号都是英文状态下输入的括号和标点符号，比如"Welcome to Java World"中的双引号必须是英文状态下输入的双引号，而字符串里面的符号不受汉字字符或者英文字符的限制。

对于编写的 Java 源文件，最好显示文件的扩展名，这样可以方便地区分出 Welcome.txt、Welcome.java、Welcome.class 这些不同的文件类型，也为了防止记事本文件把 Welcome.java 源程序保存成 Welcome.java.txt。

显示已知文件类型的扩展名需要双击桌面上的"我的电脑"图标，打开"我的电脑"窗口，选择菜单"组织"→"文件夹和搜索选项"命令，打开"文件夹选项"对话框，如图 1-2 所示，选择"查看"选项卡，取消"隐藏已知文件扩展名"复选框的选中状态，单击"确定"按钮关闭对话框。

图 1-2 显示文件扩展名图

1.4.2 编译 Java 源文件

完成 Java 源代码文件后，可以利用 Java 的编译器对源文件进行编译，生成具体的字节码文件，扩展名为.class。具体过程如下所示：

首先，进入 Window 命令窗口（command window），然后进入 D:\myjava 文件夹，可以在命令窗口下使用下列命令：

```
D:
cd myjava
```

在命令窗口下，转换盘符使用命令：盘符：，然后按回车键；进入文件夹使用命令：cd 文件夹的名字，然后按回车键；如果想退到上一层文件夹使用命令：cd .. ，然后按回车键。

然后在文件夹内使用 Java 编译器命令 javac 对代码进行编译。具体命令为：

编译 Welcome.java 的具体过程图 1-3 所示。

如果没有错误信息提示，打开 D 盘下的 myjava 文件夹，发现多了一个 Welcome.class 文件，说明编译成功了。如果有错误提示，表示源代码文件有错误，需要打开源文件，根据提示去修改错误。

图 1-3 Welcome.java 编译图

1.4.3 执行 Java 字节码文件

执行 Java 程序就是利用 Java 虚拟机（Java Virtual Machine，JVM）解释运行程序的字节码，可以在任何一个装有 JVM 的平台上运行字节码文件,运行过程就是将字节码中每一步代码翻译为目标平台的机器语言代码,翻译完一步之后就立即执行这一步代码。

利用命令 java.exe 来运行字节码文件,具体格式如下所示:

```
java 字节码文件主文件名
```

运行 Welcome.class 文件命令为:

```
java Welcome
```

命令行程序运行结果如图 1-4 所示。

图 1-4　Welcome 执行结果图

Java 程序的执行,从公有类的 main 方法(method)开始,main 方法是 Java 程序的入口方法,从左大括号开始顺序执行 main 中每一条语句。

若代码不能执行,请打开源程序,查看类是否是公有类,类中的 main 方法是否定义正确,若有问题,需要重新编译、执行。

关 键 术 语

万维网 World Wide Web(WWW)　　　Java 开发工具 Java Development Kit(JDK)
Java 虚拟机 Java Virtual Machine(JVM)　　互联网 Internet　　源文件 source file
程序 program　　　平台 platform　　跨平台 cross-platform　　类 class　　源文件 source file
类文件 class file　　　字节码 bytecode　　.class 扩展名　　.class file extension
解释 interpret　　　命令窗口 command window　　编译 compile　　编译器 compiler
解释 interpret　　　解释器 interpreter　　编辑 edit　　编辑器 editor　　方法 method
面向对象编程 Object-Oriented Programming(OOP)
应用编程接口 Application Programming Interface(API)
面向服务体系结构 Service-Oriented Architecture(SOA)
统一资源标识符 Uniform Resource Identifier(URI)
超文本传输协议 Hypertext Transfer Protocol
集成开发环境 Integrated Development Environment(IDE)

本 章 小 结

Java 语言由 Sun 公司开发,目前由 Oracle 公司拥有,维护。
Java 有三种平台:Java SE、Java EE、Java ME。
Java 语言的最大的特性:跨平台性,即 Java 程序编译成字节码后,可以在任意的平台上运行。
Java 源文件的扩展名是 Java。
Java 源文件的主文件名和 public 类的类名一致。
Java 源文件通过 Java 编译器 Javac 进行编译,编译后生成字节码文件,字节码文件不能直接运行。

字节码文件需要使用 Java 虚拟机解释运行,不同平台的 Java 虚拟机是不同的,所以字节码可以在不同的平台运行。

运行 Java 程序,从 public 类的 main 方法开始,main 方法是程序运行的入口方法。

复 习 题

一、选择题

1. 下列（　　）是 Java 应用程序主类中正确的 main 方法声明。
A．public static void main（String[] args）　　B．public void main（String args[]）
C．public void main（String[] args）　　D．public static main（String[] args）
2. Java 程序的执行过程中用到一套 JDK 工具,其中 java.exe 是指（　　）。
A．Java 文档生成器　　　　　　　　B．Java 解释器
C．Java 编译器　　　　　　　　　　D．Java 类分解器
3. 拥有扩展名为（　　）的文件可以存储程序员所编写的 Java 源代码。
A．.java　　　　B．.class　　　　C．.exe　　　　D．.jre

二、简答题

1. 什么是 Java 的跨平台性?
2. 开发 Java 应用程序需要经过哪些主要步骤?
3. Java 源文件的扩展名是什么?字节码文件的扩展名是什么?

三、应用题

1. 编写程序,输出古诗《悯农》。
2. 编写程序,输出周五的课程表。
3. 查看并修改下列程序的错误。

```
public class Test {
    public void main (string[] args) {
            system.out.println ("Hi"）
        }
}
```

第 2 章 程序设计基础

引言

本章学习如何编写简单的 Java 程序,对 Java 程序的基本结构,以及 Java 程序的基本语法规则进行介绍,包括 Java 输入输出语句、Java 程序的基本元素如标识符、变量、常量、数值类型以及赋值表达式和赋值语句等,最后总结编写一个良好风格程序的 Java 程序的重要性。

2.1 Java 程序的基本结构

2.1.1 算法与程序

算法(algorithm)是在有限步骤内求解某一问题所使用的一组定义明确的规则,是对解题方案的准确而完整的描述,是一系列解决问题的清晰指令,算法代表着用系统的方法描述解决问题的策略机制。也就是说,能够对一定规范的输入,在有限时间内获得所要求的输出。

通俗的说,算法是解决问题的具体步骤,日常生活中,算法也是经常使用的。例如,学生起床上学,需要经历下面事情:a 起床;b 去食堂吃饭;c 洗漱;d 穿衣;e 去教室。这个过程需要有一定的顺序:adcbe,这可以看作是一个学生日常的起床上学的简单算法。

算法具有以下五个重要的特征:

有穷性(finiteness),算法必须能在执行有限步骤之后终止。

确切性(definiteness),算法的每一步骤必须有确切的定义。

输入项(input),一个算法有 0 个或多个输入,以描述运算对象的初始情况,所谓 0 个输入是指算法本身定出了初始条件。

输出项(output),一个算法有一个或多个输出,以反映对输入数据加工后的结果。没有输出的算法是毫无意义的。

可行性(effectiveness),算法中执行的任何计算步骤都是可以被分解为基本的可执行的操作步,即每个计算步都可以在有限时间内完成(也称之为有效性)。

程序(program)是为实现特定目标或解决特定问题而用计算机语言编写的命令序列的集合。程序需要使用具体的计算机语言去实现,程序是算法的代码实现,算法是程序的内核。

2.1.2 Java 程序基本结构

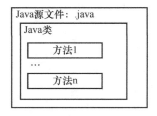

图 2-1 Java 程序结构图

理解 Java 程序的基本结构,有助于提高编程的效率,一个 Java 程序的基本结构如图 2-1 所示。

Java 源文件是存放 Java 源代码的文件,一个源文件可以存放多个 Java 类文件,其文件的扩展名为 java,一个源文件中只能有一个公有类,主文件名和 public 类的类名一致,并且区分大小写。

类(class)是 Java 编码的逻辑单元,类用来表示程序的一个组件,编写 Java 程序就是编写不同的 Java 类,一个 Java 程序可以包括一个或者多个类,类的内容必须包含在大括号里面。

方法（method）是 Java 编码的最小逻辑单元，一个方法表示类的某个功能，方法需要在类的内部声明，一个类中可以有一个或者多个方法，方法的代码由一组语句组成，需要写在方法的大括号内，Java 的方法相当于 C 语言中的函数或者过程。

【例1】 查看此例，理解 Java 程序的基本结构。

```
class Dog {
    public void bark () {
        System.out.println("A dog is barking...");
    }
    public void run(){
        System.out.println("A dog is running....");
    }
}
public class App2_1 {
    public static void main(String[] args) {
        Dog dog = new Dog();
        dog.bark();
    }
}
```

【例1】的 Java 程序保存在源文件 App2_1.java 中，该文件包含两个类 Dog、App2_1，Dog 类包含方法 bark、run，在方法中书写输出语句，App2_1 类，包含一个特殊的方法 main，该方法是该程序运行的入口方法，即运行该程序首先运行 App2_1 类的 main 方法，从左花括号开始，顺序执行 main 中的语句到右花括号结束。

2.2 标识符与关键字

从逻辑结构上看，Java 程序由源文件、类、方法组成，另一个角度，如果将 Java 程序看成一篇文章，则 Java 程序由一系列的字符序列组成，这些代表一定含义的字符序列称之为标识符或者关键字。

2.2.1 标识符的组成

标识符（identifier）是代表具体含义的字符序列，用来标识类名、方法名、变量名等，简单地说标识符就是一个名字，标识符需要自定义，在 Java 语言中，定义标识符满足下列规则：
①标识符由数字、字符、美元符号和下划线组成；
②标识符不能以数字开头；
③标识符不能是关键字；
④标识符不能是 true，false，null；
⑤标识符之中不能用空格；
⑥Java 标识符严格区分大小写。
例如，下列是合法的标识符：
Identiffer、userName、User_name、Username、_sys_varl、$change、Sizeof、username
由于标识符区分大小写，所以 Username、username 和 userName 是三个不同的标识符。
下列是一些非法标识符：

```
2dollar         //以数字开头
class           //是 Java 的关键字
#myname         //含有符号#
Hello you       //包含空格
```

Java 语言使用 Unicode 标准字符集，该字符集由 UNICODE 协会管理，Unicode 是 ISO 标准 16 位字符集，支持 65536 个不同的字符，Unicode 字符集的前 128 个符号是 ASCII 码，Unicode 码覆盖了大部分国家"字母表"中的字母，包括：希腊文、中文、日文等，例如，汉字"水"在 Unicode 中的编码为 6C34，因此 Java 所说的字符，不仅仅是英文字符，也包括汉字、希腊字母等。

2.2.2 关键字

关键字（keyword）是被 Java 语言事先定义的，赋予了特殊含义或特定用途的一些单词，关键字都是小写的，Java 语言规定关键字不能作为标识符。目前共有 50 个 Java 关键字，分别是：

1. 数据类型

Boolean、int、long、short、byte、float、double、char、class、interface

2. 流程控制

If、else、do、while、for、switch、case、default、break、continue、return、try、catch、finally

3. 修饰符

Public、protected、private、final、void、static、strict、abstract、native、transient、synchronized、volatile

4. 动作

Package、import、throw、throws、extends、implements、this、super、new、instanceof

5. 保留字（reserved word）

True、false、null、goto、const

2.3 控制台输入/输出

在编写 Java 程序过程中，需要能够输入、输出数据，若需要利用控制台输入数据，需要使用 Scanner 类，如果需要将结果输出到控制台，则需要使用 System.out.println()等语句。

2.3.1 控制台输出

Java 使用标准输出流对象 System.out 将数据输出到屏幕，这个对象调用 print 或者 println 方法将数据输出到屏幕。

print 和 println 方法都是标准输出，都可以将数据输出到屏幕，两者的区别在于：println 方法在输出数据结束后会换到下一行。

1. print 方法

print 方法可以输出变量、字符串、表达式的值，允许使用"+"将变量、表达式与一个字符串连接在一起输出，例如：

```
System.out.print("X 的值是："+X);
System.out.print(a+b);
System.out.print("Hello Java");
```

若使用 print 方法输出数据且需要换行，则需要在输出文本中使用换行符"\n"，例如：

```
System.out.print("X 的值是："+X+"\n");
System.out.print(a+b+"\n");
System.out.print("Hello Java\n");
```

【例 2】 使用 print 方法输出数据

```
public class App2_2 {
    public static void main(String[] args) {
```

```
            System.out.print("hello world ");
            System.out.print(" x =  "+2);
            System.out.print(" hello world \n");
            System.out.print(5 + 3);
            System.out.print("\na = "+3+"\n");
        }
    }
```

2. println()

println()方法可以输出变量、字符串、表达式的值并换行，例如：

```
System.out.println("X的值是："+X);
System.out.println(a+b);
System.out.println("Hello Java");
```

【例3】 使用 println 方法输出数据。

```
public class App2_3 {
    public static void main(String[] args) {
        System.out.println("hello world ");
        System.out.println("x =  "+2);
        System.out.println("hello world \n");
        System.out.println(5 + 3);
        System.out.println("5 + 3");
    }
}
```

2.3.2 Scanner 类的使用

Scanner 是 Java 提供的一个类，使用 Scanner 类可以获得键盘输入的字符串一组数字。使用 Scanner 类的具体步骤如下所示：

1．导入 Scanner 类

在 Java 类定义的上方，输入：

```
import java.util.Scanner;
```

2．创建 Scanner 类的对象

创建 Scanner 对象的语法格式如下所示，其中对象名需要用户自己定义，System.in 表示控制台输入对象。

```
Scanner 对象名= new Scanner(System.in);
```

例如：

```
Scanner scan = new Scanner(System.in);
```

3．调用 Scanner 类的方法

调用 Scanner 类的相关方法从控制台输入数据，具体格式如下所示：

```
对象名.方法名();
```

例如接收从键盘输入一系列文本：

```
String str = scan.nextLine();
```

Scanner 类提供多个方法获取键盘输入的不同类型的数据：

```
public String nextLine();              //获得键盘输入的字符串
public boolean nextBoolean();          //获得键盘输入的布尔型数据
public byte nextByte();                //获得键盘输入的字节数据
public short nextShort();              //获得键盘输入的短整数据
public int nextInt();                  //获得键盘输入的整数
public long nextLong();                //获得键盘输入的长整数据
public float nextFloat();              //获得键盘输入的浮点型数据
public double nextDouble();            //获得键盘输入的双精度型数据
public  String next();                 //获得键盘输入的字符串
```

上述方法执行都会堵塞，程序等待用户输入数据后回车确认。

【例4】 使用 Scanner 类接收用户键盘输入。

```java
import java.util.Scanner;//导入Scanner类
public class App2_4 {
    public static void main(String[] args) {
        // 创建 Scanner 类的对象 scan
        Scanner scan = new Scanner(System.in);
        System.out.println("请输入一个正整数:");
        // scan 对象调用 nextInt 方法输入整数
        int read = scan.nextInt();
        System.out.println("输入的正整数是: " + read);
        System.out.println("请输入一个浮点数:");
        // scan 对象调用 nextFloat 方法输入浮点数
        float f = scan.nextFloat();
        System.out.println("输入的浮点数是: " + f);
        System.out.println("请输入一行英文:");
        scan.nextLine();// 抵消回车符
        // scan 对象调用 nextLine 方法输入一行文本
        String s = scan.nextLine();
        System.out.println("输入的英文是: " + s);
    }
}
```

注意，当 Scanner 对象创建后，可以多次使用这个对象调用不同方法来获取键盘输入，而不是每次要创建新的对象才能继续调用不同的方法。

2.4 变量

对于使用 Java 控制台输入的数据，需要存放在所申请的内存空间中，对于申请的存放数据的空间，称之为**变量**（variable）。

变量是内存中存放数据的空间，变量有 3 个特性：变量名、数据类型、变量值。

变量名（variable name）将此内存空间和其他内存空间区分，程序中通过变量名访问该变量。

数据类型（data type）规定该空间能存放的数据的类型，以及空间的大小。

变量值（variable value）在此变量空间中存放的具体数据的值。

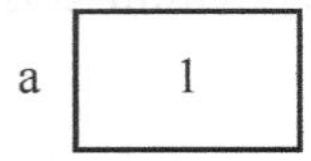

图 2-2 描述了一个内存中的一个变量空间。变量名为 a，数据类型为整型，表示只能放整数，目前变量的值为 1。

图 2-2 内存中变量图

对于数据类型，Java 提供下列基本数据类型：

①字符类型，字符类型用关键字 char 表示，该类型表示在空间内可以存放一个字符，空间大小为 2 个字节。

②布尔类型，布尔类型用关键字 boolean 表示，该类型表示在空间只可以存放值 true、false，空间大小为 1 位。

③数值类型，数值类型分为整型、浮点型两类。

整型数据类型包括 byte、short、int、long。

浮点数据类型包括 float、double。

对于上面这些数据类型的含义，以及内存所占用的空间如表 2-1 所示。

表 2-1 数值类型的具体描述

类型名	关键字	内存大小	数据范围	类型名	关键字	内存大小	数据范围
字节型	byte	1 字节	$-128\sim127$	长整型	long	8	$-2^{63}\sim2^{63}-1$
短整型	short	2 字节	$-32768\sim32767$	浮点型	float	4	3.4e-45～1.4e38
整型	int	4 字节	$-2^{31}\sim2^{31}-1$	双精度型	double	8	4.9e-324～1.8e308

2.4.1 变量的声明

在 Java 中，所有的变量必须先声明才能使用它们，变量声明（variable declaration）的语法格式如下：

> 数据类型 变量名1，变量名2，变量名3……变量名n；

或者

> 数据类型 变量名1=值，变量名2=值，……变量名n=值；

其中，数据类型为 Java 定义的基本类型或者自定义的类型,变量名为用户自定义的标识符，声明指定类型的多个变量，变量间用逗号隔开。在声明变量的时候，可以同时对变量赋初值，这种行为称之为变量的初始化。

例如：

```
int a, b, c;                  // 声明 int 型变量, a, b, c.
short d = 3, e, f = 5;        // 声明 short 型变量 d,e,f,变量 d, f 在声明的同时赋初值
byte z = 22;                  //声明 byte 型变量 z, 初始化为 22
double pi = 3.14159;          //声明 byte 型变量 pi 并初始化
char x = 'x';                 //声明 char 型变量 x, 并赋值为 'x'
boolean t=true;               //声明 boolean 型变量 t, 并赋值为 true
```

通过上面的代码，可知在定义变量名时候，可以同时给变量赋初值。

2.4.2 变量的使用

在声明一个变量以后，就可以使用该变量，例如，为变量赋值、读取变量的值，变量表示在此空间中存放的值可以变化，例如，重新给变量赋新值。

【例5】 定义变量并输出其值。

```
public class App2_5 {
    public static void main(String[] args) {
        int i = 1, j = 5;
        System.out.println("i=" + i);
        System.out.println("j=" + j);
        Char c = '3';
        System.out.println("c=" + c);
        floatf = 123.5f;
        System.out.println("f=" + f);
        doubled = 123.4;
        System.out.println("d=" + d);
        booleanflag = true;
        System.out.println("flag=" + flag);
    }
}
```

2.5 常量

常量（constant）代表程序运行过程中不能改变的值。常量在程序运行过程中主要有 2 个作用：
①代表某个常数，便于程序的修改，例如，将圆周率设置为一个常量。
②增强程序的可读性，例如：常量 UP、DOWN、LEFT 和 RIGHT 分别代表上、下、左、右，其数值分别是 1、2、3 和 4。

常量分为**字面常量**和**有名常量**。

2.5.1 字面常量

字面常量表示一个确定的值，例如 1，12.5 等。字面常量根据不同的数据类型，其表示形式有所不同。

1. 整型常量

整型常量值直接写出即可，如 123，4532 等，但如果是长整型常量值，需要常量值以 L 或者 l 作为结尾，如 156L，44L，4532231。

若整型常量值采用十六进制，则该常量值需以 0x 或 0X 开头，如 0x128，0XFF，0X9A。若整型常量值采用八进制，则该常量值需以 0 开头，如 0123，045，055。

2. 浮点型常量

浮点型常量分为单精度常量和双精度常量。

单精度常量需要以字母 F 或 f 结尾，也可以使用指数形式表示，如 2e3f，0.4F，5.022e+23f，0f。双精度常量需要以字符 D 或者 d 结尾，也可以使用指数表示，如 3.6d，3.84d，2.5e-10d，0d，或者省略字符 d 直接写出 123.54。

需要说明的是浮点数常量默认都是双精度型，所以要使用 float 类型的常量时，后面一定要添加 f 或者 F。

3. 字符常量

字符常量表示一个字符，可以是单个的英文字母、数字、转义序列、特殊字符等，它的值就是字符本身，字符常量要用两个单引号引起来，由于 Java 中的字符是 Unicode 编码，也可以使用 Unicode 码值加上"\u"来表示对应的字符，如'a'，'\t'，'\u0027'。

4. 布尔常量

Java 中的布尔常量仅有 2 个值：true、false。

5. null 常量

null 常量只有一个值，通常用来表示对象的引用变量的值为空，即不指向任何对象。

6. 字符串常量

字符串常量是一系列的字符序列，该字符序列用双引号引起，如，"abc"，"123"。

2.5.2 有名常量

有名常量即将常量值定义一个常量名，定义一个有名常量的语法格式和声明变量相似，只需要在变量的语法格式前面添加关键字 final 即可。在 Java 编码规范中，要求常量名必须大写。

常量的语法格式如下：

```
final 数据类型 常量名称 = 值;
final 数据类型 常量名称1 = 值1,常量名称2 = 值2, ……常量名称n = 值n;
```

例如：

```
final double PI = 3.14;
final char MALE='M', FEMALE='F';
```

在 Java 语法中，常量也可以首先声明，然后再进行赋值，但是只能赋值一次，例如：

```
final int UP;
UP = 1;
```

2.6 算术运算和位运算

对于程序，除了需要输入数据、输出数据，还需要对输入的数据进行计算，如数学计算、比较计算等，本节对数据的数学运算进行介绍。

对数据进行运算，则需要使用运算符，运算符指明对操作数的运算方式。运算符按照其要求的操作数数目，可以有单目运算符（unary operator）、双目运算符（binary operator）和三目运算符（ternary operator），它们分别对应于 1 个、2 个、3 个操作数，操作数可以是常量，也可以是变量。

利用运算符（operator）连接起来符合 Java 规则的式子，就是 Java 的表达式（expression），如 3+2-3*7 就是一个表达式，表达式是由常量、变量、方法和运算符组合起来的式子。每个表达式有一个值及其类型，它们等于计算表达式所得结果的值和类型。表达式求值按运算符的优先级和结合性规定的顺序进行。单个的常量、变量、方法可以看作是表达式的特例。

一个表达式可能由多个运算符和操作数（operand）组成，所以 Java 规定了每个运算符的优先级（priority），运算符优先级决定了表达式中运算执行的先后顺序，同时运算符还具有结合性（associativity），运算符结合性决定了相同优先级级别的运算符的先后运算顺序。

所有单目运算符的优先级高于双目运算符，双目运算符的优先级高于三目运算符（除了赋值运算符），即运算符优先级顺序从高到低是：

单目运算符＞双目运算符＞三目运算符

所有运算符详细的优先级和结合性请参考附录 C。

若需要改变表达式中运算符的运算顺序，可以使用括号来实现想要的运算次序。

2.6.1 算术运算符和算术表达式

Java 的算术运算符（arithmetic operator）用来做数学计算，主要包括以下的运算符：
① 单目运算符：+（取正），－（取负），++（自增），--（自减）；
② 双目运算符：+（加），－（减），*（乘），/（除），%（取余）。
算术运算符的优先级顺序从高到低为：

++ -- +（取正）－（取负） * / % +（加） －（减）

算术运算符的结合性为：单目运算符自右向左，双目运算符为自左向右。

【例6】 计算算术表达式-3+2-3*7 的值。

计算表达式的值就需要完成表达式的运算，根据运算符的优先级和结合性，可以看出此表达式的运算顺序，得到运算结果，运算具体过程如图 2-3 所示。

表达式：-3+2-3*7
第一步：[-3]+2-3*7
第二步：-3+2-[3*7]
第三步：[-3+2]-21
第四步：[-1-21]
结果：-22

图 2-3 表达式运算过程

2.6.2 整数的算术运算

利用算术运算符，可以对整数做数学计算，结果是整数，其中比较特殊的运算符有：

① 除运算符（/）：若两个操作数都为整数，除（division）运算为整除（integer division）运算，如 7/2 结果为 3。

② 取余运算符（%）：取整除后的余数，取余结果的正负号由被除数决定。例如，6%4 为 2，-14%3 为-2。

③ 自增运算符（++）：单目运算符，可以放在操作数的前面，也可以放在操作数的后面，操作数必须是整型或者浮点类型的变量，其作用是变量的值加一。例如，int x= 5；x++；

④ 自减运算符（--）：单目运算符，可以放在操作数的前面，也可以放在操作数的后面，操作数必须是整型或者浮点类型的变量，其作用是变量的值减一。例如，int a= 4；a--。

【例7】 查看下列整数计算代码，思考计算结果。

```java
public class App2_6 {
    public static void main(String[] args) {
        int a = 5 + 4; // a=9
```

```
            int b = a * 2; // b=18
            int c = b / 4; // c=4
            int d = b - c; // d=14
            int e = -d; // e=-14
            int f = e % 4; // f=-2
            System.out.println("a="+a);
            System.out.println("b="+b);
            System.out.println("c="+c);
            System.out.println("d="+d);
            System.out.println("e="+e);
            System.out.println("f="+f);
        }
    }
```

1. 自增运算符

单目自增运算符++要求运算数是变量，其功能是使变量的值加 1。

例如：
```
            int a = 5; a++; //a 变成 6
```

自增运算符（increment operator）可以放在运算数的前面，也可以放在运算数的后面，其含义有所不同。例如：

++i 表示先使 i 的值加 1，然后再使用 i 的值；

i++表示先使用 i 的值，然后再将 i 的值加 1。

例如：
```
            int i=3;
            int a = i++;//a = 3,i=4;
            int j=3;
            int b = ++j;//b=4,j=4;
```

2. 自减运算符

单目自减运算符--要求运算数是变量，其功能是使变量的值减 1。

例如：
```
            int d = 5; d--; //d 变成 4
```

自减运算符（decrement operator）可以放在运算数的前面，也可以放在运算数的后面，其含义有所不同。例如：

--i 表示先使 i 的值减 1，然后再使用 i 的值；

i--表示先使用 i 的值，然后再将 i 的值减 1。

例如：
```
            int i=3;
            int a = i--;//a = 3,i=2;
            int j=3;
            int b = --j;//b=2,j=2;
```

【例 8】 查看下列程序，思考运行结果
```
    public class App2_8 {
        public static void main(String[] args) {
            int i=3;
            System.out.println(++i + i++);
            System.out.println("i="+i);
        }
    }
```

2.6.3 浮点数的算术运算

利用算术运算符，可以对浮点数做数学计算，结果都是浮点数，其中比较特殊的运算符有：

除运算符（/）：若两个操作数有一个为浮点数，除运算结果浮点数，例如，7.0/2 结果为 3.5，表达式 8.0/4.0 结果是 2.0。

余运算符（%）：取除法后的余数，浮点数取余结果可以是浮点数，取余结果的正负号由被除数决定。例如，6.4%4 为 2.4，-14.0%3 为-2.0。

自增运算符（++）：单目运算符，可以放在操作数的前面，也可以放在操作数的后面，操作数必须是整型或者浮点类型的变量，其作用是变量的值加一。例如，double a= 5；a++。

自减运算符（--）：单目运算符，可以放在操作数的前面，也可以放在操作数的后面，操作数必须是整型或者浮点类型的变量，其作用是变量的值减一。例如，double b= 4；b--。

【例 9】 查看下列浮点计算程序，给出输出结果。

```java
public class App_9 {
    public static void main(String[] args) {
        double d = 4.0;
        double e = d + 2.1;
        double f = e -1.5;
        double g = f /2;
        double h = g % 2;
        System.out.println("d="+d);
        System.out.println("e="+e);
        System.out.println("f="+f);
        System.out.println("g="+g);
        System.out.println("h="+h);
        System.out.println("++h=" +(++h));        //自增运算
        System.out.println("连接后的结果："+g+e);   //连接运算
    }
}
```

2.6.4 算术混合运算的精度

在算术表达式中，如果多个操作数的类型不同时，存在精度问题，Java 的基本数据类型中，精度从"低"到"高"的顺序是：

```
byte short char int long float double
```

Java 在计算算术表达式中，遵守下列运算规则：

①如果表达式中有 double 类型浮点数，则按照 double 类型进行计算，例如，5.0/2+7 结果 9.5 是 double 型数据。

②如果表达式中最高精度是 float 类型浮点数，则按 float 类型进行计算，例如，5.0f/2+7 结果 9.5f 是 float 型数据。

③如果表达式中最高精度是 long 型整数，则按 long 类型进行计算，例如，5.0L/2+7 结果 9 是 long 型数据。

④如果表达式中最高精度是 int 型整数或者低于 int，则按 int 类型进行计算，例如，byte a=7；short b=3；表达式 a+b/2 结果 8 是 int 型数据。

注意，若表达式中结果值不超过 byte、short、char 的取值范围，可以将算术表达式值赋给 byte、short、char 型变量。

例如：

```java
byte a=7;
short b=3;
byte c= a+b;//正确，a+b 结果为整型，值没有超过 byte 范围，送给变量 c
byte i=120;
byte j=19;
byte m = i+j ;//错误, i+j 结果为整型，值超过 byte 范围
```

2.6.5 位运算

整型数据在内存以二进制的形式进行存储，例如，int 类型变量在内存占 4 个字节，32 位，int 类型数据 5 在内存中的表示方式为：

00000000 00000000 00000000 00000101

其中左边最高位为符号位：0 表示正数，1 表示负数。负数在内存中采用补码形式表示，例如，-5 在内存中以补码表示为：

11111111 11111111 11111111 11111011

由于整型数据在内存中以二进制存储，因此可以对整型数据进行位运算（bitwise operation），即对整型数据对应的位进行运算，得到新的整型数据。

位运算表达式由操作数和位运算符组成，实现对整数类型的二进制数进行位运算。位运算符包括：按位与（&）、按位或（|）、按位非（~）、按位异或（^）。

除了按位非（~），位运算的结合性为从左到右，优先级总体低于关系运算的优先级，高于逻辑运算的优先级，位运算内部的优先级从高到低为：

按位非（~）、按位与（&）、按位异或（^）、按位或（|）

注：按位非（~）为单目运算符，优先级与自增（++）等单目运算符同级，结合性为从右向左。

1. 按位与运算

按位与运算需要使用按位与运算符&，按位与运算符&是双目运算符，语法格式如下：

```
a & b
```

其中 a，b 都是整型数据。

按位与运算得到一个新的整型数据，其含义是：如果两个整型数据 a、b 对应二进制位都为 1，则该位的运算结果为 1，否则为 0。例如：a = 5，b = 7；a & b 的运算过程如下：

```
  a: 00000000 00000000 00000000 00000101
& b: 00000000 00000000 00000000 00000111
     ─────────────────────────────────────
     00000000 00000000 00000000 00000101
```

所以 a & b 为 5。

2. 按位或运算

按位或运算需要使用按位或运算符|，按位或运算符|是双目运算符，语法格式如下：

```
a | b
```

其中 a，b 都是整型数据。

按位或运算得到一个新的整型数据，其含义是：如果两个整型数据 a、b 对应二进制位都为 0，则该位的运算结果为 0，否则都为 1。例如：a = 5，b = 7；a | b 的运算结果如下：

```
  a: 00000000 00000000 00000000 00000101
| b: 00000000 00000000 00000000 00000111
     ─────────────────────────────────────
     00000000 00000000 00000000 00000111
```

所以，a | b 为 7。

3. 按位非运算

按位非运算需要使用按位非运算符~，按位非运算符~是单目运算符，语法格式如下：

```
~ a
```

a 是整型数据。

按位非运算得到一个新的整型数据，其含义是：若 a 的对应二进制位为 1，则该位运算结果为 0，a 的对应二进制位为 0，则该位运算结果为 1。

例如：a = 5 则 ~a 的运算过程为：

~ a： 00000000 00000000 00000000 00000101
_____

    11111111 11111111 11111111 11111010

4．按位异或运算

按位异或运算需要使用按位异或运算符^，按位异或运算符^是双目运算符，语法格式如下：
```
a ^ b
```
其中 a，b 都是整型数据。

按位异或运算得到一个新的整型数据，其含义是：如果两个整型数据 a、b 对应二进制位相同，则该位的运算结果为 0，如果对应的二进制位不相同，则该位的运算结果为 1。例如：a = 5，b = 7；a^b 的运算结果如下：

  a： 00000000 00000000 00000000 00000101
^ b： 00000000 00000000 00000000 00000111
_____

    00000000 00000000 00000000 00000010

所以 a ^ b 为 2。

对于异或运算有 a ^ 0 = a，a ^ a = 0。

注：对于双目的位运算符，若两个操作数的类型不相同，则需要将低精度的操作数转为对应高精度的操作数，然后开始位运算。

2.7 赋值语句和赋值表达式

2.7.1 赋值表达式

声明变量以后，可以为变量赋值，赋值需要利用赋值运算符："="，语法格式为：
```
变量名 = 表达式;
```
赋值表达式表示将表达式的值送给变量。例如，
```
int a; a=7;
int b= 9+7/3;          // b = 11;
int c = a++;           //c =7,x =8;
```

注：赋值运算符（assignment operator）为二元运算符，其优先级在所有运算符中为最低，其运算顺序为从右到左。

除了基本的赋值运算符，Java 还提供复合赋值运算符（compound assignment operator）：+= 、-= 、*= 、%=、&=、|=等，复合赋值运算是二元运算符，表示用第一个操作数加（减，乘，除，取余、位于、位或……）第二个操作数。并把结果赋值给第一个操作数。

以+=为例，使用复合赋值运算符的基本格式为：
```
a += b;
```
等价于
```
a= a + b;
```

【例 10】 赋值运算符的使用。
```
public class App2_10 {
    public static void main(String[] args) {
```

```
            int b = 4;
            b *=2;
            System.out.println("b=" + b);
        int a = 5;
            a+=5*++a/5 + 2;
            System.out.println("a="+a);
    }
}
```

2.7.2 赋值语句

赋值语句（assignment statement）的基本格式为：
  赋值表达式;
赋值语句为赋值表达式后添加英文分号，例如：
```
int a ,b=7,c;
a=8;
c= a + b;           //c =15
```
可以在一条赋值语句中给多个变量赋值，例如：
```
int x,y,z;
x = y = z = 1;    // x=1, y =1,z=1
```

2.8 数据类型转换

当将一种基本类型的数据或变量的值赋给另外一种基本类型变量时，就涉及数据类型的转换，下列基本类型之间进行运算会进行类型转换，将这些类型按精度从低到高排列为：
  byte short char int long float double
基本数据类型的转换分为类型的**默认转换**（implicit conversion）和类型的**强制转换**（explicit conversion）。

2.8.1 类型的默认转换

当把精度级别低的变量的值或数据，赋给精度高的变量，系统自动完成数据类型的转换，即类型的默认转换。例如：
  `float f=120;`
由于 120 是整型，f 是单精度型，则把 120 赋值给变量 f 时，f 的值 120.0。
例如：
```
int x= 5;
double y = x;
```
将整型变量 x 的值赋给双精度变量 y 时，系统默认做类型转换，y 的值为 5.0。

2.8.2 强制类型转换

当把级别高的变量或数值的值，赋给级别低的变量时，需要进行强制类型转换，强制类型转换（cast conversion）的格式如下：
  （类型名）要转换的值;
例如：
```
int x =(double)5.12;         //强制类型转换, 把double 类型的值转成整型
float f = 12.3f;
long l = (long)f;            //强制类型转换, 把float 类型值转成1
char c = (char)('a'+23);
```
注：两个 char 型运算时，自动转换为 int 型；当 char 与别的类型运算时，也会先自动转换为 int 型的，再做其他类型的自动转换。

【例 11】 阅读下列程序，了解类型转换，思考输出结果。

```java
public class App2_11 {
    public static void main(String[] args) {
        double d = 4+7/2;
        System.out.println("d=" + d);
        int a = 5;
        double b = a + 7.2;
        System.out.println("b =" + b);
        //强制类型转换
        int num1 = (int) 3.4;
        System.out.println ("num1 = "+ num1);
        int x = (int)4.3 + (int )7.2;
        System.out.println("x = "+ x);
        //字符的类型转换
        char c1= 'a';
        int y = c1 + 24;
        System.out.println("y ="+ y);
        char c2 = (char)y;
        System.out.println("c2 =" + c2);
    }
}
```

2.8.3 字符串和基本数据类型数据的转换

字符串数据是用双引号引起的一系列的文本，在程序设计中经常需要将字符串和基本数据类型进行转换，下面以字符串和整型之间相互转换为例进行介绍，其他类型请参考封装类和字符串类的内容。

1. 数值型字符串 String 转换成整数 int

数值型字符串 String 转换成整数有两种方法：

第一种方法的语法格式如下：

```
Integer.parseInt(字符串);
```

或

```
Integer.parseInt(字符串,进制);
```

例如：

```java
//将字符串 1234 转成 10 进制整数，赋值给变量 i
int i = Integer.parseInt("1234");
//将字符串 2ff 转成 16 进制整数，赋值给变量 j
int j = Integer.parseInt("2ff",16);
```

第二种方法语法格式如下：

```
Integer.valueOf(字符串).intValue();
```

例如：

```java
int m = Integer.valueOf("111").intValue();
```

【例 12】 查看程序，了解字符串转换数值的方式

```java
public class App2_12 {
    public static void main(String[] args) {
        String str ="123";
        int a = Integer.parseInt(str);
        System.out.println("a = " + a);
        String str1 = "2a";
        int b = Integer.parseInt(str1,16);//转成 16 进制整数
        System.out.println("b = " + b);
        int x = Integer.valueOf("123").intValue();
        System.out.println("x = " + x);
        //字符串转 double
        double d1 = Double.parseDouble(str);
        double d2 = Double.valueOf("23.3").doubleValue();
```

```
            System.out.println("d1 = " +d1);
            System.out.println("d2 = " +d2);
        }
    }
```

2. 将整数转换成字符串

将整数转换成字符串有如下三种方法：

第一种方法的语法格式如下：

```
String.valueOf（整数表达式）；
```

例如：

```
    int  i= 12;
    String s = String.valueOf(i);        //得到字符串"12"
    String s1 = String.valueOf(123);     //得到字符串"123"
```

第二种方法的格式如下：

```
Integer.toString（整数表达式）；
```

例如：

```
    int  m= 12;
    String s2= Integer.toString(m);       //得到字符串"12"。
    String s3= Integer.toString(123);     //得到字符串"123"。
```

第三种方法利用运算符"+"，当任意类型和字符串相加时，其结果为其和字符串进行连接。例如：

```
    int t =5;
    String s4 = "" + t;             //将空串与 t 相连，得到字符串 5
    String s5 =  "123" + 5 ;        //将串 123 与 t 相连，得到字符串 1235
    String s6 =  1+2+"123" + 5 ;    //
```

【例 13】 查看程序，学习数值转为字符串的方法。

```java
public class App2_13 {
    public static void main(String[] args) {
        //整型数据转字符串
        int a = 123;
        String str = String.valueOf(a);          //利用 valueOf 方法转成字符串
        String str1 = Integer.toString(a);       //toString 方法转成字符串
        String str2 = "" + a;                    //将 a 和空串连接
        System.out.println("str =" + str);
        System.out.println("str1 =" + str1);
        System.out.println("str2 =" + str2);
        //double 类型转字符串
        double d = 123;
        String str3 = String.valueOf(d);
        String str4 = Double.toString(d);
        String str5 = "" + d;
        System.out.println("str3 =" + str3);
        System.out.println("str4 =" + str4);
        System.out.println("str5 =" + str5);
    }
}
```

2.9 字符数据类型及其运算

字符类型用来表示一个字母、一个数字、一个标点符号以及一个其他特殊字符。Java 用 char 类型来表示字符类型变量，字符常量使用单引号嵌入字符，例如：

```
    char c = 'A';
```

字符从本质上讲是数字，每一个字符映射到一个范围在 0～65535 的正整数，每一个字符在 Unicode 标准中都有对应的数字值，称为 Unicode 值。我们可以用如下方法来查看字符的 Unicode 码：

```
        char  ch= 'A';
        int p = 65;
        System.out.println("a 在 unicode 表中的顺序位置是: " + (int) ch);
        System.out.println("unicode 表中的第 65 位是: " + (char) p);
```

为了表示一些特殊的字符，Java 定义了转义字符，转义字符由一个反斜线（\）和一个随后的特殊字符组成，以下列出用来格式化输出的部分特殊字符。

回车：\r；换行：\n；Tab：\t；换页：\f；退格：\b

由于字符可以看成 Unicode 值，即一个数字，所以字符也可以参与数值运算，数值运算用其 Unicode 值来完成计算。

【例 14】 查看程序，了解字符型运算。

```
public class App2_14 {
    public static void main(String[] args) {
        char c1 ='a';
        char c2 ='c';
        int a = c1 + 1;                    //字符加整数
        System.out.println("a =" + a);
        char c3 = (char) a;
        System.out.println("c3 =" + c3);
        int b = c2 -c1;                    //两个字符相减
        System.out.println("b =" + b);
        int x = c2 + c1;                   //两个字符相 加
        System.out.println("x =" + x);
    }
}
```

2.10 Java 程序设计风格

编写程序，除了要保证代码的正确性，还要重视程序的可读性，使代码便于阅读，从而提高编程的效率。程序的可读性是指设计和编写的代码可以让更多的人读懂、传承与复用，一个好的程序应该是一个可以阅读的良好的文档，因此要养成良好的程序设计风格，培养良好的程序编程习惯。

完整的 Java 编程风格请参阅 GoogleJava 编程风格指南，下面对常用的编程风格进行介绍。

2.10.1 命名规范

命名规范是指对变量、类等进行命名的规范，主要有：

①包的命名应该是小写的单词，如 lyu。

②类名由首字母大写其他字母小写单词组成，若多个单词组成类名，则每个单词的首字母大写，如类名 Dog。

③变量名应该是小写的单词，若多个单词组成变量名，则从第二个单词开始的首字母大写，如变量名 firstName。

④常量和静态成员应该大写，并且指出完整含义，单词与单词之间以下划线（_）进行分隔，如常量名 PI，MAX_WIDTH。

⑤参数的命名规范和变量一样，对于方法的参数，应该使用有意义的命名，若该参数赋值给字段，则使用和字段一样的名字。

无论是命名变量、类还是其他，命名应该能够有意义，并且相对简洁，除非是临时变量。

2.10.2　Java 样式文件

对于一个 Java 源文件，文件内相关元素的编写顺序一般如下所示：
（1）定义版权信息；
（2）package/import；
（3）开始类的定义，并在类中按照下列顺序定义类中元素：
字段、构造函数、setter、getter 方法、克隆方法、类方法、toString 方法、main 方法。

2.10.3　代码的编写风格

1．语句

一条语句应该单独占一行，若语句较长，可以在逗号或者一个操作符后换行。

2．方法

方法与方法之间应有空行，对于方法的功能，在方法首部前进行注释。

3．大括号

大括号的左大括号在上一行的行尾，而右大括号单独占一行。大括号的语句应单独占一行。

4．括号

括号可以改变运算的优先级，但不要在语句中使用无意义的括号，并且在左括号和后一个字符之间、右括号和前一个字符之间不应该使用空格。

5．缩进

在大括号 { } 内的语句以及循环语句的循环体、分支体语句等要缩进，一般缩进 4 个空格，不要使用 Tab 键进行缩进。

6．注释

关键代码、方法以及类的定义需要使用注释（comment）进行解释。注释分为序言性注释和功能性注释。**序言性注释**，位于程序或者模块的开始部分，给出程序或模块的整体说明。**功能性注释**，一般嵌入在源程序体之中，其主要描述某个语句或程序段的含义。

一般情况下，行注释符（end of line comment）"//"、多行注释符（multiple-line comment）"/*" 和 "*/" 用于功能性注释，而文档注释 "/**" 和 "*/" 用于序言性注释，并且文档注释可以通过 JDK 提供的 javadoc 命令，生成所编程序的 API 文档，文档中的内容主要就是从文档注释中提取。该 API 文档以 HTML 文件的形式出现，与 Java 帮助文档的风格及形式完全一致。

【例 15】　阅读程序，了解程序的良好风格。

```
package chapter2;
public class Dog {
    private String name;
    private int age;
    private double weight;
        public Dog() {
        super();
    }
    public Dog(String name, int age, double weight) {
        super();
        this.name = name;
        this.age = age;
        this.weight = weight;
    }
    public String getName() {
        returnname;
```

```java
    }
    public void setName(String name) {
        this.name = name;
    }
    public int getAge() {
        returnage;
    }
    public void setAge(int age) {
        this.age = age;
    }
    public double getWeight() {
        returnweight;
    }
    public void setWeight(double weight) {
        this.weight = weight;
    }
    public String toString() {
        return"Dog [name=" + name + ", age=" + age + ", weight=" + weight + "]";
    }
    public static void main(String[] args) {
        Dog dog = new Dog("tom",3,3.5);
        System.out.println(dog.toString());
    }
}
```

关 键 术 语

算法 Algorithm　　　有穷性 finiteness　　　确切性 definiteness　　　输入 input　　　输出 output
可行性 effectiveness　　　程序 program　　　类 class　　　语句 statement　　　方法 method
标识符 identifier　　　大小写敏感 case sensitive　　　关键字 keyword　　　保留字 reserved word
分号 semicolon（;）　　　注释 comment　　　行注释 end of line comment（//）
多行注释 multiple-line comment（/* */）　　　基本类型 primitive types　　　数据类型 data type
变量 variable　　　变量类型 type of a variable　　　变量声明 variable declaration
变量值 variable value　　　变量名 variable name　　　初始值 initial value　　　常量 constant
操作符 operator　　　操作数 operand　　　优先级 priority　　　结合性 associativity
一元操作符 unary operator　　　二元操作符 binary operator　　　三元操作符 ternary operator
算数操作符 arithmetic operator　　　整除 integer division
取余操作符 remainder operator（%）　　　乘法操作符 multiplication operator（*）
加法操作符 addition operator（+）　　　减法操作符 substraction operator（-）
除法操作符 division operator（/）　　　赋值操作符 assignment operator（=）
算术复合赋值运算符 arithmetic compound assignment operators
复合赋值操作符 compound assignment operator　　　强制转换运算符 cast operator（type）
自增运算符 increment operator（++）　　　自减运算符 decrement operator（--）
默认转换 implicit conversion　　　显式转换 explicit conversion
强制类型转换 cast conversion　　　块语句 block statement
位运算 bitwise operation　　　赋值语句 assignment statement

本 章 小 结

Java 程序的控制台输出使用语句 System.out.println()和 System.out.print();

Java 程序的控制台输入使用 Scanner 类创建的对象，调用相关方法。

Java 中定义的标识符由字母、下划线、美元符号和数字组成，并且第一个字符不能是数字字符。

Java 关键字为语言留为自用，不能成为自定义的标识符。

变量内存的一部分空间，有三个特性：变量名、变量类型、值。

Java 语言的 8 种基本数据类型是：boolean、byte、short、char、int、long、float、double。

变量需要先声明后使用，声明变量的方法为

数据类型 变量名；

常量值不变，Java 的布尔常量只有 true, false。字符常量用单引号括起来，字符串常量用双引号括起来。转义字符以头。符号常量用 final 定义。

低精度类型和高精度类型数据一起运算，结果是高精度类型的数据，高精度向低精度转换，需要强制类型转换。

Java 的运算符有单目、双目和三目运算符，其优先级从高到低为：单目运算符、双目运算符、三目运算符。

Java 表达式是用 Java 运算符连接的复合 Java 规则的运算式，表达式有值和类型。

算术运算符中，乘、除的优先级高于加、减，要改变运算顺序，需要使用括号。

对于整数，算术运算除为整除，取余结果为整数，并且符号位与被除数相同。

对于浮点数，算术运算除结果带小数，取余结果带小数。

自增、自减运算符仅能对变量使用，整型变量和浮点型变量都可以。

字符类型变量或者常量，可以对其进行算术运算，使用其 Unicode 值参与运算。

复 习 题

一、判断题

1. Java 是不区分大小写的语言。　　　　　　　　　　　　　　　　　　　　　（　　）
2. 在 Java 的方法中定义一个常量用 const 关键字。　　　　　　　　　　　　（　　）
3. Java 的各种数据类型占用固定长度，与具体的软硬件平台环境无关。　　（　　）
4. Java 中定义的标识符第一个字符可以是数字字符。　　　　　　　　　　　（　　）
5. Java 中小数常量的默认类型为 float 类型，所以表示单精度浮点数时，可以不在后面加 F 或 f。（　　）

二、选择题

1. 下列哪个是合法的标识符？（　　）
   A. c=z　　　B. _Haha　　　C. 8nd　　　D. Guang zhou
2. 下面语句哪个是正确的？（　　）
   A. char a='abc';　　　B. long l=0xfff;　　　C. float f=0.23;　　　D. double b=0.7E-3;
3. 对于 x*=3+2 算术，与它等价的是（　　）。
   A. x=x*(3+2)　　　B. x=x*3+2　　　C. x=3+x*2　　　D. x=x*3+x*2
4. 以下程序代码的输出的结果是（　　）。
   ```
   int x=53;
   System.out.println(1.0+x/2);
   ```
   A. 27.0　　　B. 27.5　　　C. 1.026　　　D. 1.026.5
5. 假设 a=3，当赋值操作 b=a--完成以后，变量 a 和 b 的值变为（　　）。
   A. 3,3　　　B. 2,3　　　C. 3,2　　　D. 2,2

6. 方法（　　）可将一个数值转换成文本。
   A．Integer.valueOf   B．Integer.parseInt   C．String.parseInt   D．String.valueOf
7. 下列哪个数代表十六进制整数？（　　）
   A．0123   B．1900   C．fa00   D．0xa2
8. 已知 ch 是字符型变量，下面正确的赋值语句是（　　）。
   A．ch='a+b'   B．ch='\0'   C．ch='7'+'9'   D．ch=5+9
9. 当一个 int 型值和 double 型值相加时，会出现（　　）。
   A．隐式转换   B．造型   C．赋值   D．以上答案都不对
10. 常量应使用（　　）关键字进行声明。
    A．Fixed   B．constant   C．final   D．const

三、简答题

1. Java 的基本数据类型的是什么？
2. float 型常量和 double 型常量在表示上有什么区别？
3. 什么叫标识符？标识符的命名规则是什么？

四、应用题

1. 下列代码段输出的是什么？

（1）
```
System.out.println("*\n**\n***\n****\n*****");
```

（2）
```
System.out.println("***");
System.out.println("******");
System.out.println("*****");
System.out.println("**");
```

（3）
```
System.out.print("*");
System.out.print("***");
System.out.print("******");
System.out.print("*****");
System.out.println("**");
```

（4）
```
System.out.print("*");
System.out.println("***");
System.out.println("******");
System.out.print("*****");
System.out.println("**");
```

（5）
```
System.out.println("字符"+'b'+"的值为："+((int )'b'));
```

2. 了解表达式的运算顺序，并最终给出 x 的值。
```
a. x = 7+3*6/2 -1
b. x = 2%2 +2* 2 -2/2
c. x =(3 *9 *(2*(8*3/(3))))
d. x = ~5&(8|13)^4
```

3. 给出如下程序的输出结果。
```
public class DataCalculate{
    public static void main (String[] args) {
        System.out.println(3+5);
        System.out.println(3.5+5.4);
        System.out.println('J');
    }
}
```

    }
4. 下列部分代码输出什么结果？
```
int x= 3, y = 4;
System.out.println((x+y)++);
```
5. 从键盘输入姓名，实现输出字符串"Hello"和输入的姓名，例如：输入 tom，则输出 Hello tom。
6. 从键盘输入一个 5 位整数，然后分别输出该整数的每一位，例如，对于整数 23145，输出 2 3 1 4 5。
7. 从键盘输入 3 个整数，求 3 个整数的和、平均值和乘积。
8. 从键盘输入圆的半径，求圆的直径和面积。

第 3 章 分支结构

引言

本章对分支结构程序编写进行学习，包括布尔数据类型、关系表达式和逻辑表达式、分支语句 if 和 switch 语句、条件表达式以及格式化的输出语句等内容。

3.1 boolean 数据类型

Java 语言除了可以完成数学运算，某些时候还需要判断真假对错，例如，5 大于 3，5+3 大于 10 等，因此 Java 中定义数据类型：布尔类型 boolean，布尔类型 boolean 只有两个值：true 和 false，true 表示"真"、"对"的含义，false 表示"假"、"错"的含义。

利用 boolean 类型可以声明 boolean 类型的变量，例如：

```
boolean flag, isOdd;
flag = true;
isOdd = false;
```

声明变量的同时也可以赋初值，例如：

```
boolean isTriangle, male=true;
```

注意：布尔类型的值只有 true 和 false，而且是小写的。

【例 1】 声明并输出布尔类型的变量。

```
public class App3_1 {
    public static void main(String[] args) {
        boolean b1= true,b2;
        b2 = false;
        boolean b3 = true;
        System.out.println("b1=" +b1);
        System.out.println("b2=" +b2);
        System.out.println("b3=" +b3);
    }
}
```

3.2 关系运算符和关系表达式

关系运算实际上是"比较运算"，即将两个值进行比较，判断比较的结果是否符合给定的运算条件。Java 的关系运算符都是二元运算符，由 Java 关系运算符和运算数组成的表达式为关系表达式（relation expression），关系表达式的计算结果为布尔类型（即逻辑型），即 true 或者 false。

关系运算符包括：

<（小于）、>（大于）、<=（小于或等于）、>=（大于或等于）、==（等于）、!=（不等于）

关系表达式生成的是一个 boolean 类型值，关系运算结果是操作数的值之间的关系，如果关系是真的，关系表达式的结果为 true；反之，结果为 false。

例如：

```
5 >3 // 结果为 true
5==4 //结果为 false
```

关系运算符（relation operator）的总体优先级低于算术运算符，但高于赋值运算符，在关系运算符内部，<（小于）、>（大于）、<=（小于或等于）、>=（大于或等于）优先级高于==（等于）、!=（不等于）。如果优先级的顺序不明确，或者想改变优先级，建议使用括号。

关系操作符的结合性即其运算顺序为从左到右，例如：

```
int a=3; a%2==0    //结果为false
5*7 >=35           //结果为true
```

注意：大于等于运算符（>=）、小于等于运算符（<=）、等于运算符（==）以及不等于运算符（!=）由两个符号组成，两个符号之间不得有空格，并需注意两个符号的先后顺序。

例如：

```
5=>7        //错误，操作符书写顺序错误
5=8         //错误，等于运算符是==，=是赋值
5! =8       //错误，不等于运算符之间不能有空格
```

在 Java 中，任何数据类型的数据（包括基本数据类型和复合数据类型）都可以通过"=="与"!="来比较表达式的结果是否成立。

【例2】 输入两个数值到变量 a、b，判断两个数之间的关系。

```java
import java.util.Scanner;
public class App3_2 {
    public static void main(String[] args) {
        Scanner input = new Scanner(System.in);
        System.out.println("input a please:");
        int a = input.nextInt();
        System.out.println("input b please:");
        int b = input.nextInt();
        System.out.println("a>b : "+ (a>b));
        System.out.println("a>=b :"+ (a>=b));
        System.out.println("a<=b : "+ (a<=b));
        System.out.println("a<b : "+ (a<b));
        System.out.println("a==b :"+ (a==b));
        boolean flag = a!=b;//将 a 和 b 的判断结果给不二变量 flag
        System.out.println("a!=b : "+flag);
    }
}
```

3.3 逻辑运算符和逻辑表达式

逻辑运算是将多个关系运算进行结合的运算，例如，判断 5>3 并且 2<3，逻辑运算的结果是 boolean 类型的值 true 或者 false。

逻辑运算需要使用逻辑运算符（logical operator），利用逻辑运算符来连接关系表达式，形成逻辑表达式，表示关系表达式之间的逻辑关系。

逻辑运算符包括：单目运算符!（非）以及双目运算符&&（与）和||（或）。逻辑运算符的操作数必须是 boolean 类型的值，逻辑运算符的结果为一个 boolean 值。

整体上逻辑运算符的优先级低于关系运算符，但高于赋值运算符。

3 个逻辑运算符的优先级从高到低为：!（非）、&&（与）、||（或）。

3.3.1 非（!）运算

非运算符（!）是单目运算符，其含义是若操作数值为 true，则非运算后结果为 false；若操作数值为 false，则非运算后结果为 true。例如：

```
!true      //结果为false
!false     //结果为true
```

```
!(5>3)              //结果为false
boolean b = true;
!b                  //结果为false
!(0!=0)             //结果为true
```

3.3.2 与（&&）运算

与运算符（&&）是双元运算符，其含义为只有两边操作数值都为 true，运算结果才为 true，否则运算结果为 false。例如：

```
5>3 && 4>2          //结果为true
4>1 && 7>9          //结果为false
!(4>2) && (9>7)     //结果为false
```

注意先计算非（!）运算，再计算与（&&）运算。

```
5/2 ==1 && 7%3 ==0  //结果为false
```

注意先进行算术运算，然后进行关系运算，最后进行&&运算。

【例3】 输入一个数，判断该数能否被 3 和 7 同时整除。

```java
import java.util.Scanner;
public class App3_3 {
    public static void main(String[] args) {
        Scanner input = new Scanner(System.in);
        System.out.println("input a please:");
        int a = input.nextInt();
        boolean b = (a%3==0) && (a%7==0);
        System.out.println("a 能否整除 3 和 7 的结果是："+ b);
    }
}
```

3.3.3 或（||）运算

或运算符（||）是双元运算符，其含义为只有两边操作数值都为 false，运算结果才为 false，否则运算结果为 true，即只要有一个操作数为 true，或运算的结果就为 true。例如：

```
5 > 3 || 4 > 2      // 结果true
3 >2 || 15 < 2      // 结果true
3==2 || 7 != 7      // 结果false
!(9>3) || 7<9       // 结果true
```

假设【例3】的要求改为输入一个数，判断该数能否被 3 或者 7 整除，应如何完成该程序呢？

【例4】 运行短路运算代码，查看输出结果。

```java
public class App3_4 {
    public static void main(String[] args) {
        int a =1;
        int b =1;
        boolean flag = a <b && b<a/0;
        boolean flag1 = a == b || b<a/0;
        System.out.println("flag =" + flag);
        System.out.println("flag1 =" + flag1);
    }
}
```

在【例4】中，要计算 boolean flag = a <b && b<a/0;对于该语句，应先计算算术运算 a/0，显然 a/0 是会出现异常，程序运行中断，但是运行发现，【例4】会正常执行。

【例4】展示了**短路运算**，短路（short-circuit）运算一般称之为"条件操作"，其含义为：当有多个表达式时，左边的表达式值可以确定结果时，就不再继续运算右边的表达式的值。短路运算包括短路与、短路或。

短路与（&&）：如果左边表达式值为 false，那么右边表达式不参与运算。

短路或（||）：如果左边表达式值为 true，那么右边表达式不参与运算。

对于【例4】来说，运算 a/0 明显是个错误，然而由于先计算左边表达式 a<b，由于 a<b 的结果为 false，所以对于与运算，无论右边表达式是否为真，运算的结果都为假，所以 b<a/0 不参与运算，因此不会出错，所以 flag 结果为 false。同理可以求得 flag1 的结果为 true。

3.3.4 位运算符做逻辑运算

位运算符按位非（~）、按位与（&）、按位或（|）、按位异或（^）也可以做逻辑运算。位运算符完成逻辑运算要求两边的操作数是 boolean 类型，其含义与逻辑非（!）、逻辑与（&&）逻辑或（||）类似。

按位非（~）表示当操作数为 false 时，按位非运算的结果为 true，当操作数为 true 时，按位非运算的结果为 false。

例如：
```
~true          //结果为false
~(7>10)        //结果为true
```

按位与（&）表示，只有当两个操作数都为 true 时，按位与运算的结果为 true，其他情况下，按位与运算的结果为 false。

例如：
```
true & true       //结果为true
true & false      //结果为false
7<3 & 8> 4        //结果为false
3<2 & 1 < 0       //结果为false
```

按位或（|）表示，只有当两个操作数都为 false 时，按位或运算的结果为 false，其他情况下，按位或运算的结果为 true。

例如：
```
true | true       //结果为true
true | false      //结果为true
7<3 | 8> 4        //结果为true
3<2| 1 < 0        //结果为false
```

按位异或（^）表示，只有当两个操作数值不同时，按位或运算的结果为 true，当两个操作数值相同时，按位或运算的结果为 false。

例如：
```
true | true       //结果为false，两边操作数相同
true | false      //结果为true
7<3 | 8> 4        //结果为true
3<2| 1 < 0        //结果为false，两边操作数相同
```

注意：位操作符可以进行逻辑运算，但不支持短路算法。

3.4 if 语句

利用赋值语句和输入、输出语句，可以完成顺序结构的程序，顺序结构的程序是最简单的程序，只需要按照解决问题的顺序写出相应的语句，它的执行顺序是自上而下，按照语句的物理顺序依次执行。

顺序结构（sequential structure）程序虽然能解决计算、输出等问题，但不能根据条件判断选择要执行的语句。对于要先做判断再选择执行语句时就要使用分支结构（selection structure）。分支结构的执行是依据一定的条件选择执行路径，而不是严格按照语句出现的物理顺序。分支结构适合于带有逻辑或关系比较等条件判断的计算。

分支结构的语句包括 if 语句和 switch 多分支语句。本节介绍 if 语句的使用。

3.4.1 if 语句

if 语句的含义为若条件表达式的结果为 true，则执行表达式后面的语句，否则跳过该语句执行后面的语句，if 语句的语法格式如下：

```
if(表达式)
    语句1;
```

if 语句的执行过程见图 3-1。

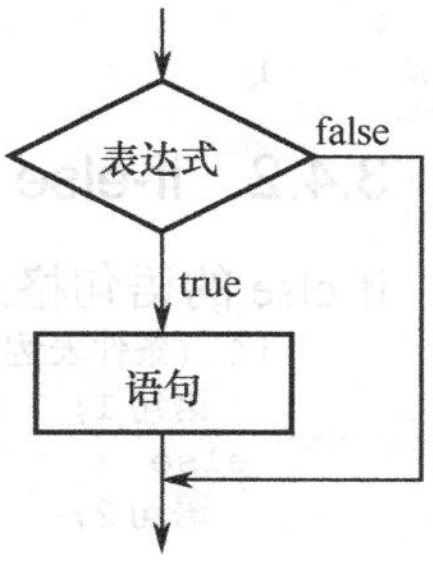

对于 if 语句，有下列注意事项：
①if 是关键字，为小写字母，其含义为"如果"；
②表达式结果只能是布尔值 true 或者 false，并且要写在括号里，括号不可省略；
③if 语句中，语句 1 为一条语句，并在书写的时候进行缩进。

【例 5】 输入两个数求最大值。

思路：首先输入数据到两个变量 a、b，定义存放最大值变量 max，并假设 a 最大，让 max=a，然后比较 max 和 b 的值，如果 max<b，那么 b 是最大值，让 max=b，最后输出 max。

图 3-1 if 语句执行过程图

```java
import java.util.Scanner;
public class App3_5 {
    public static void main(String[] args) {
        Scanner input = new Scanner(System.in);
        //输入两个数到a, b
        System.out.println("input a please:");
        int a = input.nextInt();
        System.out.println("input b please:");
        int b = input.nextInt();
        //假设a最大, 放入max
        int max = a;
        //如果 max 比 b 小, b 最大, b 放入 max
        if(max < b)
            max = b;
        System.out.println("a,b中的最大值为: "+ max);
    }
}
```

如果 if 语句在条件表达式为 true 时要执行多条语句，需要使用块语句，其格式为：

```
if（条件表达式）{
    语句块；
}
```

块语句（block statement）也称为复合语句（compound statement），是把多个语句用花括号"{}"括起来组成的一条语句。

若 if 中语句块仅包含一条语句，也可以嵌入到大括号内，并且推荐这种写法。

【例 6】 输入两个数到变量 a、b，若 a 小于 b 则交换 a、b 的位置。

思路：首先通过键盘输入两个数到变量 a、b，若 a<b，则交换 a、b 的值，然后输出交换后的 a，b。

```java
import java.util.Scanner;
public class App3_6 {
    public static void main(String[] args) {
        Scanner input = new Scanner(System.in);
        //键盘输入两个数到a, b
        System.out.println("input a please:");
        int a = input.nextInt();
```

```
            System.out.println("input b please:");
            int b = input.nextInt();
            int t= 0;              //交换中间变量t
            if(a < b){             //开始交换
                t = a;
                a = b;
                b = t;
            System.out.println("a 交换后的值为: " + a);
            System.out.println("b 交换后的值为: " + b);
            }
        }
    }
```

3.4.2 if-else 语句

if-else 的语句格式如下:

```
if (条件表达式)
    语句1;
 else
    语句2;
```

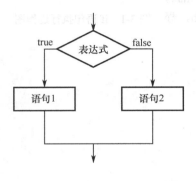

图 3-2 if-else 语句执行过程图

if-else 的语句含义为：如果条件表达式结果为 true，则执行语句 1，否则执行语句 2，执行过程如图 3-2 所示。

对于 if-else 语句，有下列注意事项：

①if、else 为关键字，需要小写，if 的含义为"如果"，else 含义为"否则"；

②条件表达式必须嵌入到括号内，其运算结果为 true 或者 false；

③语句 1、语句 2 分别为一条语句，在书写代码时，需要缩进。

【例7】 输入一个年份，判断该年是否为闰年。

思路：判断变量 year 是否是闰年，若 year 为普通年并能被 4 整除或者 year 为世纪年能被 400 整除，则为闰年，否则不是。

```
    public class App3_7 {
        public static void main(String[] args) {
            Scanner input = new Scanner(System.in);
            //键盘输入年到 year
            System.out.println("input year please:");
            int year = input.nextInt();
            //判断是否为闰年
            if(year % 4 == 0 &&year % 100 != 0 || year % 400 == 0)
                System.out.println(year+"年是闰年! ");
            else
                System.out.println(year+"年不是闰年! ");
        }
    }
```

对于 if-else 语句，若需要在 if 或者 else 内执行多条语句，则需要使用块语句（block statements），语法格式如下：

```
if (条件表达式) {
 块语句1;
} else {
 块语句2;
}
```

【例 8】 输入一个数，判断该数是不是 3 或 7 的倍数。

思路：判断一个数是不是 3 或 7 的倍数，即该数是否能被 3 或 7 整除。

```
    public class App3_8 {
```

```
public static void main(String[] args) {
    Scanner input  = new Scanner(System.in);
    //键盘输入数据
    System.out.println("input score:");
    int num = input.nextInt();
    //判断能否被 3 或者 7 整除
    if(num % 3== 0 || num % 7 == 0 ){
        System.out.print(num);
        System.out.println("是 3 或者 7 的倍数");
    }
    else
    {
        System.out.print(num);
        System.out.println("不是 3 或 7 的倍数");
    }
}
```

块语句表示需要执行的有多条语句，放到大括号内的多条语句可以看成一条语句，语句块也可以只有一条语句，这种情况可以省略大括号，但推荐放入大括号中。

3.4.3 if-else if 语句

if-else if 语句根据条件来判断时，一般有两种执行路径可以选择。如果根据条件，需要有多条执行路径，需要使用 if-else if 语句，语句格式如下：

```
if（条件表达式 1）
    语句 1；
else if（条件表达式 2）
    语句 2；
else if（条件表达式 3）
    语句 3；
    ……
else
    语句 n+1；
```

if-else if 语句的含义是如果条件表达式 1 的值为 true，则执行语句 1，否则判断条件表达式 2 的值，若为 true，则执行语句 2，否则判断条件表达式 3 的值，若为 true，则执行语句 3，否则继续向下判断到条件表示式 n，若条件表达式 n 的值为 true 则执行语句 n，若表达式 n 的值为 false，则执行语句 n+1。语句执行如图 3-3 所示。

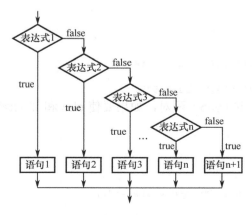

图 3-3　if-else if 语句执行图

对于 if-else if 语句，有下列注意事项：
①else if 有 else 和 if 两个关键字，中间使用空格进行间隔；

②条件表达式 1 到条件表达式 n 的值都是 boolean 类型；

③else if 语句可以有任意多句，最后的 else 语句为可选的；

④语句 1 到语句 n 都为一条语句，若为多条语句，需要嵌入大括号内，单条语句也推荐嵌入大括号内。

【例 9】 从键盘输入学生某门课程成绩，若成绩高于 90 分，输出 A；若成绩在 80～89 之间，输出 B；若成绩在 70～79 之间，输出 C；若成绩在 60～69 之间，输出 D；若成绩不及格（小于 60 分）输出 E。

思路：输入成绩到 score 变量，将 score 与对应的成绩范围比较，检查其值是否大于等于 90，若是输出 A，若否继续判断其值是否大于等于 80，是则输出 B，否则继续判断其值是否大于等于 70，是输出 C，否继续判断其值是否大于等于 60，是输出 D，否说明成绩低于 60 分，输出 E。

```
public class App3_9 {
    public static void main(String[] args) {
        Scanner input = new Scanner(System.in);
        //键盘输入成绩
        System.out.println("input score:");
        int score = input.nextInt(); ;
        if(score>= 90){
            System.out.println('A');
          }else if(score>= 80){
             System.out.println('B');
            }else if(score>= 70){
               System.out.println('C');
               }else if(score>= 60&&score<70){
                  System.out.println('D');
                  }else if(score>= 0 && score<60){
                    System.out.println('E');
                    }
        }
    }
}
```

从该代码中可知，每个 else if 语句必须按照逻辑上的顺序进行书写，否则将出现逻辑错误。

由于 if-else if 语句可以看成 else 内嵌 if 语句，因此形成 if-else 语句的嵌套，对于嵌套的 if-else 语句，一般情况下，else 与上面最近的 if 配对，如果改变配对，需要使用大括号。

例如，下列的语句段：

```
int x=5 ;
int y =6;
 if(x>5)
   if (y>5)
    System.out.println("x and y are >5");
   else
    System.out.println("x is <=5");
```

以上语句段中，else 和 if (y>5) 配对，如果要使 else 和 if (x>5) 配合使用，则需要使用大括号，例如，

```
int x=5 ;
int y =6;
 if(x>5){
   if (y>5)
    System.out.println("x and y are >5");
 }
 else
    System.out.println("x is <=5");
```

3.4.4 if-else 语句常见问题

对于 if-else 语句经常会出现下列问题，在编写程序的时候需要注意。

1. 条件表达式

条件表达式是布尔型的结果，即表达式可以是布尔型变量，也可以是关系表达式或逻辑表达式，如果不确定表达式中运算符优先级顺序，请用括号改变运算符的运算顺序。

例如，判断 year 是否为闰年的 if 条件表达式可以写为：
```
if((year % 4 == 0 &&year % 100 != 0) || year % 400 == 0)
```
条件表达式值不能是数值、字符、字符串，例如：
```
if(0)           //Error
if('a')         //错误
```
条件表达式要写在括号内，并且括号后不能直接跟分号，如果括号后直接为分号，表示满足条件后，执行空语句，即任何语句都不执行。例如：
```
if(5>3);              //错误，括号后直接跟上分号
  System.out.println("我是 if 要执行的语句");
```
条件表达式中判断相等是运算符"==", 而不是赋值运算符"=", 例如：
```
if( a == 5)         //正确
    System.out.println("运算符是==正确");
if( a = 5)          //错误，赋值运算
    System.out.println("运算符=错误");
```
浮点型的变量由于有精度限制，不可以用"=="或"!="与任何数字比较，应该设法转化成">="或"<="形式。例如：
```
double  x = 0.0;
if(x == 0.0)                                //错误的比较方式
    System.out.println("错误的比较方式");
if( (x <= 0.000001) && (x >= -0.000001))    //正确的比较方式，考虑精度
    System.out.println("正确的比较方式");
```

2. if 中的语句

对于满足条件要执行的语句，注意是一条语句，如果需要执行多条语句，需要放入大括号内，执行一条语句也可以放入大括号内，例如：
```
if( 4!=0)
    System.out.println("这是 if 中的语句");    //这是 if 的语句
System.out.println("这不是 if 中的语句");      //虽然缩进，也不是 if 的语句。
if(a>b){
  System.out.println("if 的语句1");
}
else {
 System.out.println("else 的语句1");
 System.out.println("else 的语句2");
 System.out.println("else 的语句3");
}
```

3.5 switch 语句

if-else 语句非常适合在双分支判断中使用，但对于多分支条件判断，使用相对比较麻烦，因此在 Java 中提供了另外一个语句——switch 语句来实现多分支语句（multiple selection statement）的判别。

switch 语句语法格式如下：
```
switch (表达式){
case 常量值1:语句块1;
```

```
        [break; ]
    case 常量值 2；语句块 2；
        [break; ]
        ……
    case 常量值 n；语句块 n；
        [break; ]
    default: 语句块 n+1;
        [break; ]
}
```

switch 语句的含义为：将语句中表达式的值与 case 后的常量值进行比较，如果表达式的值和某个常量值相同，则执行该 case 后的语句块，如果遇到 break 语句，则退出 switch 语句，否则继续向下执行后面 case 对应的语句；如果表达式的值和所有 case 后的常量值不相等，则执行 default 后对应的语句。语句的执行过程如图 3-4 所示。

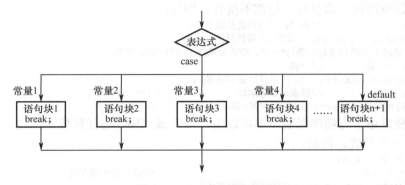

图 3-4　switch 语句执行图

使用 switch 语句，需要注意下列事项：

①对于 switch（表达式），一般情况下表达式的值必须是 byte、short、char、int 类型，case 后的常量值也必须是 byte、short、char、int 类型，但若 JDK 环境在 1.7 以上，表达式的值和 case 后的常量值可以是字符串；

②在一个 switch 语句中，case 后的常量值必须互不相同；

③case 中的 break 语句表示停止执行 switch 语句，跳出 switch 语句的执行；

④case 语句中若没有 break 语句，则表示继续向下执行后面 case 对应的语句；

⑤default 表示"默认"的含义，即当表达式的值和任何 case 后常量不相同时，则执行 default 后对应的语句块；

⑥default 部分可以存在，也可以不存在，如果 switch 语句不存在 default 部分，并且表达式的值和 case 后所有常量值都不相同，那么 switch 语句就不会进行任何处理。

【例 10】　输入月份的值，输出该月份包含的日期数，对于 2 月份全部输出 28，不考虑闰年。

思路：判断输入月份 month 有多少天，就要知道该月是大月还是小月，对于每一年来说，大月（1、3、5、7、8、10、12）有 31 天，小月（4、6、9、11）有 30 天，2 月不考虑闰年，有 28 天。

```java
import java.util.Scanner;
public class App3_10 {
    //输入月份，判断该月天数
    public static void main(String[] args) {
        Scanner input = new Scanner(System.in);
        //键盘输入月份
        System.out.println("input Month:");
        int month= input.nextInt();
```

```
            int day = 0;
        switch(month){
        case 1:
        case 3:
        case 5:
        case 7:
        case 8:
        case 10:
        case 12: day = 31;break;
        case 2: day = 28;break;
        case 4:
        case 6:
        case 9:
        case 11:day = 30;break;
        default : day = 0; break;
        }
    System.out.println(month + "月天数是" + day);
    }
}
```

3.6 条件表达式

条件运算符是三目运算符,即使用该运算符需要 3 个运算数,条件运算符用 "?" 和 ":" 表示,利用条件运算符的表达式是条件表达式(conditional expression)。

条件表达式的语法格式如下:

```
表达式1? 表达式2: 表达式3
```

条件表达式的含义为:计算表达式 1 的值,若表达式 1 为 true,整个表达式的结果为表达式 2 的值;若表达式 1 为 false,则整个表达式的结果为表达式 3 的值。

条件表达式可以转成相应的 if-else 语句:

```
if(表达式1) {
  表达式2;
}
else{
  表达式3;
}
```

从上面可以看出,表达式 1 的值必须是 boolean 类型的 true 和 false。

条件表达式的优先级高于赋值表达式,低于逻辑表达式,其结合性为自右向左。

例如:

```
int a=1;
int b=2;
int c= a>b?1:0; // 结果c=0;
```

在上面的代码段中,由于条件表达式的运算优先级高于赋值运算,所以先计算条件表达式 a>b?1:0,结果为 0,然后将 0 赋值给变量 c。

例如:

```
boolean b = true?false:true==true?true:false;
System.out.println(b);
```

在上面的代码段中,首先执行条件表达式,表达式 1 的结果为 true,所以条件表达式值为表达式 2 的值,即 false,然后将 false 赋值给变量 b。

【例 11】 输入学生成绩,如果成绩大于等于 60 则输出通过,否则输出不通过。

```
import java.util.Scanner;
public class App3_11 {
    public static void main(String[] args) {
        Scanner input = new Scanner(System.in);
```

```
                    //键盘输入成绩
                    System.out.println("input score:");
                    int score = input.nextInt();
                    //条件表达式判断成绩
                    String result = score>=60 ?"通过" :"不通过";
                    System.out.println("考试结果为: "+ result);
            }
    }
```

【例 12】 阅读下列程序，查看运行结果。

```
public class App3_12 {
    public static void main(String[] args) {
        char  x = 'X';
        int  i = 0;
        System.out.println(true ? x : 0);
        System.out.println(false ? i : x);
    }
}
```

【例 12】由两个变量声明和两个 print 语句构成。第一个 print 语句计算条件表达式（true ? x : 0）并打印出结果，这个结果是 char 类型变量 x 的值 'X'。而第二个 print 语句计算表达式（false ? i : x）并打印出结果，这个结果依旧是 'X'，因此这个程序应该打印 XX。

然而，运行该程序，程序的运行输出结果是：X88。第一个 print 语句打印的是 X，而第二个打印的是 88。

出现这种情况的原因在于【例 12】中表达式 2 的值的类型和表达式 3 的值的类型不同，类型不同从而导致混合运算，混合运算导致了表达式输出结果不同。

确定条件表达式值的数据类型，应遵循下列规则：

① 如果第二个和第三个表达式具有相同的类型，那么它就是条件表达式的类型。

② 如果一个表达式的类型是 T，T 表示 byte、short 或 char，而另一个表达式是一个 int 类型的常量表达式，而值是可以用类型 T 表示的，那么条件表达式的类型就是 T。

③ 若不满足上面的规则，将对表达式值运用类型转换，而条件表达式的类型就是第二个和第三个表达式的值被转换后的类型。

【例 12】的两个条件表达式中，第一个条件表达式 true ? x : 0 中，x 是 char 类型，0 是 int 常量，它可以被表示成一个 char，因此，第（2）点规则被应用到了第一个条件表达式上，它返回的类型是 char。

对于第二个表达式 false ? i : x，x 是 char 类型，i 是 int 型变量，因此，第（3）点规则被应用到了第二个条件表达式上，其返回的类型是对 int 和 char 类型进行类型转换后的类型，即 int。所以输出是 X88。

从【例 12】中可以看出，在使用条件表达式时，要注意表达式 2 和表达式 3 的值的类型，最好保持一致。

3.7 格式化控制台输出

Java 使用标准输出流对象 System.out 将数据输出到屏幕，除了使用 print、println 方法输出数据外，JDK1.5 以后的 System.out 提供了用 printf 方法进行格式化输出（formatted output）。

printf 方法的基本格式如下：

```
System.out.printf("格式控制部分",表达式1, 表达式2,……, 表达式n)
```

printf 方法的具体输出内容为格式控制部分，若在格式控制部分存在格式控制符，则用后面的表达式的值替代格式控制符进行输出。

格式控制符由格式符号"%"和普通字符组成，格式控制符具有具体的含义，格式控制符号表示在某个具体位置要输出某种类型的数据，而此数据的具体值需要用后面的表达式的值替代。格式控制部分有几个格式控制符号，后面就存在对应数量的表达式，格式符号和格式表达式一一对应。

常见格式控制符如下所示：

%c ：表示单个字符　　　　　　　　%d ：表示十进制整数
%f ：表示十进制浮点数　　　　　　%o ：表示八进制数
%s ：表示字符串　　　　　　　　　%u ：表示无符号十进制数
%x ：表示十六进制数　　　　　　　%% ：表示输出百分号%
%md ：表示输出的 int 型数据占 m 列
%m.nf ：表示输出的浮点型数据占 m 列，小数点保留 n 位

【例 13】　查看程序，了解 printf 的使用。

```java
import java.util.Scanner;
public class App3_13 {
    public static void main(String[] args) {
        Scanner input = new Scanner(System.in);
        System.out.println("input name please:");
        String name =input.nextLine();
        System.out.printf("hello %s, welcome\n",name);
        int a = -1;
        System.out.printf("a = %d, a 的 8 进制表示为%o\n", a, a);
        double d = 3.123;
        System.out.println("浮点数的输出: ");
        System.out.printf("d = %f\n",d);
        //'9.2'中的 9 表示输出的长度，2 表示小数点后的位数
        System.out.printf("控制位数浮点数输出：d = %9.2f\n",d);
        //'+'表示输出的数带正负号
        System.out.printf("带符号位浮点数输出: d=%+9.2f\n",d);
        //'-'表示输出的数左对齐（默认为右对齐）
        System.out.printf("输出左对齐 d=%-9.4f\n",d);
        //'+-'表示输出的数带正负号且左对齐
        System.out.printf("d =%+-9.3f",d);
        System.out.println("多个数据的输出");
        System.out.printf("Hello %s, a=%d, d=%f\n",name,a,d);
    }
}
```

3.8　应用示例

【例 14】　计算机随机产生一道运算数 20 以内的加法题，用户输入题目答案，若题目答案正确，则输出"恭喜你答对了！"，否则输出"很遗憾答错了！正确答案是：……"，编写程序完成此要求。

思路：首先要随机生成两个运算数，然后控制台输出加法运算式，用户输入题目答案，判断答案和正确答案是否一致，如果一致输出"恭喜你答对了！"，否则输出"很遗憾答错了！正确答案是：……"。

【例 14】中需要用到输入和输出语句和分支 if 语句，除此之外，【例 14】还需要产生 20 以内的随机数（random number），这需要使用 Java 中的 Random 类。

Random 类是 Java 提供的随机数类，可以根据要求生成不同的随机数，使用 Random 类需要按照下列步骤来创建该类的对象，并调用随机类对象。

第一，导入 java.util.Random 类，具体语句如下：
```
import java.util.Random;
```
第二，创建 Random 类的对象，具体语法格式为：
```
Random 对象名 = new random( );
```
或者：
```
Random 对象名 = new random(种子数 );
```
例如：
```
Random random = new Random();//默认构造方法
Random random = new Random(1000);//指定种子数字
```
第三步，利用随机对象调用随机方法，具体语法格式为：
```
对象名.方法名(实参);
```
其中，实参可以为空，即不需要实参。
例如：
```
random.nextInt(20);
```

在生成随机数时，随机算法的起源数字称为种子数（seed），在种子数的基础上进行一定的变换，从而产生需要的随机数字。

相同种子数的 Random 对象，相同次数生成的随机数字是完全相同的，即两个种子数相同的 Random 对象，第一次生成的随机数字完全相同，第二次生成的随机数字也完全相同。

产生的随机数对象，可以调用 Random 类的相关方法，生成随机数，Random 类中各方法生成的随机数字都是均匀分布的，也就是说区间内部的数字生成的几率是均等的。Random 类的常用方法有：

①随机产生布尔类型值的方法 nextBoolean，方法首部为：
```
public boolean nextBoolean()
```
该方法的作用是生成一个随机的 boolean 值，生成 true 和 false 的值概率相等，也就是都是 50%的概率。

②随机产生双精度类型值的方法 nextDouble，方法首部为：
```
public double nextDouble()
```
该方法的作用是生成一个随机的 double 值，数值介于[0,1.0)之间，这里中括号代表包含区间端点，小括号代表不包含区间端点，也就是 0 到 1 之间的随机小数，包含 0 而不包含 1.0。

③随机产生整数类型值的方法 nextInt，方法首部为：
```
public int nextInt()
```
或者
```
public int nextInt(int n)
```
以上方法的作用是生成一个随机的 int 值，第一个方法产生的随机值介于 int 的区间内，也就是$-2^{31} \sim 2^{31}-1$ 之间。第二个方法生成一个随机的 int 值，该值介于[0,n)区间内，也就是 0 到 n 之间的随机 int 值，包含 0 而不包含 n。

④设置种子数的方法 setSeed，方法首部为：
```
public void setSeed(long seed)
```
该方法的作用是重新设置 Random 对象中的种子数，设置完种子数以后的 Random 对象和相同种子数使用 new 关键字创建出的 Random 对象相同。

【例 14】在产生随机对象后，可以使用 nextInt 方法生成随机数，然后再进行显示运算式、输入结果、判断对错，具体代码如下所示：
```
import java.util.Random;
import java.util.Scanner;
public class App3_14 {
//生成运算式，输入答案，判断对错
    public static void main(String[] args) {
```

```
            Scanner input  = new Scanner(System.in);
            Random random=new Random();//生成随机数对象
            //随机生成20以内的运算数,存入a中
            int a=random.nextInt(20);
            //随机生成20以内的运算数,存入b中
            int b=random.nextInt(20);
            //显示运算式,并输入答案
            System.out.println("请输入如下算式的计算结果");
            System.out.printf("%d + %d =",a,b);
            //输入答案
            int result =input.nextInt();
            //判断答案是否正确
            if(result==(a+b))
                System.out.println("恭喜你答对了!");
            else
                System.out.printf("很遗憾答错了!正确答案是: %d" ,a+b);
        }
    }
```

关 键 术 语

关系运算 relation operation　　关系表达式 relation expression
关系操作符 relation operator　　逻辑运算 logical operation
逻辑操作符 logical operator　　条件表达式 conditional expression
条件操作符 conditional operator（？：）　　逻辑表达式 logical expression
！logical not operator　　& boolean logical AND operator
&& conditional AND operator　　| boolean logical OR operator
|| conditional NOT operator　　^ boolean logical exclusive OR operator
短路求值 short-circuit evaluation　　顺序结构 sequential structure
分支结构 selection structure　　块语句 block statement　　复合语句 compound statement
多分支语句 multiple – selection statement　　条件表达式 conditional expression
格式化输出 formatted output

本 章 小 结

顺序结构表示语句顺序执行，分支结构表示根据条件决定哪条语句被执行。
布尔类型有两种取值：true 和 false。
关系运算符包括：<（小于）、>（大于）、<=（小于或等于）、>=（大于或等于）、==（等于）、!=（不等于）。
关系操作符的结合性即其运算顺序为从左到右。
关系操作符内部，<（小于）、>（大于）、<=（小于或等于）、>=（大于或等于）优先级高于==（等于）、!=（不等于）。
逻辑运算符包括：单目运算符!（非）以及双目运算符&&（与）和||（或）。
整体上逻辑运算符的优先级低于关系运算符，但高于赋值运算符，逻辑运算符内，3 个逻辑运算符的优先级从高到低为：!（非）、&&（与）、||（或）。
位运算符按位非（~）、按位与（&）、按位或（|）、按位异或（^）也可以做逻辑运算。
位运算符完成逻辑运算要求是两边的操作数是 boolean 类型，其含义与逻辑非（!）、逻辑

与（&&）、逻辑或（||）类似。

分支结构的语句包括 if 语句和 switch 多分支语句。

if 语句包括单分支 if、双分支 if 和 if 嵌套语句。

if 的表达式结果必须为布尔型的值。

if 内的语句只能是单条语句，若为多条语句则需要大括号嵌入。

switch 语句为多分支语句，switch 表达式的值必须是 byte、short、char、int 类型，case 后的常量值也必须是 byte、short、char、int 类型。

case 分支执行完成若需退出，需要使用 break 语句。

条件运算符是三目运算符，条件运算符用 " ? " 和 " : " 表示，语法为：

> 表达式 1？表达式 2：表达式 3

其含义为，若表达式 1 为 true，整个表达式的结果为表达式 2 的值；若表达式 1 为 false，则整个表达式的结果为表达式 3 的值。

System.out.printf()可以格式化输出。

Random 类在 java.util 包中，可以用来生成随机数。

复 习 题

一、简答题

1. 布尔类型的值包括哪些？各表示什么意思？
2. 分支结构包含哪些语句？
3. if 语句中的条件表达式的值是否可以是 int 型？

二、选择题

1. 设 a, b, x, y, z 均为已赋值的 int 型变量，下列表达式的结果属于非逻辑值的是（   ）。
   A. x>y && b<a   B. –z>x-y   C. Y==++x   D. y+x*x++

2. 可以正确表达 x≤0 或 x≥1 关系的表达式是（   ）。
   A. (x>=1)||(x<=0)   B. x>=1|x<=0   C. x>=1 OR x<=0   D. x>=1&&x<=0

3. 下面程序片段输出的是（   ）？
   ```
   int  a=3;
   int  b=1;
   if(a=b)
     System.out .println("a="+a);
   ```
   A. a=1   B. a=3   C. 编译错误，没有输出   D. 正常运行，但没有输出

4. 下列语句执行后，z 的值为（   ）。
   ```
   int x=3,y=4,z=0;
   switch(x%y+2)
   {
     case 0:z=x*y;break;
     case 6:z=x/y;break;
     case 12:z=x-y;break;
     default:z=x*y-x;
   }
   ```
   A. 15   B. 0   C. 2   D. 12

5. 查看看下面的程序代码：
   ```
   if(x>0) { System .out .println("first");}
   else if(x<20) { System .out .println("second");}
   else { System .out .println("third") }
   ```

当程序输出"second"时，x 的范围为（　　）。
   A．x <= 0 　　　　B．x < 20 && x > 0 　　　　C．x > 0 　　　　D．x >= 20
6．执行下面程序后，（　　）结论是正确的。
```
Int a, b, c;
a=1 ;
b=3 ;
c=(a+b>3 ?++a: b++)
```
   A．a 的值为 2，b 的值为 3，c 的值为 1 　　　　B．a 的值为 2，b 的值为 4，c 的值为 2
   C．a 的值为 2，b 的值为 4，c 的值为 1 　　　　D．a 的值为 2，b 的值为 3，c 的值为 2
7．当（　　）时，则条件 a^b 的计算结果为 true。
   A．a 为 true 并且 b 为 false 　　　　B．a 为 false 并且 b 为 true
   C．a 和 b 为 true 　　　　D．A 和 B
8．（　　）运算符可以确保两个条件都为真。
   A．^ 　　　　B．&& 　　　　C．and 　　　　D．||

三、应用题

1．确定下列表达式的运算顺序并求出 x 的值。
   x = 5 > 7 && 9 == 3;
   x = 3*4>10 && 3/2 == 1;
   x = !3<4-2 || 4+6!=10;
   x = 3/2 !=1 && 2/0;
   x = 3>4 & 7<8;
   x = 10 >=3 ^ 4<= 2

2．检查并改正下列程序段的错误。
（1）
```
if (age >= 65);
System.out.println("Age greater than or equal to 65");
else
 System.out.println("Age is less than 65");
```
（2）
```
if( gender == 1)
    System.out.println("Women");
else;
    System.out.println("Man");
```
（3）
```
if ( x=>1)
    System.out.println("*******");
System.out.println("#######");
Else
System.out.println("$$$$$$");
```
（4）
```
if  x=1
    System.out.println("&&&&");
else
    System.out.println("####");
```
（5）
```
switch(n){
    case 1: System.out.println("The number is 1");
    case 2: System.out.println("The number is 2");break;
    default: System.out.println("The number is not 1 or 2");break;
}
```

3. 假设 int x=11,y =9;，下列代码段的输出结果是什么？若 x=11,y=9，则代码段输出的值是什么？

（1）
```
if(x<10)
if(y>10)
  System.out.println("@@@@");
else
System.out.println("####");
System.out.println("&&&&");
```

（2）
```
if(x<10)
{
  if(y>10)
    System.out.println("@@@@");
}
else
{
System.out.println("####");
System.out.println("&&&&");
}
```

4. 下列代码段输出的是什么？

（1）
```
System.out.printf("%s\n%s\n%s\n","*","***","*****");
```

（2）
```
int x = 2,y = 3;
System.out.printf("x=%d\n",x);
System.out.printf("value of %d +%d is %d \n",x,x ,(x+x));
System.out.printf("x=");
System.out.printf("%d=%d",(x+y),(x+y));
```

（3）
```
boolean b = false?false:true==true?true:false;
System.out.println(b);
```

5. 从键盘输入一个整数，判断该数是偶数还是奇数。

6. 从键盘输入五个整数，求出五个数的最大值和最小值。

7. 从键盘输入两个整数，判断第一个整数能否被第二个整数整除，并输出结果。

8. 回文是指一个文本序列，其正读和倒读的结果相同，如 1441，121，都是回文，123 不是回文，输入一个 4 位整数，判断该整数是否是回文。

9. 从键盘输入三角形的三边，判断三边是否组成一个三角形，如果组成，输出"可以组成三角形"，否则输出"不能组成三角形"。

10. 从键盘输入学生某门课程成绩，若成绩高于 90 分，输出 A；若成绩在 80～89 之间，输出 B；若成绩在 70～79 之间，输出 C；若成绩在 60～69 之间，输出 D；若成绩不及格（小于 60 分）输出 E。【例 9】用 if-else if 实现该程序，请使用 switch 语句实现程序功能。

第 4 章 循环结构

引言

本章学习可反复执行部分语句块的循环结构，循环结构包括 while、for、do-while 语句，以及可以退出循环的 break 语句和 continue 语句，本章最后对两种常用编程方法——穷举法和递推法进行介绍。

4.1 while 循环

循环结构（repetition structure）用来描述一定条件下重复执行某段语句的情况，被重复执行的语句称之为**循环体**（body of loop），循环结构包括 while 语句、do-while 语句以及 for 语句。本节介绍 while 语句。

while 语句的语法格式如下：
```
while (条件表达式)
{
    循环体语句;
}
```

while 语句的含义为当条件表达式的值为 true 时，执行循环体语句，然后再去判断条件表达式，如为 true，继续执行循环体语句，反复判断表达式值、执行循环体语句，一直到条件表达式值为 false，则执行循环体后面的语句。

while 语句执行过程如图 4-1 所示。

对于 while 循环语句，有下列注意事项：

①while 为小写的关键字，while 表示"当"的含义；

②条件表达式的值为 boolean 类型的值，仅能为 true 或者 false，因此条件表达式一般为 boolean 类型变量、关系表达式或逻辑表达式；

③循环体语句需放入到大括号内，可以有多条语句，若循环体语句为一条语句，大括号可以省略，但这种情况下推荐使用大括号；

④循环不能永远执行下去，因此在循环体中需要有改变循环条件表达式结果的语句，或者退出循环的语句；

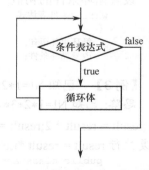

图 4-1 while 语句执行过程图

⑤while 语句需先判断条件表达式为 true 时再执行循环体，因此循环体有可能一次也不被执行；

⑥若在括号后面直接带分号，如 while（true）;，表示循环体为空语句，即没有可执行的循环体。

【例 1】 编写程序输出 10 次 hello world。

思路：要反复输出 10 次 hello world，因此可以使用循环语句进行输出，循环条件是输出次数小于 10，因此需要记录循环的次数，循环前设置循环次数 i = 0，当完成一次循环后，i++，循环次数加一。

```
public class App4_1 {
```

```
        public static void main(String[] args) {
            int i=0;//循环次数为 0
            while(i<10){
                System.out.println("hello world");
                i++;//循环次数加 1
            }
        }
    }
```

【例 2】 求 1+2+3+…+100 的值。

思路：编写程序求 1+2+3+...+100，首先设置变量 sum 存放和的结果，sum=0，然后利用 sum = sum + 1；sum = sum+2；……；sum = sum + 100;将数据存入 sum 中，由此可见程序需要反复求和，因此需要使用 while 循环，while 循环体为 sum = sum + i；i=1,2,3,…,100；循环执行条件为 i<=100，i 在完成一次求和后，i 值要加 1 即 i++。

```
    public class App4_2 {
        public static void main(String[] args) {
            int sum =0;                    //求和变量 sum 初值为 0
            int i = 1;
            while(i<=100){
                sum = sum + i;             //求和
                i++;
            }
            System.out.printf("sum = %d", sum);
        }
    }
```

通过【例 1】和【例 2】可以看出，使用循环语句，一般要确定反复执行的循环体语句和循环的执行条件表达式。由于循环需要有限次数循环，在循环体中应有可以改变条件表达式结果的语句，或者能够退出循环的语句。

总结【例 1】、【例 2】，若循环次数已知，while 循环使用方式如下：
设置循环条件的初值；
```
while(条件表达式)
{
    循环主体语句；
    改变循环条件；
}
```

【例 3】 已知 N!=1*2*3*…*N，求大于 500 的最小阶乘的数 N。

思路：已知 N!=1*2*3*...*N，求阶乘，定义变量 result=1 存放阶乘值，然后通过 result =result * 1;result = result * 2;result = result *3;result = result *4;……；result = result *n;，求 n 的阶乘，则反复执行 result = result *i;i++的循环体，循环的条件应为阶乘结果 result<=500。

```
    public class App4_3 {
        public static void main(String[] args) {
            int  i =0;
            int  result = 1;
            while(result < 500) {
                i++;
                result = result * i;
            }
            System.out.printf("大于 500 最小阶乘是%d,i=%d",result,i);
        }
    }
```

4.2 do-while 循环

do-while 语句的语法格式如下：

```
do{
    <循环体>;
} while (<条件表达式>)
```

do-while 语句的含义为：先执行循环体语句，然后判断条件表达式的值，当条件表达式的值为 true 时，则重复执行循环体语句，然后继续判断条件表达式的值，反复如此，一直到条件表达式的值为 false，退出循环，执行循环后面的语句。

do-while 循环的执行过程如图 4-2 所示。

使用 do-while 语句需注意下列事项：

①do-while 循环先执行循环体，再判断条件表达式的值，因此，循环体至少要被执行一次，do-while 循环的关键字有 do 和 while，while 后面没有分号；

②循环体语句若有多条，则必须放在大括号内，若循环体语句仅有一条，可以省略大括号，但推荐放入大括号内；

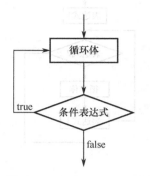

图 4-2 do-while 运行过程图

③使用循环语句，循环次数应为有限次，因此在循环体中应该有使循环趋于结束的语句，否则循环将永远进行下去，形成死循环。

【例 4】 输入一个整数，将其反转并输出。例如，输入 123，反转为 321，然后输出。

思路：将键盘输入整数存入变量 x，假设 x=123，对 x 反转放入变量 y 中，y=0;，首先得到 x 的最低位 t = x%10，将 t 存入 y 中 y= y*10+ t，x 去掉最低位 x= x/10；反复执行上面语句，一直到 x=0，表示到处理结束 x 的每一位。

```java
import java.util.Scanner;
public class App4_4 {
    public static void main(String[] args) {
        int x;                    // x 用来存放由键盘输入的正整数
        int y = 0;                // 反转后变量
        int t;
        Scanner s = new Scanner(System.in);
        System.out.println("请输入一个正整数:");
        x = s.nextInt();
        // 下面用 do-while 循环结构进行反转输出
        do {
            t = x % 10;           // 除以 10 取余数输出
            y = y * 10 + t;
            x /= 10;              // 将 x 刷新为除以 10 的商
        } while (x != 0);         // 如 x(商数)为 0 则结束循环
        System.out.printf("正整数反转输出:%d", y);
    }
}
```

4.3 for 循环

for 语句是目前比较常用的循环语句，它的语法格式为：

```
for（表达式 1；表达式 2；表达式 3）{
    循环体；
}
```

for 语句的含义为：

（1）执行表达式 1；

（2）判断表达式 2 的值，如果表达式 2 的值为 true，则去执行循环体，如果为假就退出 for 语句循环，执行第（5）步；

(3) 执行表达式 3;

(4) 转到第 (2) 步;

(5) 结束循环,执行 for 语句下面的一个语句。

for 语句是先判断表达式 2 的值后再执行,如果不满足判断条件,循环体可能一次都不能执行。

for 语句的执行过程如图 4-3 所示:

使用 for 语句需要注意以下事项:

①在 for 语句中括号中有 3 个表达式,表达式之间用分号隔开;

②在 3 个表达式中,表达式 1 仅执行一次,一般是循环变量的初始化,表达式 2 的值为 boolean 类型,一般为逻辑或关系表达式,表达式 3 一般为循环变量的增值;

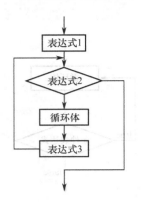

图 4-3 for 语句执行过程图

③对于 3 个表达式,表达式 1 和表达式 3 都可以省略,但表达式 2 不可以省略,而且必须以分号隔开,如 for(;true;)System.out.println();;

④若有多条循环体语句,则必须放在大括号内,仅有一条循环体语句,可以省略大括号,这种情况下不推荐省略大括号;

⑤若在 for 括号后面直接带分号,如 for(;true;);,表示循环体为空语句,即没有可执行的循环体。

【例 5】 求 1 到 10 的倒数之和。

思路:定义求和变量 sum=0,然后将 1~10 倒数加到 sum 中,即 sum = sum+1.0/1, sum=sum=sum +1.0/2, …, sum=sum+1.0/10,因此可以看出需要使用循环语句,循环条件为 i=1 ~ 10,循环体为 sum=sum+1.0/i,最后输出 sum。

```java
public class App4_5 {
    public static void main(String[] args) {
        int n = 1;
        double sum = 0;
        for(int i =1 ;i<=10;i++) {              // i<=10 时,累加求和;否则结束循环
            sum += 1.0/i;                       // 将自然数 n 倒数的值加到 sum 中
        }
        System.out.println("1+1/2+...+1/10=" + sum); // 输出和
    }
}
```

注意,【例 5】中,由于求倒数之和,求和变量 sum 定义为 double 类型变量,并且在求和时使用 sum+=1.0/i。

4.4 循环嵌套和编程方法

4.4.1 循环嵌套

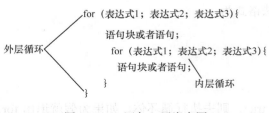

图 4-4 for 语句二层嵌套图

一个循环结构内可以包含另一个循环,称为**循环嵌套**,又称多重循环。常用的循环嵌套是二重循环,外层循环称为**外循环**,内层循环称为**内循环**。图 4-4 展示了两个 for 循环语句的二重嵌套。

在循环嵌套中,三种循环语句可以互相嵌套,并且层次不限,但是不能循环交叉。

【例 6】 输出如图 4-5 所示的九九乘法表。

```
1×1=1
1×2=2   2×2=4
1×3=3   2×3=6   3×3=9
1×4=4   2×4=8   3×4=12  4×4=16
1×5=5   2×5=10  3×5=15  4×5=20  5×5=25
1×6=6   2×6=12  3×6=18  4×6=24  5×6=30  6×6=36
1×7=7   2×7=14  3×7=21  4×7=28  5×7=35  6×7=42  7×7=49
1×8=8   2×8=16  3×8=24  4×8=32  5×8=40  6×8=48  7×8=56  8×8=64
1×9=9   2×9=18  3×9=27  4×9=36  5×9=45  6×9=54  7×9=63  8×9=72  9×9=81
```

图 4-5 九九乘法表

思路：对于每一行，要反复输出每一行数据，因此首先按行循环，循环九次（i=1，2，…，9）；在每一行，反复输出如 1*2=2 这样的运算式，所以在行中也要循环输出运算式 i*j=(j=1，2，…，i)，完成输出。

```java
public class App4_6{
    public static void main(String[] args) {
        for (int i = 1; i <= 9; i++) {           //循环输出每行的数据
            for (int j = 1; j <= i; j++) {       //对每一行，循环输出每一个运算式
                if (j <= i) {
                    System.out.print(" "+i + "X" + j + "=" + i * j + "\t");
//输出一个运算式
                }
            }
            System.out.println("");              // 换行
        }
    }
}
```

对于循环嵌套，要注意循环的执行过程，对于外循环每执行一次，内循环需执行完全部内循环语句。

4.4.2 编程方法

【例 7】 用 0～9 这十位数字可以组成多少无重复的三位数？

思路：设置计数变量的值为 0，三位数范围从 100～999，对于每一个三位数 num=100，101，…，999，取出它的个位，十位，百位，然后判断这三位是否不同，如果不同，则计数变量+1，最后输出计数变量。

```java
public class App4_7 {
    public static void main(String[] args) {
        int gw = 0;          //个位
        int sw = 0;          //百位
        int bw = 0;          //十位
        int count = 0;       //计数变量，统计满足条件的数的个数
        for(int i=100 ;i<999;i++){
            bw = i/100;
            sw = i/10%10;
            gw = i%10;
            if(bw != gw&&bw != sw&&sw != gw )
                System.out.printf("%d ",i);
                count++;
        }
        System.out.printf("\n满足条件的数有%d 个", count);
    }
}
```

【例 7】典型使用了"穷举法"，**穷举法**是一种常用的编程方法，这种方法需要一一列举出该问题的所有可能解，并在对逐一列举的可能解的过程中，检验每个可能解是否为问题真正的解，若是，则采纳这种解，否则抛弃它，对于所列举的值，不能遗漏也不能重复。

【例 8】 某旅行团有男人、女人和小孩共 30 人，在一家小饭店吃饭，该饭店按人头收费，

每个男人收 3 元,每个女人收 2 元,每个小孩收 1 元,共收取 50 元,男人、女人和小孩各有多少人?共有多少组解?

思路:使用穷举法解决问题,男人最少 1 个,最多 16 个;女人最少一个,最多 24 个;小孩最少一个,最多 48 个。然后对男人、女人、小孩的每一种组合情况,进行判断,是否满足情况。

```java
public class App4_8 {
    public static void main(String[] args) {
        int man;
        int women;
        int child;
        int count = 0;//记录满足要求的解的个数
        for(man = 1;man< 17 ;man++)
             for(women =1 ;women< 25 ;women++)
                  for(child = 1; child< 50 ;child ++)
                       if(man *3 + women * 2 + child * 1 == 50){
                            count ++;//计数加 1
                            System.out.printf("男人有%d 个,女人有%d 个,小孩有%d 个\n",man,women,child);
                       }
        System.out.println("可能解决方法总数为:"+count);
    }
}
```

【例 9】 斐波那契数列的第 1、2 项分别为 1、1,以后各项的值均是其前两项之和,求前 30 项斐波那契数。

思路:假设 f1、f2、f3 分别是第一个、第二个、第三个数,有 f1=1,f2=1,f3=f1+f2。对于后面的数,若让 f1=f2,f2=f3,f3 = f2 + f3,则可以求出后面的数,反复如此,即可求出前 30 项斐波那契数。

```java
public class App4_9 {
    public static void main(String[] args) {
        long    f1 = 1;                             //第一项
        long    f2 = 1;                             //第二项
        long    f3;                                 //第三项
        System.out.printf("%d %d ",f1,f2);
        for(int i=3;i<=30;i++){
            f3 = f1 + f2                            //求第三项
            f1 = f2;                                //第二项变成第一项
            f2 = f3;                                //第三项变成第二项
            System.out.printf("%d ", f3);
            if(i%5==0)
                System.out.println();               //每行 5 个换行
        }
    }
}
```

【例 9】 使用了"递推法"来解决问题,**递推法**是指从初值出发,归纳出新值和旧值的关系,直到求出所需值为止。新值的求出依赖于旧值,不知道旧值,无法推导出新值,斐波那契数列求值、数学上的递推公式都是这一类的问题。

4.5 break 和 continue

4.5.1 break 语句

break 语句的基本语法格式为:
```
break;
```
break 语句的含义表示"中断",即中断当前程序块的执行,继续执行程序块下面的语句。break 语句只能用于退出循环(for、while、do-while)语句或者 switch 语句。当循环体中存在 break 语句时，break 的作用是中断正在执行的最近一层循环体，执行循环体后的语句。对于 switch 语句，break 的作用是中断执行某个 case 语句，执行 switch 后的语句。

【例 10】 输入一个整数，判断该数是否是素数。

思路：若一个数是素数，则这个数只能被自己和 1 整除，如 3，5 等。输入的整数假设为 num，判断 num 是否为素数，则用 i=2，3，…，num-1 去除 num，如果有一个数能整除 num，则表示该数不为素数，若都不能整除 num，则表示该数是素数。

```java
public class App4_10 {
    public static void main(String[] args) {
        Scanner input = new Scanner(System.in);
        System.out.println("请输入整数：");
        int n = input.nextInt();
        int i;
        //判断 2…n 能否被 n 整除
        for( i = 2;i<n;i++)
            //如果 n 能被 i 整除，则不是质数，跳出循环
            if(n%i == 0)
                break;
        if(i<n)//break 退出，表示被某个数整除
            System.out.println(n +"不是质数");
        else
            System.out.println(n +"是质数");
    }
}
```

若 break 用于嵌套循环，则 break 只能退出其所在层的循环。

【例 11】 查看程序，了解 break 用法。

```java
public class App4_11 {
    public static void main(String[] args) {
        int i,j;
        for(i=1;i<4;++i){
            for(j=2;j<5;++j)
                break; //break 语句只能终止离该语句最近的循环
            System.out.println("这会被输出 4 次吗?");
        }
    }
}
```

4.5.2 continue 语句

continue 语句的基本格式为：

```
continue;
```

continue 语句的中文含义为"继续"，常用于循环语句中，表示结束循环体中 continue 其后语句的执行，并返回循环语句的开头执行下一次循环。

【例 12】 打印 1～100 内，能被 5 整除的数。

思路：循环 i=1～100 内的每个数，若 i 不能被 5 整除，则打印 i。

```java
public class App4_12 {
    public static void main(String[] args) {
        for(int i = 1; i<100;i++){
            //整除 5，则跳到循环开始，执行下一次循环
            if(i%5 ==0)
                continue;
            System.out.printf("%d ",i);
        }
    }
}
```

注意 break 和 continue 虽然都能改变循环语句的执行，但两者的作用是不同的，break 是中

断该层的循环的执行，跳出循环，执行循环后面的语句，而 continue 仅结束本次循环体语句的执行，返回循环语句开头执行下一次循环，而不是结束整个循环。例如下列程序段：

```
int x=0;
while(x++ < 10){
 if(x == 3){
  break;
 }
 System.out.println ("x="+x);
}
```

结果输出：
```
x=1
x=2
```

当 x =3 就退出 while 循环。

若以上程序段 break 语句改为 continue，结果则不同。

```
int x=0;
while(x++ < 10){
if(x == 3){
continue;
}
System.out.println ("x="+x);
}
```

结果输出：
```
x=1
x=2
x=4
x=5
x=6
x=7
x=8
x=9
x=10
```

当 x=3 时，continue 语句仅仅结束本次运行，返回循环最上面，执行下一次循环。

4.6 循环示例

【例 13】 计算机随机生成 10 道运算数 10 以内的加法题，用户输入每道题的运算结果，计算机判断用户输入答案是否正确，如果正确，给出提示信息"恭喜，答对了"，如果错误，给出提示信息"很遗憾答错了"，然后显示正确答案，完成 10 道题目后，显示用户答对题目的个数。

4.6.1 for 循环实现实例

思路：对每一道题，需要完成以下任务：生成两个随机数来组成加法运算式；将运算式输出到屏幕；获得用户的控制台输入的答案，对用户输入的答案和题目的正确答案进行比较判断是否正确，如果正确，答对题目个数加 1。10 道题目都需要这样做，因此需要循环以上任务 10 次，循环完成后，输出答对题目个数。

```java
import java.util.Scanner;
import java.util.Random;
public class App4_13 {
    public static void main(String[] args) {
        Scanner input = new Scanner(System.in);
        Random random = new Random();        // 生成随机数类
        int a = 0, b = 0;
        int count = 0;                       // 统计正确结果运算
        for (int i = 1; i <= 10; i++) {
```

```
        // 生成两个运算数 a、b 显示运算式
        a = random.nextInt(10);
        b = random.nextInt(10);
        System.out.println("请输入以下算式的计算结果:");
        System.out.printf("%d + %d =", a, b);
        // 得到用户输入的运算结果
        int result = input.nextInt();
        if (result == (a + b)) {             //判断结果是否正确
            count++;
            System.out.println("恭喜,答对了!");
        } else
            System.out.println("很遗憾答错了!本题的正确答案是:"" + (a + b));
    }
    System.out.println("本次总共答对了" + count + "道题!");
    }
}
```

4.6.2　while 循环语句实现实例

将【例 13】使用 while 循环语句完成,代码如下:

```
import java.util.Scanner;
import java.util.Random;
class App4_14 {
    public static void main(String[] args) {
        Scanner input = new Scanner(System.in);
        Random random = new Random();              // 生成随机数类
        int a = 0, b = 0;
        int count = 0;                              // 统计正确结果运算
        int i = 0;                                  // 循环次数
        while (i < 10) {
            // 生成两个运算数 a、b 显示运算式
            a = random.nextInt(10);
            b = random.nextInt(10);
            System.out.println("请输入以下算式的计算结果:");
            System.out.printf("%d + %d =", a, b);
            // 得到用户输入的运算结果
            int result = input.nextInt();
            if (result == (a + b)) {
                count++;
                System.out.println("恭喜,答对了!");
            } else
                System.out.println("很遗憾答错了!本题的正确答案是" + (a + b));
            i++;                                   // 循环次数加 1
        }
        System.out.println("本次总共答对了" + count + "道题!");
    }
}
```

关　键　术　语

循环结构 repetition structure　　　for 循环语句 for repetition statement
while 循环语句 while loop statement
do-while 循环语句 do-while repetition statement　　　循环体 body of loop　　　循环 loop
嵌套结构 nested control statements　　　循环语句 loop statement

本 章 小 结

Java 的循环控制语句主要有 3 种，while 循环、do-while 循环和 for 循环语句。

while 循环语句和 for 循环语句是先判断循环条件，如循环条件为 true，则执行循环体，否则就退出循环，因此循环体可能一次也不执行。

for 循环经常适用于循环次数已知循环，while 语句经常适用于循环次数未知的循环。

do-while 循环先执行循环体，再判断条件表达式的值，因此，循环体至少要被执行一次。

循环语句可以嵌套，一个循环语句的循环体可以为另一个循环语句。

在循环嵌套中，三种循环语句可以互相嵌套，并且层次不限，但是不能循环交叉。

break 语句表示退出最内一层的循环，执行循环下一条语句。

continue 语句表示中断这一次的循环，去执行下一次循环。

复 习 题

一、选择题

1. 下列语句段执行后，x 的值是（　　）。
```
int x=2;
do{
  x+=x;
}while(x<17);
```
   A. 4　　　　　　　B. 16　　　　　　　C. 32　　　　　　　D. 256

2. 下列语句执行后，c 的值是（　　）。
```
char c='\0';
for(c='a';c<'z';c+=3) {
  if(c>='e')
    break;
}
```
   A. 'e'　　　　　　B. 'd'　　　　　　C. 'f'　　　　　　D. 'g'

3. 阅读下面的程序：
```
public class Test{
    public static void main(String[] args){
        for(int i=0;i<10;i++){
          if(i==3)
            continue;
          System.out.print(i);
        }
    }
}
```
程序运行后的输出是（　　）
   A. 0123　　　　　B. 012　　　　　C. 0123456789　　　　D. 012456789

4. （　　）语句将至少执行一次循环语句体，且能够继续执行下去直至其循环条件变为 false 时为止。
   A. while　　　　　B. if　　　　　　C. do…while　　　　D. if…else

5. 当 while 语句中的条件语句不会变为 false 时，会导致出现（　　）循环。
   A. 不确定　　　　　B. 未定义　　　　C. 嵌套　　　　　　D. 无限

6. 认真阅读下面的程序：
```
public class Test1{
    public static void main(String[] args){
        for(int i=0;i<5;i++)
```

```
            System.out.print(i+1);
            System.out.println(i);
        }
    }
```
上述程序运行后的结果是（　　）。

　　A. 123456　　　　　B. 123455　　　　　C. 123450　　　　　D. 编译错误

7. 下面程序段的运行结果是（　　）。
```
int n=0;
while(n++<=2); System.out.println (n);
```
　　A. 2　　　　　　　B. 3　　　　　　　　C. 4　　　　　　　　D. 有语法错

8. 运行以下程序段，其正确的运行结果是（　　）。
```
int x=-1;
do{
    x=x*x;
}
while(!x);
```
　　A. 是死循环　　　　B. 循环执行两次　　C. 循环执行一次　　D. 有语法错误

二、简答题

1. while 语句中的条件表达式的值是什么类型？
2. for 循环语句可以代替 while 语句的作用吗？
3. break 和 continue 的区别在哪？

三、程序题

1. 查找下列代码段的错误，并修改。

（1）
```
int x=1,total;
while(x<=10){
    total += x;
    x ++;
}
```

（2）
```
while(x<=100)
    total = total +x;
++x;
```

（3）
```
int y = 5;
    while (y > 0){
        System.out.println(y);
        ++y;
```

（4）
```
int y = 4;
while(y<0);
System.out.println(y);
    y++;
}
```

2. 查找并修改下列代码段的错误。

（1）
```
int y=5;
do{
    System.out.println(y);
}while(y>0);
```

（2）
```
for(int y=3,y<10,y++)
```

```
        System.out.println(y+1);
```
（3）
```
    for(;;)
        System.out.println(4-2);
```
（4）
```
    for(k=0.1;k!=1.0;k+=0.1)
        System.out.println(k);
```

3. 阅读下列代码，给出输出结果。

（1）
```
public class Printing {
    public static void main(String[] args) {
        for(int i = 1; i<= 10;i++){
            for(int j= 1;j<= 5 ;j++)
                System.out.print("$");
            System.out.println();
        }
    }
}
```

（2）
```
public class Test {
    public static void main(String[] args) {
        for(int i = 1; i<= 5;i++){
            for(int j= 1;j<= 3 ;j++){
                for(int k=1; k<=4;k++)
                    System.out.print("$");
                System.out.println();
            }
            System.out.println();
        }
    }
}
```

（3）
```
public class BreakTest {
    public static void main(String[] args) {
        for(int i=1;i<=10;i++){
            if(i == 5)
                break;
            System.out.printf("%d",i);
        }
        System.out.printf("退出循环时候 i= %d", i);
    }
}
```

（4）
```
public class ContinueTest {
    public static void main(String[] args) {
        for(int i=1;i<=10;i++){
            if(i == 5)
                continue;
            System.out.printf("%d",i);
        }
        System.out.printf("使用continue，i=%d", i);
    }
}
```

4. 分别使用三种循环，求 100 以内奇数的乘积。

5. 输入 10 个整数，求出 10 个数的平均值、最大值和最小值。

6. 编写一个程序，输出斐波那契数列的前 20 项，并求前 20 项之和。斐波那契数列前几项为：1，1，2，3，5，8，13…

7. 编写程序，求下列公式的值。

(1) $e = 1 + 1/1! + 1/2! + 1/3! + \cdots$

(2) $e^x = 1 + x/1! + x^2/2! + x^3/3! + \cdots$

8. 使用循环将 1～100 内的所有素数输出到屏幕。

9. 编写程序使用循环输出下列值。

N	10*N	100*N	1000*N
1	10	100	1000
2	20	200	2000
3	30	300	3000
4	40	400	4000
5	50	500	5000

10. 有父子二人，已知父亲年龄不大于 90 岁，儿子年龄不大于 50 岁。10 年前父亲的年龄是儿子的 4 倍，10 年后父亲的年龄是儿子年龄的整数倍，求父子的年龄。

11. 设计猜数游戏，游戏随机给出一个 0～99（包括 0，99）的数字，然后用户猜是什么数字。用户可以随便猜一个数字，游戏会提示太小还是太大，从而缩小结果范围。经过几次猜测与提示后，最终推出答案。在游戏过程中，记录用户最终猜对时所需要的次数，游戏结束后公布结果。

12. 编写一个程序，有 1、2、3、4、5 个数字，计算能组成多少个互不相同且无重复数字的三位数，并且显示该数。

第 5 章　类和对象

引言

Java 语言是面向对象的编程语言，本章对类和对象的基础概念进行了介绍，通过本章的学习，读者可以了解到什么是类，什么是对象，如何去定义一个类和对象，如何定义类中的成员方法，同时介绍几个比较特殊的方法：setter 和 getter 方法以及构造方法，最后介绍基本数据类型对应的封装类。

5.1　类、对象、方法、成员变量

Java 是面向对象的编程语言，面向对象编程就是表示使用对象进行程序设计。**对象**（object）描述的是现实世界的一个具体的实体，如一张桌子，一个学生，一辆汽车等都可以看成程序中的一个对象，每个对象都有自己独特的标识、状态和行为。

对象的状态（state）也称之为属性（property），描述现实世界中实体的静态的特征，如学生的姓名、汽车的颜色等，这些特征可以在对象中用变量进行存储。

对象的行为（behavior）也称之为动作（action），描述现实世界中实体的动态行为，如学生跑步，汽车开车、刹车、停车等，这些行为在对象中使用方法进行描述。

现实世界存在着大量的实体，如一个班的学生、一群羊等，如何在面向对象的编程中描述这样一组同种类型的对象呢，这需要对同种类型的一组对象进行抽象，抽象出对象的共性。

抽象就是忽略一个主题中与当前目标无关的那些方面，以便充分地注意与当前目标有关的方面。抽象并不打算了解全部问题，而只是选择与目的相关的一部分，忽略不用部分的细节。例如，设计一个学生成绩管理系统，考查学生这个对象时，只需了解他的班级、学号、成绩等信息，而忽略他的身高、体重这些信息。抽象包括两个方面：**过程抽象**和**数据抽象**。过程抽象是抽象出任何一个明确定义功能的操作，数据抽象定义了这类对象的属性。通过抽象，生成同种类型对象的共性结果，称之为**类**（class）。

图 5-1 以具体的个人对象和人类为例，描述了类与对象的关系：

①对象是一个具体的实体，类是对同类型对象的抽象，是一个模板；

②对象是类的一个具体实例（instance）。一个类可以创建多个实例，实例和对象的概念是互通的；

③类是抽象的，不占用内存，而对象是具体的，占用存储空间。类是用于创建对象的蓝图，是一个定义包括在特定类型的对象中的方法和变量的软件模板。

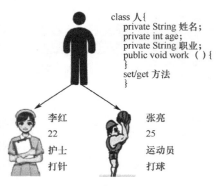

图 5-1　人类与具体人对象的关系图

5.2 定义类和对象

5.2.1 定义类

Java 中定义一个类,基本语法格式如下:

```
[public] class 类名
{
    数据类型: 变量1;
    数据类型: 变量2;
    ……
    数据类型: 变量n;
    方法1;
    方法2;
    ……
    方法n;
}
```

定义 Java 类,应有下列注意事项:
①类定义分为类声明和类体两部分;
②定义 Java 类,使用小写关键字 class,其后面为类名;
③类名应该是望名知意,并且类名首字母大写,如果类名由多个单词组成,每个单词首字母均大写;
④定义类时,关键字 class 之前可以使用关键字 public 进行修饰,public 含义为公有的,表示这个类是公有类,能被外部其他类访问;
⑤关键字 public 可以省略,如果省略,表示这个类只能被同一个包的其他类访问;
⑥类定义具体内容称之为**类体**,类体嵌入在大括号中,包含成员变量和成员方法。

【例1】 完成一个学生类的定义。

思路:学生类是对学生实体的抽象,因此需要了解学生对象有哪些特征,可知每个学生都有身份证号、学号、姓名、年龄以及性别等信息,因此在学生类中就要对学生这些共同特征进行抽象。

```
public class Student          //类名
{
    String id;                //身份证号码
    String name;              //姓名
    int age;                  //年龄
    String sex;               //性别
    String sno;               //学号
}
```

【例1】在学生类中通过定义成员变量,抽象表示该类对象存在的具体属性,完成类的定义,如何利用类去创建该类的具体对象呢?

5.2.2 创建对象

Java 中创建一个类的对象使用下面的格式:

```
类名 对象名 = new 类名();
```

或者:

```
类名 对象名;
对象名 = new 类名();
```

【例2】 使用【例1】的学生类,创建一个学生对象小明和另外一个学生对象小白。

思路:学生类描述学生对象的共性,是对所有学生的抽象,如果要描述具体的一个学生,需要创建一个学生对象,创建对象使用关键字 new 实现。

```
public class StudentNewTest {
  public static void main(String []args){
    Student xiaoming = new Student();//创建学生对象,对象名为小明
     Student xiaobai ;
    xiaobai = new Student();
  }
}
```

【例2】中学生对象的创建是通过new 类名()这种方式实现的。

对于类名 对象名=new 类名(), 我们完成了3个工作。

① 类名 对象名,声明一个该类类型的变量名;

② new 类名(),创建该类的一个对象;

③ 将对象的地址放到对象名中。

图5-2以图形形式描述了创建学生对象小明的具体过程:

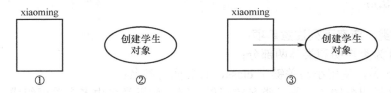

图5-2 对象创建过程的示意图

Student xiaoming　　=　　new Student ()
　　①　　　　　　　　③　　　　　②

第一步:声明学生类对象xiaoming;

第二步:创建学生对象new Student();

第三步:将学生对象的引用即地址放到xiaoming对象中。

通过图 5-2,可以看出,使用"类名 对象名",仅声明了一个对象,或者说声明了某类的一个变量,但具体的对象没有创建,对象的创建通过new 类名()部分具体创建完成。

【例 2】根据 Student 学生类创建学生对象小明和小白,因此小明和小白每个对象都具备Student学生类中抽象出的五个属性,即 id 身份证号, sno 学号, name 姓名, age 年龄和 sex 性别,如何给这两个对象的这五个属性赋值,从而具体描述这两个对象呢?

5.2.3 访问对象的属性和方法

访问某个对象的具体属性或者方法,使用点运算符".",具体格式如下:

```
对象名.属性;
对象名.方法名();
```

【例3】 为【例2】创建的两个学生对象的成员变量赋值。

思路:在创建学生对象后,需要给学生对象的各个属性赋具体值,来描述每个对象的不同状态,需要使用点运算符。

```
public class StudentTest {
  public static void main(String []args){
    Student xiaoming = new Student();      // 创建学生对象,对象名小明
        xiaoming.age = 8;                  // xiaoming 对象的 age 属性赋值8
        xiaoming.name = "小明";            // xiaoming 对象的 name 属性赋值小明
        Student xiaobai;
        xiaobai = new Student();
        xiaobai.sex = "男";
        xiaobai.name = "小白";
  }
}
```

【例3】中两个学生对象给类中定义的属性给出具体值，从而表示各个对象的不同状态，属性即类中定义的变量也称之为成员变量（member variable）。图 5-3 演示了【例3】中两个对象的赋值结果。

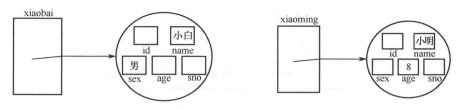

图 5-3　对象属性赋值图

由图 5-3 可以看出，【例3】仅对两个对象的部分成员变量赋值，那么没有赋值的成员变量取何值呢？

在 Java 中，当一个对象被创建时，这个对象的各个成员变量会被赋默认值，如果是数值型成员变量，则默认值为 0；如果是布尔型成员变量，默认值为 false；如果是对象型成员变量，默认值为 null。

因此【例3】中，对象 xiaoming 的成员变量 age 的值为 0，成员变量 sex、sno、id 初值为 null，同样可以得知对象 xiaobai 中未被赋值的各成员变量的默认值。

5.3　方法的基本定义

5.3.1　方法定义格式

【例1】所定义的学生类仅包含成员变量，成员变量仅能描述该类的静态属性，对于学生的动态行为，如学习，需要使用方法（method）来描述。

方法用来描述对象的动态行为，方法定义的格式为：

```
[访问权限]返回类型 方法名（类型 形式参数1,类型 形式参数2,……）
{//方法体
   方法语句序列
}
```

注意，访问权限表示这个方法是否能被其他类访问，目前可以省略，一般写为 public。

【例4】　为【例1】创建的学生类，添加学习方法。

思路：对于学生来说，除了有一些共同的静态属性如学号、姓名等，还应该有共同的动态行为，如学生都要学习，因此，在学生类中除了具有学生的成员变量，还需要添加学习方法。

对于方法来说，首先要有方法名，给学习方法起名为 study，方法名后面加一对括号，作为方法的标识，这个方法要模拟的是学生学习的过程，因此返回类型为 void，即不返回任何信息。对于方法的具体实现，需要先写出一对大括号，然后在里面写出描述学生学习的语句。

```
public class StudentWithMethod {
    String id;          //身份证号码
    String name;        //姓名
    int age;            //年龄
    String sex;         //性别
    String sno;         //学号
    public void study( ){
        System.out.println("我是"+name+",我在好好学习");
    }
}
```

【例4】在【例1】基础上添加一个方法，其中 study 是方法名，void 为返回类型，表示这个方法在调用的时候不返回任何内容，System.out.println（"我是"+name+"，我在好好学习"）；是方法中可执行的语句，在方法被调用的时候执行，图 5-4 表示 study 方法的结构。

图 5-4　study 方法的结构图

【例 5】　思考圆的特征，编程完成一个圆类。

思路：考虑圆对象的特征，认为圆应该有一个半径 radium，另外应该有求圆面积和圆周长的行为，因此定义方法 getArea 求圆的面积，getCircumference 求圆的周长，最后给出一个可描述圆具体信息的 getInfo 方法。

对于求圆面积的方法进行分析，首先定义方法名为 getArea，然后加括号作为方法的标志，求面积，得到一个 double 类型的面积值，然后返回给调用者，因此返回类型为 double，在大括号内写出求面积的具体实现语句。其他方法的分析类似。

```java
public class Circle {
    double radius;                          //定义圆半径
    double getArea( ){                      //圆面积方法
        return Math.PI *radius * radius;
    }
    double getCircumference()               //圆周长方法
    {
        double c= Math.PI *radius *2;
        return c;
    }
    String getInfo( ){
        double a = getArea();
        double c = getCircumference();
        String str =String.format("圆的半径是%f,面积是%f,周长是%f",radius,a,c);
        return str;
    }
}
```

通过【例 4】和【例 5】，可以看到方法定义的一般规律：

①**方法定义**包括方法首部（method head）和方法体（method body）。方法首部包括返回类型、方法名、参数定义，方法首部描述方法的特征，方法体是一对大括号内的语句，表示方法的具体实现；

②**方法名**（method name）也是"望名知意"，方法名一般为动名词结构，方法名的首字母小写，若由多个单词组成方法名，从第二个单词开始每个单词首字母大写；

③方法名后都带有括号，括号里可以为空，或者是定义的形式参数，若有多个形参，则用逗号隔开；

④方法的返回类型（return type），表示这个方法被执行时返回数据的具体数据类型，可以是 void，也可以是 Java 任意的数据类型（包括类），如 int、double 等；

⑤方法体在一对大括号之间，里面是具体完成方法功能的语句，如方法返回类型不是 void，则必须包含 return 语句。

5.3.2 return 语句

return 语句用来结束方法的调用，并返回值，其格式如下所示：
```
return 表达式;
```
方法被调用时，执行到方法内的 return 语句时，则不论方法里是否还有语句未执行，立即结束方法的调用，并将 return 后的表达式的值返回方法调用者，利用 return 语句返回值，仅能返回一个值。

如果方法的返回类型为 void，表示该方法不返回任何值，因此方法内可以没有 return 语句，在这种情况下，如果需要用 return 语句，则使用下列方式：
```
return;
```
这种情况下，在方法执行的时候，return 语句仅结束方法的执行。

【例6】 写一个除法类，展示 return 语句用法。

```java
//return 语句示例
public class ReturnClass {
    int a;
    int b;
    //写一个除方法，完成 a/b
    public int division(){
        if(b ==0)              //b 为 0 不能除，所以
            return 0;          //返回 0 结束方法执行，并退出方法
        return a/b;            //能做除法，结束方法执行，返回 a/b 的值
    }
}
//测试 return 语句用法
public class ReturnClassDemo {
    public static void main(String[] args) {
        ReturnClass re = new ReturnClass();
        re.a = 345;
        re.b = 5;
        int result = re.division();//调用方法，做除法
        System.out.printf("%d/%d = %d",re.a,re.b,result);
    }
}
```

【例6】的 division 方法中使用了两个 return 语句，return 0;表示除数为 0 时，退出方法，不继续往下执行，并返回 0 值，return a/b;表示当除数不为 0 时，结束方法执行，返回 a/b 的值。虽然 division 方法有两条 return 语句，但实际只能执行一条，用来结束方法执行，并返回 1 个值，体现了 return 语句的用法。

5.3.3 方法调用

方法调用（method call）是指执行该方法，当一个方法要被执行，或者说被调用时，使用下面的格式：
```
对象名.方法名(实参表);
```
或者
```
方法名(实参表);
```

【例7】 为 Student 类添加 getInfo 方法，返回学生的具体信息，然后创建学生对象 xiaobai，并调用 study 方法和 getInfo 方法。

思路：getInfo 方法得到学生的具体信息并返回，因此返回类型应该为 String，同时在方法体中需要返回某学生的具体信息。对于创建的学生对象小白，通过对象名小白调用执行 study 方法和 getInfo 方法。

```java
public class StudentWithInfo {
    String id;//身份证号码
```

```
        String name;            //姓名
        int age;                //年龄
        String sex;             //性别
        String sno;             //学号
        public void study( ){
            System.out.println("我是"+name+",我在好好学习");
        }
        public String getInfo(){//得到学生信息
            String str = String.format("ID:%s,name:%s,sno:%s,age:%d,sex:%s",
                    id,name,sno,age,sex);
            return str;
        }
    }
    public class StudentWithInfoTest {
        public static void main(String[] args) {
            StudentWithInfo xiaobai = new StudentWithInfo();
            xiaobai.name = "小白";
            xiaobai.id = "37712123232";
            xiaobai.sno = "201409170123";
            xiaobai.sex ="男";
            xiaobai.age = 8;
            xiaobai.study();                          //利用对象名.方法名()方式调用 study 方法
            String s =xiaobai.getInfo();              //调用 getInfo,并将返回值送给变量 s
            System.out.println(s);
        }
    }
```

【例 8】 为【例 4】的圆类创建对象，并执行求面积的方法。

```
    public class CircleTest {
      public static void main(String []args){
        Circle c1=new Circle();
            c1.radius =3;
         //c1 调用方法 getArea()并把方法返回值赋值给变量 s
        double s =c1.getArea();
        System.out.println("c1 的半径是:"+c1.radius+"c1 的面积是： "+d);
      }
    }
```

【例 7】、【例 8】可以看到方法调用的使用方式，当在一个类调用另外一个类的成员方法时，需要创建对象，并通过对象名.方法名()的方式进行调用。

通过【例 5】可以看到方法调用的另外一种方式，当类中的一个方法调用同类的另外方法时，可以直接使用方法名()这种形式进行。

5.3.4 方法调用的一般过程

Java 程序执行时从 main 方法开始，程序从 main 方法左大括号的第一条语句开始，顺序向下执行每一条语句，当执行过程中遇见方法调用的语句，则转去执行被调用的方法，直至该调用方法被执行完毕，则返回方法调用处继续向下执行，直至 main 的最后一条语句或者 return 语句结束执行。下面演示 CircleTest 程序执行的过程。

```
        public static void main(String []args){              class Circle  {
            Circle c1=new Circle();          调用方法     double radius;
        ② c1.radius=3;                                        double getArea( ){
        ③ double s=c1.getArea();                          ④ return 3.14 *radius * radius;
        ⑤ System.out.println("c1 的半径是"                  }
                             返回结果给 s
          +c1.radius+"c1 的面积是： "+d);
```

CircleTest 执行从 main 方法开始：
（1）执行语句①创建圆对象，然后存放在对象 c1 中；
（2）执行语句②将对象 c1 的半径设置为 3；
（3）执行语句③，在执行语句③时，先定义变量 s，然后调用 c1 对象去执行方法 getArea();；
（4）执行语句④，执行 getArea 方法的第一条语句，计算面积并通过 return 将面积送回 main 方法，返回刚才执行的语句③，结果送入变量 s；
（5）执行语句⑤，输出圆的相关信息，执行结束。

5.3.5 成员方法和成员变量的关系

Java 类中包括成员方法和成员变量，他们之间是平等关系，成员变量可以在整个类中使用，即成员方法可以直接使用类的成员变量，方法之间可以相互调用。

方法中可以定义方法的内部变量，即局部变量，这些变量仅在这个方法里使用，不能在其他方法中使用。

【例 9】 定义长方形类，描述长方形的长和宽，定义计算长方形面积、周长和长方形信息的方法，并使用此类。

思路：定义成员变量描述长方形的长和宽，定义方法求长方形的面积、周长、描述长方形信息。

```java
public class Rectangle {
    double width;                                      //成员变量：宽
    double length;                                     //成员变量：高
    public double getArea(){                           //求面积
        return width * length;                         //使用成员变量求面积并返回
    }
    public double getCircumference(){
        double c = 2*(width + length);                 //定义局部变量 c 存放周长
        return c;
    }
    public String getInfo(){
        return String.format("length:%f,width:%f,Area:%f,Circuference:%f",
                length,width,getArea(),getCircumference());
    }
}
public class RectangleTest {                           //测试 Rectangle 类
    public static void main(String[] args) {
        Rectangle rect1 = new Rectangle();
        rect1.length = 2;
        rect1.width = 3.5;
        String info1 =rect1.getInfo();
        System.out.println(info1);
        Rectangle rect2 = new Rectangle();
        rect2.length = -3;
        rect2.width = 2;
        System.out.println(rect2.getInfo());
    }
}
```

在【例 9】中定义的 Rectangle，在类中定义的成员变量 width、length，可以直接在方法 getArea()、getCircumference()中使用，而在 getCircumference()方法中定义的局部变量 c 只能在该方法中使用。在 getInfo 方法中，可以看到此方法可以直接调用类中的其他方法 getArea()、getCircumference()。

5.4 set 和 get 方法

【例 10】 对于 StudentWithInfo 类，完成、运行测试类，查看类的运行结果。

```java
// 测试 StudentWithInfo 类，思考运行结果
public class StudentWithInfoTest1 {
    public static void main(String[] args) {
// 创建学生对象，对象名小明
        StudentWithInfo xiaoming = new StudentWithInfo();
//为对象设置属性值
        xiaoming.id = "372801199980111211";
        xiaoming.name = "小明";
        xiaoming.age = -5;
        xiaoming.sex = "无";
        xiaoming.study();
        xiaoming.getInfo();
    }
}
```

【例 10】使用类 StudentWithInfo 创建对象，然后通过对象名 xiaoming 访问这个对象。设置该对象的 age 属性为-5，sex 属性的值为无，显然，这是对该对象的一个不正确的赋值。

【例 10】可以看出，如果让用户对一个对象的属性即成员变量直接进行赋值，这个赋值可能是一个无效的值，为了对用户赋给对象的值进行检查同时保证数据的封装性，可以对成员变量提供 setter 和 getter 方法。

5.4.1 setter 方法的一般形式

setter 方法即设置器方法，是为外界给对象成员变量提供赋值的方法，用户通过这个方法对成员变量进行赋值，方法内可以验证用户提供的值，从而保证赋值的正确性。setter 方法的一般形式为：

```java
public void setXXX(数据类型 变量名){
    //方法体
}
```

setter 方法的方法名均以 set 开始，后面为成员变量名，在括号内定义形式参数（parameter），接收用户提供的属性值，并在方法体内对接收值进行校验。

【例 11】 为 Student 类成员变量添加 setter 方法。

思路：为 Student 的成员变量 id、name、age 等添加 setter 方法，使其可以验证成员变量的有效输入，对于成员变量 age，年龄必须大于零，因此当用户输入年龄小于零，则为非法输入，对于成员变量 sex，性别只能为男或女，因此当用户输入性别为其他值时，则为非法输入。对于用户对成员变量值赋值的验证，使用 setter 方法完成。

```java
// setter 设置器的用法
    public class StudentWithSetter {
        String id;                              //身份证号码
        String name;                            //姓名
        int age;                                //年龄
        String sex;                             //性别
        String sno;                             //学号
        public void setId(String id) {          //为成员变量 id 添加 setter 方法
            this.id = id;
        }
        public void setName(String name) {
            this.name = name;
        }
        //验证用户输入的年龄，当年龄小于零，则不接受用户输入
        public void setAge(int age) {
```

```
            if(age >0)
                this.age = age;
            else
                this.age = 8;
        }
    //验证用户输入的性别,当性别输入不是男、女,则不接受用户输入
        public void setSex(String sex) {
            if(sex.equals("男") || sex.equals("女"))
                this.sex = sex;
            else
                this.sex = "男";
        }
        public void setSno(String sno) {
            this.sno = sno;
        }
        public void study( ){
            System.out.println("我是"+name+",我在好好学习");
        }
        public String getInfo(){//得到学生信息
            String str = String.format("ID:%s,name:%s,sno:%s,age:%d,sex:%s",
                    id,name,sno,age,sex);
            return str;
        }
    }
```

【例11】中定义 setter 方法如 setAge,在方法名后括号中声明一个变量,称为**形式参数**,简称形参(parameter),形参用来接收在方法调用时,用户的输入值,【例11】中定义形参 age 与类成员变量 age 重名,在方法中变量名 age 指的是形参 age,如果要强调是成员变量 age,则需要使用关键字 this,图 5-5 展示了 this 和形参以及成员变量的使用,this 和形参的详细用法分别在后面章节详细介绍。

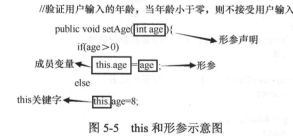

图 5-5 this 和形参示意图

【例11】给学生类的成员变量添加了 setter 方法,从中可以总结 setter 方法的一般规律:
①setter 方法的返回值都是 void;
②setter 方法的方法名定义规律为 setXXX,其中 XXX 为成员变量名;
③setter 方法都有形参,形参类型为成员变量的数据类型;
④setter 方法中,形参变量名如果和成员变量名相同,则在方法中出现的变量名为形参变量名,如果强调为成员变量名则写 this.成员变量名;;
⑤setter 功能是使调用者为成员变量赋值,在方法里可以对调用者给的值进行验证,从而保证成员变量值的正确性;
⑥对于成员变量定义的 setter 方法,当需要给对象的成员变量赋值时即可调用,例如【例11】定义的 StudentWithSetter 类,可以使用 setter 方法为属性赋值。

```
    //setter 方法的测试
    public class StudentWithSetterTest {
        public static void main(String[] args) {
            StudentWithSetter xiaobai = new StudentWithSetter();
```

```
        xiaobai.setAge(-7);              //调用setter方法为年龄赋值
        xiaobai.setSex("女");             //调用setter方法为性别赋值
        xiaobai.setId("0030203");
        xiaobai.setName("小白");
        xiaobai.setSno("0090003");
        System.out.println(xiaobai.getInfo());
    }
}
```

从测试类中可以看到,调用 setter 方法时,需要提供具体的属性值,即实际参数,如图 5-6 所示,对象 xiaobai 调用 setAge 方法,赋值-7 给年龄变量,其中,年龄-7 为实际参数(actual parameter),该值被送给形参 age,具体过程可参看方法章节。

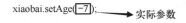

图 5-6 对象调用 setter 方法

5.4.2 getter 方法

setter 方法是调用者使用这个方法给成员变量赋值,而 getter 方法正好相反,是将成员变量的值返回给用户,因此 getter 方法被称之为访问器。

【例 12】 为学生类成员变量添加 getter 方法。

思路:为成员变量添加 getter 方法,是将学生类的成员变量的值返回给方法调用者,因此,方法返回类型为成员变量的类型,语句为 return 成员变量。

```
public class StudentWithGetter {
//getter 的使用
    String id;                    //身份证号码
    String name;                  //姓名
    int age;                      //年龄
    String sex;                   //性别
    String sno;                   //学号
    public String getId() {       //返回身份证号
        return id;
    }
    public String getName() {     //返回姓名
        return name;
    }
    public int getAge() {
        return age;
    }
    public String getSex() {
        return sex;
    }
    public String getSno() {
        return sno;
    }
    public void setId(String id) {
        this.id = id;
    }
    public void setName(String name) {
        this.name = name;
    }
    public void setAge(int age) {
        if(age >0)
            this.age = age;
        else
            this.age = 8;
    }
    public void setSex(String sex) {
```

```java
            if(sex.equals("男") || sex.equals("女"))
                this.sex = sex;
            else
                this.sex = "男";
        }
        public void setSno(String sno) {
            this.sno = sno;
        }
        public void study( ){
            System.out.println("我是"+name+",我在好好学习");
        }
        public String getInfo(){//得到学生信息
            String str = String.format("ID:%s,name:%s,sno:%s,age:%d,sex:%s",
                    getInfo(),getName(),getSno(),age,sex);
            return str;
        }
    }
```

参考【例 12】，getter 的特点是：
①getter 方法是给调用者返回类的成员变量值；
②getter 方法的方法名一般形式为 getXXX，XXX 是成员变量名；
③getter 方法没有形参；
④getter 方法返回类型，为其定义的成员变量的数据类型；
⑤getter 方法体，一般为 return 成员变量。

对于【例 12】完成的 StudentWithGetter 类，可以通过 getter 方法得到对象成员变量的值，例如：

```java
public class StudentWithGetterTest {
    //getter 方法取成员变量值
    public static void main(String[] args) {
        StudentWithGetter xiaoming = new StudentWithGetter();
        xiaoming.id = "372801199801112111";
        xiaoming.name = "小明";
        xiaoming.age = -5;
        xiaoming.sex = "无";
        //通过 getter 取对象 xiaoming 的各属性值
        System.out.println("小明的姓名" + xiaoming.getName());
        System.out.println("小明的年龄" + xiaoming.getAge());
        System.out.println("小明的性别" + xiaoming.getSex());
        System.out.println("小明的学号" + xiaoming.getSno());
        System.out.println("小明的身份证号码" + xiaoming.getId());
    }
}
```

【例 13】 为 Circle 类添加 setter 和 getter 方法，并测试该类。

思路：Circle 类只包含一个成员变量：半径 radius，radius 的值应大于零，为了保证其数据访问正确，为其添加 setter 和 getter 方法，其他与原来定义相同。

```java
public class CircleWithSetterAndGetter {             // setter getter With Circle
    double radius;
    public double getRadius() {                      //半径的 getter 方法
        return radius;
    }
    public void setRadius(double radius) {           //半径的 setter 方法
        if(radius > 0)
            this.radius = radius;
        else
            this.radius = 1;
    }
    public double getArea( ){                        //求面积方法
```

```java
            return Math.PI *radius * radius;
        }
        public double getCircumference()            //求周长方法
        {
            double c= Math.PI *radius *2;
        return c;
        }
        public String getInfo( ){
            double a = getArea();                   //调用求周长方法
            double c = getCircumference();          //调用求面积方法
            String str =String.format("圆的半径是%f,面积是%f,周长是%f",getRadius(),a,c);
            return str;
        }
}
    public class CircleWithSetterAndGetterTest {
        public static void main(String[] args) {
            CircleWithSetterAndGetter c1 = new CircleWithSetterAndGetter();
            c1.setRadius(-3);
            double radius = c1.getRadius();
            System.out.println("c1 的半径为: "+ radius);

            CircleWithSetterAndGetter c2 = new CircleWithSetterAndGetter();
            c2.setRadius(5);
            double radius1 = c2.getRadius();
            System.out.println("c2 的半径为: "+ radius1);
        }
    }
```

对于成员变量的 setter 和 getter 方法可以使外部不能直接访问成员变量,从而提升成员变量的安全性,然而不是每一个成员变量都一定有 setter 和 getter,可以根据实际需求仅为成员变量定义 setter 方法,或者仅定义 getter 方法,甚至都不定义。例如,某个成员变量不能为外界访问,即不接收外界赋值,则可不定义 setter 方法。这需要根据类和成员变量的实际情况决定。

5.5 构造方法

构造方法(constructor)是类中一个非常特殊的方法,它的特殊性表现在:
①构造方法的方法名和它所在的类名相同;
②构造方法无返回类型;
③构造方法在创建对象的时候,即 new 一个对象的时候被自动调用;
④当类中无构造方法时,编译器会在编译该类的时候自动添加一个构造方法。
根据此特点,构造方法可以用来在创建对象的时候给对象的成员变量赋值。

【例 14】 为 Student 类添加构造方法,并测试该类。

思路:根据构造方法特点,可知此方法名和类名相同,方法无返回类型,构造方法在 new 对象的时候自动调用,因此可以在方法体中为成员变量赋初始值。

```java
public class StudentWithConsturctor {              //构造方法使用
    String id;                                      //身份证号码
    String name;                                    //姓名
    int age;                                        //年龄
    String sex;                                     //性别
    String sno;                                     //学号
    public StudentWithConsturctor(){                //类构造方法,方法名同类名,无返回类型
        System.out.println("This is a Constructor");
        //对成员变量给初值
        id = "37280119971102321";
        name = "小白";
```

```java
            age = 9;
            sex ="男";
            sno ="2002332332";
    System.out.println("这是学生类的构造方法");
        }
    public void setId(String id) {
        this.id = id;
    }
    public void setName(String name) {
        this.name = name;
    }
    public void setAge(int age) {
        if(age >0)
            this.age = age;
        else
            this.age = 8;
    }
    public void setSex(String sex) {
        if(sex.equals("男") || sex.equals("女"))
            this.sex = sex;
        else
            this.sex = "男";
    }
    public void setSno(String sno) {
        this.sno = sno;
    }
    public void study( ){
        System.out.println("我是"+name+",我在好好学习");
    }
    public String getInfo(){//得到学生信息
        String str = String.format("ID:%s,name:%s,sno:%s,age:%d,sex:%s",
                getInfo(),getName(),getSno(),age,sex);
        return str;
    }
    public String getId() {//返回身份证号
        return id;
    }
    public String getName() {//返回姓名
        return name;
    }
    public int getAge() {
        return age;
    }
    public String getSex() {
        return sex;
    }
    public String getSno() {
        return sno;
    }
}
public class StudentWithConsturctorTest {//构造方法测试
    public static void main(String[] args) {
        //new 对象的时候同时调用构造方法,为成员变量赋值
        StudentWithConsturctor stud = new StudentWithConsturctor();
        System.out.println(stud.getInfo());
    }
}
```

查看【例 14】的 StudentWithConsturctorTest 类,在 main 方法中,仅创建对象 stud,并立即显示 stud 的信息,没有对 stud 对象使用 setter 方法赋值,此时,由于在 new 对象时自动调用构造方法,所以 stud 的各个成员变量有初值。

【例 15】 为 Circle 类添加构造方法,并对 Circle 类进行测试。

思路:Circle 类的构造方法方法名和类名相同,无返回类型,其方法体中可以为半径赋值。

```java
//带有构造方法的 Circle 类
public class CircleWithConstructor {
    double radius;
    public CircleWithConstructor(){              //圆构造方法
        setRadius(1.0);                          //调用 setRadius 方法设置半径
        System.out.println("构造方法被调用");
    }
    public double getRadius() {                  // 半径的 getter 方法
        return radius;
    }
    public void setRadius(double radius) {       // 半径的 setter 方法
        if (radius > 0)
            this.radius = radius;
        else
            this.radius = 1;
    }
    public double getArea() {                    // 求面积方法
        return Math.PI * radius * radius;
    }
    public double getCircumference()             // 求周长方法
    {
        double c = Math.PI * radius * 2;
        return c;
    }
    public String getInfo() {
        double a = getArea();                    // 调用求周长方法
        double c = getCircumference();           // 调用求面积方法
        String str = String.format("圆半径是%f,面积是%f,周长是%f", getRadius(), a, c);
        return str;
    }
}
public class CircleWithConstructorTest {         //带构造方法 Circle 类测试
    public static void main(String[] args) {
        //创建 circle 对象,并调用构造方法
        CircleWithConstructor circle = new CircleWithConstructor();
        System.out.println(circle.getInfo());
    }
}
```

图 5-7 为 CircleWithConstructor 的构造方法,对于构造方法,方法名与类名相同,方法中调用 radius 的 setter 方法为半径赋值,注意方法无返回类型,而不是返回类型为 void。

图 5-7 圆类的构造方法

【例 14】、【例 15】可以看出,构造方法在 new 对象的时候被自动执行,因此,可以利用这个特性,为成员变量赋值。

5.6 基本数据类型和引用类型

在前面的章节中介绍了基本数据类型 int、double、float 等,利用这些类型可以声明并创建

变量,对于本章介绍的类,可以先定义类,然后根据类创建一组对象,因此这些定义的类也可以看出一种数据类型,那么类和基本数据类型具体的区别在哪里呢?

Java 中数据类型分成两类,如图 5-8 所示。一类是基本数据类型(primitive type),即 char、boolean、int、long、double 等;另一类为引用类型(reference type),如类、数组等。它们的主要区别如下:

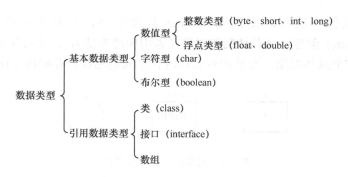

图 5-8　Java 数据类型图

① 在概念方面,基本数据类型的变量存放变量的具体数值,而对于引用数据类型的变量存放数据对象的内存地址。

② 在内存构建方面,基本数据类型的变量在声明之后 Java 就会立刻分配给它内存空间,内存空间可以存放变量具体值,而对于引用数据类型变量,它以特殊的方式(类似 C 指针)指向对象实体(具体的值),这类变量声明时分配变量内存,内存仅存储一个内存地址。

③ 在变量使用方面,基本数据类型变量使用时需要赋给具体数据值,判断两个变量是否相等时,需使用"=="判等运算符。对引用数据类型变量,使用时需赋给具体对象的地址,无对象时可以赋 null 值,判断两个变量是否相等时需使用 equals 方法。

【例 16】　阅读程序,了解基本数据类型和引用类型的区别。

```java
public class DataTypeDemo {
    public static void main(String[] args) {
        CircleWithConstructor circle;           //声明引用变量 circle
        int a;                                  //声明基本类型变量 a
        //创建圆对象,并将抵制存放到 circle 中
        circle = new CircleWithConstructor();
        //为基本类型变量赋值
        a = 5;
        //输出两个变量的值
        System.out.println(a);
        System.out.println(circle);
        //两个变量判等
        CircleWithConstructor c =new CircleWithConstructor();
        System.out.println(a==5);
        System.out.println(circle==c);
    }
}
```

【例 16】显示了基本数据类型和引用数据类型的区别,其运行结果如下所示:

```
构造方法被调用
5
CircleWithConstructor@120bf2c
构造方法被调用
true
false
```

在【例 16】中,通过两条变量声明语句:

```
    CircleWithConstructor circle;    //声明引用变量 circle
    int a;                           //声明基本类型变量 a
```
声明引用变量 circle 和基本类型变量 a，内存为两个变量分配了存储空间。然后，通过两条赋值语句：
```
    circle = new CircleWithConstructor();
    a = 5;
```
为两个变量赋值，这时，变量 a 中存放具体值 5，而对于引用变量 circle，new CircleWithConstructor() 创建一个具体的圆对象（调用构造方法），并将对象的地址给 circle，即 circle 存放的不是一个具体对象，而是圆对象在内存空间的地址，存储图如图 5-9 所示。

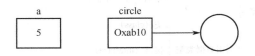

图 5-9　变量在内存的存储图

对于两条输出语句：
```
    System.out.println(a);
    System.out.println(circle);
```
其输出结果是不同的，变量 a 因为存放的为具体数值 5，因此输出为 5，而变量 circle 因为存放的是圆对象在内存的地址，因此输出为类名及其对象的哈希码。对于两个变量的判等输出语句：
```
    System.out.println(a==5);
    System.out.println(circle==c);
```
由于 a 存放的是具体值 5，所以 5 和 5 进行比较，结果为 true，而对于两个引用变量，circle 和 c，其存放的是两个不同圆对象的地址，因此，对两个变量进行"=="比较，比较是 circle 和 c 中存放的地址，其结果为 false，circle 变量和变量 c 在内存中的存放如图 5-10 表示。如果想比较两个圆对象是否相同，需要使用方法 equals，例如：
```
    circle.equals(c);
```
equals 方法的具体使用参见第 9 章。

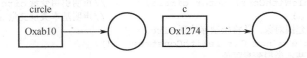

图 5-10　两个圆变量内存存储示意图

5.7　Java 的包装类

Java 的数据类型分为基本数据类型和引用类型，而基本数据类型不是面向对象的，这在某些时候使用不便，因此 Java 为每种基本数据类型提供一个对应的类，这些和基本数据类型对应的八个类被称为**包装类**（wrapper class），具体如表 5-1 所示。对于这八个类名中，除了 Integer 和 Character 类以后，其他六个类的类名和基本数据类型名称一致，只是类名的第一个字母大写即可。

对于包装类说，这些类的用途主要包含两种：

第一，作为和基本数据类型对应类存在，方便涉及对象的操作；

第二，包含对应基本数据类型的相关属性如最大值、最小值等，以及相关的操作方法，方便操作。

表 5-1 基本数据类型和对应包装类

基本数据类型	对应包装类	基本数据类型	对应包装类
int	Integer	float	Float
byte	Byte	double	Double
short	Short	char	Character
long	Long	boolean	Boolean

由于八个包装类的使用比较类似，以最常用的 Integer 类为例子介绍包装类的实际使用。

Integer 类是 int 类型对应的包装类，Integer 类可以创建对象，其对象内包含一个具体的 int 值。Integer 类提供一组方法完成 int 值和 Integer 对象之间转换以及整数值与字符串之间转换等功能。

5.7.1 int 和 Integer 类之间的转换

在实际转换时，使用 Integer 类的构造方法和 Integer 类的 intValue 方法实现这些类型之间的相互转换，实现的代码如下：

```
int n = 10;
//利用 100 创建 Integer 类型对象 in, in 中包含值 100
Integer in = new Integer(100);Integer in1 = new Integer(n);
//将 int 类型转换为 Integer 类型
int m = in.intValue();
//将 Integer 类型的对象转换为 int 类型
```

5.7.2 Integer 类的常用方法

在 Integer 类包含了一些和 int 操作有关的方法，下面介绍一些比较常用的方法：

1. parseInt 方法，方法首部如下所示：

```
public static int parseInt(String s)
```

该方法的作用是将数字字符串转换为 int 数值，由于该方法是静态方法，所以使用类名.方法名的方式进行调用。将字符串转为对应的 int 数值是一种比较常见的操作。使用示例如下：

```
String s = "123";
int n = Integer.parseInt(s);
```

int 变量 n 的值是 123，如果字符串包含的不都是数字字符，则程序执行将出现异常。

对于 parseInt 方法，还有另外一个方法重载的 parseInt 方法：

```
public static int parseInt(String s, int radix)
```

此方法将字符串按照参数 radix 指定的进制转换为 int，使用示例如下：

```
//将字符串"120"按照十进制转换为 int, 则结果为 120
int n = Integer.parseInt("120",10);
//将字符串"12"按照十六进制转换为 int, 则结果为 18
int n = Integer.parseInt("12",16);
//将字符串"ff"按照十六进制转换为 int, 则结果为 255
int n = Integer.parseInt("ff",16);
```

2. toString 方法，方法首部如下所示：

```
public static String toString(int i)
```

该方法的作用是将 int 类型数据转换为对应的 String 类型字符串。使用示例代码如下：

```
int m = 1000;
String s = Integer.toString(m);//把数字 1000 转换成字符串"1000"
```

对于 toString 方法，还有另外一个方法重载的 ToSting 方法：

```
        public static String toString(int i, int radix)
```
该方法则实现将 int 值转换为特定进制的字符串，使用示例代码如下：
```
    int m = 20;
    String s = Integer.toString(m,16);
    //数字 m 按照 16 进制转换成字符串，字符串 s 的值为"14"
```

【例 17】 查看程序，了解封装类使用方式。
```java
public class WrapperClassDemo {
    // 封装器类的使用方式
    public static void main(String[] args) {
        Integer in = new Integer(167);//创建 in 对象，值为 167
        //将 in 对象内值取出,调用方法 intValue
        int n =in.intValue();
        System.out.printf("in 内的值为 %d", n);
        //将字符串转为整型值:使用 Intger.parseInt
        String str ="1234";
        int a =Integer.parseInt(str);
        System.out.printf("str 转为数字为: %d",a);
        //将整型数转为字符串: toString 方法
        int b = 3452;
        String str2 = Integer.toBinaryString(b);
        System.out.printf("b 转为字符串为: %s",str2);
        //得到整型的最大、最小值
        System.out.printf("整型的最大值是: %d",Integer.MAX_VALUE);
        System.out.printf("整型的最小值是: %d",Integer.MIN_VALUE);
    }
}
```

对应包装类，有下列注意事项：

①除了整型类，其他包装类也有相应的与字符串转换的方法，如 parseDouble, parseFloat, 可以总结为 parseXXX，可以将字符串转成基本类型。也存在将基本类型转为字符串的方法 toString。

②每个包装类都包括转换为相应基本数据类型的方法，基本方式为 XXXValue，如 Double 类，存在将 Double 类的对象转成基本类型 double 类型值的方法 doubleValue。

5.7.3 装箱和拆箱

对于包装类和基本数据，Java 5 提供自动装箱和拆箱的特性，方便包装类和基本数据类型之间的转换。

自动装箱是指根据基本类型的数值，自动创建对应的 Integer 对象。例如：
```
    Integer i = 10; // 自动根据数值 10 创建对应的 Integer 对象，这就是装箱
```
自动拆箱就是自动将包装器类型的对象转换为基本数据类型的值，例如：
```
    Integer i = 10;   //装箱，把 10 转成 integer 对象
    int n = i;        //拆箱，n 的值为 10
```
简单来说,装箱是将基本数据类型转换为包装类;拆箱就是自动将包装类转换为基本数据类型。

【例 18】 查看下列代码，了解自动装箱和拆箱的用法。
```java
public class BoxClass {
    //自动拆箱和装箱功能演示
    public static void main(String[] args) {
        Integer in = 12345;    //自动装箱，将 int 值 12345 赋值给对象 in
        System.out.println("in 内值为: "+in.intValue());
        int a = in;            //自动拆箱，将 in 内的值送给 a
        System.out.println("a ="+a);
        //测试 double 类型的自动装箱，自动拆箱
        Double dou = 345.44;
        double d = dou;
        System.out.println("d ="+d);
```

      }
    }

5.8 instanceof 运算符

instanceof 运算符是一个二元运算符，其用法如下所示：
```
object instanceof class
```
instanceof 运算符用来在程序运行时，判断运算符左边的对象是否是右边类的一个实例，其运算结果为 boolean 类型，如果左边对象是右边类的一个实例，则运算结果为 true，否则为 false。

【例 19】 运行下列程序，了解 instanceof 运算符的用法。
```java
public class InstanceOfDemo {
    public static void main(String[] args) {
        CircleWithConstructor c1 = new CircleWithConstructor();
        Rectangle r1 = new Rectangle();
        //判断 c1 是否是圆类对象
        boolean result1 = c1 instanceof CircleWithConstructor;
        System.out.println("c1 instanceof CircleWithConstructor =" + result1);
        //判断 r1 是否是矩形类对象
        boolean result2 = r1 instanceof Rectangle;
        System.out.println("r1 instanceof Rectangle =" + result2);
        //判断 c1 是否是矩形类对象
        boolean result3 = c1 instanceof Rectangle;
        System.out.println("c1 instanceof Rectangle =" + result3);
    }
}
```

【例 19】中判断 c1 是否是圆的对象，r1 是否是矩形类的对象，其结果都为 true，c1 是否是矩形类的对象结果为 false。

5.9 应用示例

【例 20】 设计雇员 Employee 类，记录雇员的情况，包括姓名、年薪、受雇时间，要求定义 MyDate 类作为受雇时间，其中包括工作的年、月、日，并用相应的方法对 Employee 类进行设置。编写测试类测试 Employee 类。

思路：首先设计 MyDate 类，包括属性年、月、日，然后定义该类的构造方法和各属性的 setter 和 getter 方法，然后设计 Employee 类，包括属性姓名、年薪、受雇时间，定义 Employee 类构造方法和各属性的 setter 和 getter 方法。代码如下所示：
```java
public class MyDate {//日期类
    int year;
    int month;
    int day;
    // 构造方法
    public MyDate() {
        super();
        year = 2016;
        month = 1;
        day = 1;
    }
    public int getYear() {// setter getter
        return year;
    }
    public void setYear(int year) {
        if (year > 1967 & year <= 2016)
```

```java
            this.year = year;
        else
            this.year = 2016;
    }
    public int getMonth() {
        return month;
    }
    public void setMonth(int month) {
        if (month >= 1 && month <= 12)
            this.month = month;
        else
            this.month = 1;
    }
    public int getDay() {
        return day;
    }
    public void setDay(int day) {
        if (day >= 1 && day <= 31)
            this.day = day;
        else
            this.day = 1;
    }
}
public class Employee {            //雇员类
    String name;                   //姓名
    float yearSalary;              //年薪
    MyDate startDate;              //入职日期
    public Employee() {            //构造方法
        name = "无 ";
        yearSalary = 10000;
        startDate = new MyDate();
    }
    public String getName() {
        return name;
    }
    public void setName(String name) {
        this.name = name;
    }
    public float getYearSalary() {
        return yearSalary;
    }
    public void setYearSalary(float yearSalary) {
        if (yearSalary > 0)
            this.yearSalary = yearSalary;
        else
            this.yearSalary = 10000;
    }
    public MyDate getStartDate() {
        return startDate;
    }
    public void setStartDate(MyDate startDate) {
        this.startDate = startDate;
    }
}
public class EmployeeTest {//雇员类测试
    public static void main(String[] args) {
        MyDate my = new MyDate();
        my.setDay(1);
        my.setMonth(1);
        my.setYear(2015);
        Employee tom = new Employee();
        tom.setName("tom");
```

```
                tom.setYearSalary(30000);
                tom.setStartDate(my);
                System.out.println("输出 tom 的信息为: ");
                System.out.printf("姓名:%s,年薪: %f,入职时间%d-%d-%d",tom.GetName(),tom.GetYearSalary(),tom.getStartDate().getYear(),tom.getStartDate().getMonth(),tom.getStartDate().getDay());
        }
}
```

关 键 术 语

类 class   对象 object   实例 instance   属性 property   方法 method
方法名 method name   方法首部 method head   方法体 method body
方法调用 method call   返回类型 return type   成员变量 member variable
形式参数 parameter   设置器方法 setter   存取器方法 getter
构造方法 constructor   基本类型 primitive type   引用类型 reference type
包装类 Wrapper Class

本 章 小 结

对象是对现实世界具体事物的描述，类是一类对象的抽象。
对象是具体的，类是抽象的，是模板。
定义类使用关键字 class，后面是类名，在类中包括成员变量和方法。
类名 对象名仅声明一个对象名，没有创建对象，对象需使用 new 关键字被创建。
每个对象都包含自己的成员变量，使用"."点运算符访问对象的具体成员变量。
访问对象的成员变量的方式为：对象名.变量名。
类中包括成员变量和方法，其中成员方法可以直接访问成员变量，方法之间也可以直接互相调用。
定义方法首先要确定方法名和方法的返回类型，并将实现方法的具体语句写在方法体内，即一对大括号内 { }。
如果一个类要调用其他类的方法,需要创建这个类的一个对象,使用对象名.方法名()方式调用。
Java 程序的执行，是从 public 类的 main 方法开始的。
setter 方法用来向成员变量赋值。
getter 方法用来向类外返回成员变量的值。
构造方法的方法名与类名相同，无返回类型，在创建对象的时候自动执行。
构造方法用来初始化对象的成员变量的值。
Java 的数据类型分为基本类型和引用类型。
每一个基本类型都有一对应的包装类，包装类提供方法完成基本类型和包装类的转换，以及数据和字符串直接的转换等功能。
包装类和基本类型之间可以自动地装箱和拆箱。
Instanceof 运算符用来判断对象是否是某类生成的对象。

复习题

一、简答题

1. 什么是类、对象，类与对象的关系是什么？
2. setter 方法和 getter 方法有什么特点和用途？
3. 构造方法的特点是什么？
4. 每一基本数据类型对应的包装类是什么？
5. 什么是自动装箱和自动拆箱？

二、选择题

1. 类是具有相同（　　）的集合，是对象的抽象描述。
   A．属性和方法　　　　B．变量和方法　　　　C．变量和数据　　　　D．对象和属性
2. 以下（　　）是专门用于创建对象的关键字。
   A．new　　　　　　　B．double　　　　　　C．class　　　　　　　D．int
3. 下列哪个类声明是正确的？（　　）
   A．public int　A1{…}　　　　　　　　B．public class TT(){}
   C．public class int　show{}　　　　　 D．public　class CD{ }
4. void 的含义为（　　）。
   A．方法体为空　　　　　　　　　　　B．方法体没有意义
   C．定义方法时必须使用　　　　　　　D．方法没有返回值
5. 设 A 为已定义的类名，下列声明 A 类的对象 a 的语句中正确的是（　　）。
   A．float　A　a;　　　　　　　　　　B．A　a=A( );
   C．A　a=new　int( );　　　　　　　　D．static　A　a=new　A( );
6. 利用方法中的（　　）语句可为调用方法返回一个值。
   A．return　　　　　B．back　　　　　　C．end　　　　　　　D．以上答案都不对
7. 对于构造函数，下列叙述不正确的是（　　）。
   A．构造函数是类的一种特殊函数，它的方法名必须与类名相同
   B．构造函数的返回类型只能是 void 型
   C．构造函数的主要作用是完成对类的对象的初始化工作
   D．一般在创建新对象时，系统会自动调用构造函数
8. 一个（　　）对象将包括 int 型数据。
   A．IntegerObject　　B．Int　　　　　　　C．IntData　　　　　　D．Integer
9. 对于 Integer 对象 in，表达式 in instanceof Integer 的结果是（　　）。
   A．true　　　　　　B．false　　　　　　C．1　　　　　　　　　D．0

三、应用题

1. 对于下面定义类 Person，查看代码，发现错误并改正。

```
Public class Person
String Id;
String name;
int age;
Public say(){
System.out.printf("Hello I am %s", name);
}
}
```

```
public class Test{
    public static void main(String[] args) {
Person p1;
P1.say();
}
}
```

2. 查看下列代码，发现错误并改正。
```
public class Test1{
    public int max( ) {
double a =4,b=5;
if(a>b){
Return b;
Return a;
}
Return a;
}
   public int sum {
int a =4,b=5;
Return a,b;
}
}
```

3. 下面定义一个正方形类，查看代码，发现错误并改正。
```
public Class Square{
    int length;
  public void Square(){
    length = 1;
}
public int setLength(int l){
    l = length;
}
public void getLength(int l){
    return l;
}
public int getArea();
    length * length:
  }
```

4. 对于构造方法，找出下列代码错误，并改正。
```
public class A{
   int a ;
public void A(){
  a = 3;
  return ;
}
}
```

5. 对于例题中的长方形类 Rectangle，添加相应的 setter 和 getter 方法，定义无参的构造方法，最后写测试类验证该类。

6. 定义一个风扇类 Fan，包含属性叶片数，并定义相应的 setter 和 getter 方法，定义无参的构造方法，另外定义描述该风扇信息的方法，最后写测试类验证该类。

7. 定义一个花类，包含属性类别、名称、颜色等属性，并定义相应的 setter 和 getter 方法，定义无参的构造方法，另外定义描述该花信息的方法，最后写测试类验证该类。

第 6 章 方法

引言

类是对一组对象的抽象，类中包含可以描述动态行为的方法，本章对方法的定义、调用、参数传递进行学习，同时介绍方法重载和变量的作用域，对于常见的 Math 类，学会使用其方法。

6.1 方法的定义

方法（method）用来表示对象的动态行为，是 Java 编程的基本逻辑单元，它一般要写在类里面，完成一个具体的功能，定义方法的格式为：

```
[访问权限修饰符]返回值类型 方法名(数据类型 1 形参 1, 数据类型 2 形参 2,……, 数据类型 n 形参 n)
{
    //方法体
}
```

对于方法，可以分为方法首部（method head）和方法体（method body），在方法首部定义了方法名称、方法返回值类型（return type）、形参等信息，方法体则为该方法功能的具体实现语句（statement）。对于访问权限修饰符，定义该方法是否能被类外调用，一般写为 public，也可以省略。

【例 1】 在类 SumDemo 中，完成求两个整数之和的方法。

思路：在定义方法时，首先给方法起名，求和方法，起名为 add，然后跟着括号（），表示这是方法；考虑这个方法求和后，应给方法调用者一个求和的结果，两个整数求和结果还是整数，所以返回类型为 int；另外求两个数之和，因此需要外界提供两个数，因此需要在括号中定义两个整型的形式参数来存放两个数值；最后在一对大括号中写出具体求两个数之和的方法体。

```java
public class MethodDemo {
    //两个数求和
    public int add(int a,int b){
        int z;
        z = a + b;
        return z;
    }
}
```

【例 1】在 MethodDemo 中定义的这个方法，在方法首部，add 是方法名，add 后面的一对括号是方法的标志，add 后的括号内定义的 int x,int y 是方法的形式参数变量（formal parameter），用来存放用户调用时提供的需要求和的两个整数，int 为返回值类型。在花括号的方法体里面，是实现求两个整数和的具体语句，最后使用语句 return z; 将求和结果返回给调用者，各部分含义如图 6-1 所示。

对于方法的定义，给出下列提示：

①方法名要表示出这个方法的功用，就是所说的望名知义，一般方法名是首字母小写，若由多个单词组成方法名，则后面单词的首字母大写，在方法名的后面有一对小括号；

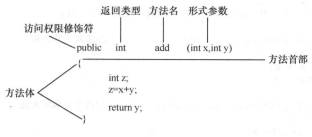

图 6-1 add 方法示意图

②返回值类型，表示这个方法在被调用的时候返回什么类型的值，这个返回值类型可以是简单类型，如 int，double 等，也可以是引用类型，如类、数组等，还可以是 void，表示不返回任何值；

③在括号里面定义的形式参数变量，用来存放方法调用时传递来的数据。这些变量只能在这个方法里面使用，形式参数变量可以没有，也可以有多个，如果定义了多个，中间用逗号隔开；

④如果返回值类型不是 void，那么方法体需要使用语句 return 来返回值。

【例 2】 在 MethodDemo 中添加一个方法，求两个整数的最大值。

思路：定义方法名 getMax 表示该方法的功能，两个整数由调用者给出，需要用两个变量进行存放，所以定义两个形式参数 int x，int y，比较的结果要向外返回，因此定义返回类型为 int，最后在方法体中完成求两个数最大值的语句。

```
public class MethodDemo {
    //两个数求最大值的方法
    public int getMax(int a,int b){
        if(a>b)
            return a;
        else
            return b;
    }
    public int add(int a,int b){//求两个数之和
        int z;
        z = a + b;
        return z;
    }
}
```

6.2 方法的调用

对于已定义的方法，通过方法调用来使用此方法。方法调用（method call）是通过方法名进行的，在方法所在的类外调用方法，语法格式为：

对象名.方法名(实际参数表)；

在方法所在的类中其他方法中调用方法，语法格式为：

方法名(实际参数表)；

【例 3】 在 MethodDemo 中添加一个方法 invoke，调用 add 和 getMax 方法。

思路：在 MethodDemo 类中添加方法，方法名为 invoke，因为只是调用方法，所以返回类型为 void，在一个类内调用类的其他方法，通过方法名调用即可。

```
public class MethodDemo {
    //演示在类内调用其他方法
    public void invoke(){
        int x= 7,y=3;
        int result = add(5,3);        //调用 add 方法，得到返回值送给 result
        int z = getMax(x,y);          //调用 getMax 方法，得到返回值送给 z
        System.out.printf("5+3=%d\n" ,result);
```

```
            System.out.printf("两个数的最大值是：%d",z);
        }
        public int add(int a,int b){              //求两个数之和
            int z;
            z = a + b;
            return z;
        }
        public int getMax(int a,int b){           //两个数求最大值的方法
            if(a>b)
                return a;
            else
                return b;
        }
    }
```

在 MethodDemo 类中 invoke 方法内，调用这个类的 add 方法和 getMax 方法，如图 6-2 所示。

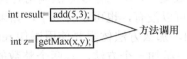

图 6-2　方法调用示意图

图 6-2 可以看出，invoke 调用 add、getMax 方法是通过方法名完成的，并且调用方法时将实际参数如 5，3 传递给 add 方法形参 x，y，执行 add 方法得到 return 语句返回的结果，此结果赋值给变量 result。

在方法调用中，实参（actual parameter）的个数和类型要和形参的个数和类型一致，多个实参之间用逗号隔开，实参表示的是有具体值的实际参数，可以是常量、变量名、表达式，但不是变量定义，下列是错误的方法调用：

```
            int result = add(int x,int y);//Error
```

【例4】　完成 MethodDemoTest 类，并在 main 函数中调用 invoke 方法。

```
    public class MethodDemoTest{
        public static void main(String[] args)
        {
        MethodDemo md = new MethodDemo();
        md.invoke();//通过对象名.方法名调用方法
        }
    }
```

【例 4】中，在 MethodDemoTest 类调用 MethodDemo 类的方法，是使用对象名.方法名()实现的。对于【例 4】，分析其运行的具体过程。

程序运行从 MethodDemoTest 类的 main 方法开始：

（1）开始执行 md 对象的创建语句。

（2）md 调用方法 invoke。

（3）执行方法 invoke，执行 x，y 赋值语句。

（4）执行语句 int result = add（5，3）；先声明变量 result，然后调用方法 add（5，3）。

（5）开始执行方法 add 第一条语句到最后一条语句 return z，将变量 z 的值送出，add 方法执行结束，返回方法 invoke。

（6）在方法 invoke 中将 add 方法的返回值送给变量 result。

（7）执行 invoke 方法的 int z = getMax（x，y）；语句，先声明变量 z，然后调用方法 getMax（x，y）。

（8）开始执行方法 getMax 的 if 语句，根据 x，y 的值，决定执行语句 return x，getMax 方法执行结束，返回方法 invoke。

（9）在方法 invoke 中将方法 getMax 的返回值送到变量 z 中。
（10）执行输出语句：
```
System.out.printf("5+3=%d\n" ,result);
System.out.printf("两个数的最大值是: %d",z);
```
执行到方法体的右括号，invoke 方法执行结束，返回 main 方法。
（11）方法中执行到方法体右括号，程序执行结束。

6.3 参数的值传递

在方法调用的过程中，需要将实参值传递给形参，这个过程就是方法的**参数传递**（parameter passing），在 Java 中方法的参数传递是**值传递**（pass by value），并且为单向传递。

【例3】中，当执行语句 int result = add（5，3）；时，开始 add 方法调用，需要将实参 5、3 传递给方法 add 的形参变量 a、b，然后去执行 add 方法中的语句，直到 return 语句结束 add 方法执行，并将返回值送入 result 变量，add 方法执行结束。

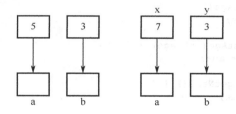

图 6-3 方法参数传递示意图

【例3】中，当执行语句 int z = getMax（x，y）；时，开始 getMax 方法调用，需要将实参 x、y 的值传递给 getMax 方法形参变量 a、b，然后执行 getMax 方法语句，直到 return 语句结束方法调用，并将方法的返回值送到变量 z 中。

图 6-3 所示的两次参数传递，都是将实参的值单向传递给形参，形参在方法执行结束后被释放，因此实参在方法调用的时候要有值。

【例5】 在 SwapDemo 中定义一个方法 swap，用来交换两个变量的值。

思路：方法 swap 需要交换两个变量，因此需要定义两个形参接收调用者提供的两个变量，返回值为 void 型，方法体内交换两个形参的值。

```
public class SwapDemo {
    //交换两个变量 a,b 的值方法
    public void swap(int a, int b) {
        System.out.printf("swap 交换前: a=%d , b=%d\n", a, b);
        //交换变量
        int t = a;
        a = b;
        b = t;
        System.out.printf("swap 交换后: a=%d , b=%d\n", a, b);
    }
}
public class SwapDemoTest {
    public static void main(String[] args) {// SwapDemo 测试
        SwapDemo one  = new SwapDemo();
        int x = 4, y = 5;
        System.out.printf("交换前: x= %d, y = %d\n", x,y);
        one.swap(x,y);
        System.out.printf("交换后: x= %d, y = %d\n", x,y);
    }
```

}

运行类 SwapDemoTest，首先运行 main 方法，在 main 方法中通过对象 one 调用方法 swap，调用方法时将变量 x、y 的值传递给形参 a、b，然后执行 swap 方法，交换 a、b 的值，最后返回 main 方法执行结束，程序运行结果如下所示：

```
交换前：x= 4, y = 5
swap 交换前：a=4 , b=5
swap 交换后：a=5 , b=4
交换后：x= 4, y = 5
```

通过【例 5】运行，可以看到只有 swap 方法的形参变量 a、b 的值被交换，而 main 方法中 x，y 的值没有被交换，所以证明参数传递是单向的。

【例 6】 定义人员类 Person，并完成方法 chageAge 修改人类对象的年龄，并测试该方法，通过代码，了解参数为对象时值传递的过程。

```java
//定义人员类，测试方法参数传递对象
public class Person {
    int age;
    String name;
    //设置器和读取器方法
    public int getAge() {
        return age;
    }
    public void setAge(int age) {
        this.age = age;
    }
    public String getName() {
        return name;
    }
    public void setName(String name) {
        this.name = name;
    }
    //构造方法
    public Person() {
        name =null;
        age = 1;
    }
}
//方法参数传递为对象
public class ParameterObject {
    //修改 Person 类 p 对象的 age 属性值为 age
    public void changeAge(Person p,int age ){
        p.setAge(age);
    }
}
public class ParameterObjectTest {
    //ParameterObject 测试类，测试参数为对象参数传递
    public static void main(String[] args) {
        Person p1 = new Person();
        p1.setAge(35);
        System.out.printf("方法调用前，p1 对象的年龄为：%d\n",p1.getAge());
        ParameterObject po = new ParameterObject();
        int age = 45;
        po.changeAge(p1, age); //方法调用，传递对象 p1
        System.out.printf("方法调用完成，p1 对象的年龄为：%d\n",p1.getAge());
    }
}
```

【例 6】运行结果如下所示：
方法调用前，p1 对象的年龄为：35
方法调用完成，p1 对象的年龄为：45

查看【例 6】的运行结果，对象 p1 通过方法调用修改了对象的年龄，这和对象在内存的存储方式有关。如图 6-4 所示，【例 6】在 main 方法中定义了 Person 类的 p1 引用变量和 age 变量，age 变量存放年龄为 45，而 p1 引用变量存放 Person 对象的地址，即 p1 指向 Person 对象。

当调用 changeAge 方法时，由于在 changAge 方法中定义 Person 类引用形参 p 和整型形参变量 age，需要将 main 方法中的实际参数——引用变量 p1 的值传递给 changAge 方法中形参 p，将 main 方法中实际参数整型变量 age 值传递给 changAge 方法中的形参 age，因此 changAge 中形参变量 age 的值是 45，引用形参 p 为 Person 对象的地址，即 p 和 p1 引用都指向 Person 对象，因此在 changeAge 方法中 p.setAge()实际操作的是 main 方法中 p1 引用指向的对象，所以当 changAge 方法调用完成后，main 方法显示引用 p1 指向对象的年龄时，年龄值改为 45。

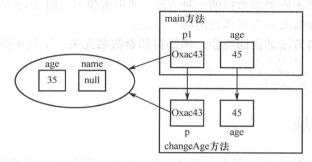

图 6-4 【例 6】对象存储示意图

从【例 6】可以看出，由于对象在内存的存储方式与基本数据类型的变量不同，因此，当方法进行对象参数传递时，虽然是单向的值传递，但由于传递为对象的地址，即形参和实参指向同一个对象，所以形参对对象的修改也会影响实参。

6.4 方法重载

方法重载（method overload）是指在一个类里定义多个同名的方法，但要求每个方法具有不同的参数类型或参数个数。

【例 7】 在 MethodOverloading 中定义 4 个 send 方法，实现方法重载。

```
// 方法重载示例
public class MethodOverloading {
    public void send(){
        System.out.println("send one data");
    }
    public void send(int i){
        System.out.printf("send one integer data i = %d\n",i);
    }
    public void send(float f){
        System.out.printf("send one float data f= %f\n",f);
    }
    public void send(String str){
        System.out.printf("send one string str = %s\n",str);
    }
}
public class MethodOverloadingTest {
    //方法重载测试
    public static void main(String[] args) {
        MethodOverloading m = new MethodOverloading();
        m.send();
        m.send(3456);
```

```
            m.send(34.56f);
            m.send("方法重载");
        }
    }
```

从【例 7】可以看出方法重载的特点：
①方法名相同；
②方法的形参表不相同，以此区分不同的方法。形参不同含义为：参数个数不同，如果参数个数相同，那么参数的类型或者参数的顺序必须不同。
③方法的返回类型、修饰符与方法重载无关，方法的返回类型、修饰符可以相同，也可不同。

方法重载通常用于创建一组功能相似但参数的类型或参数的个数不同的方法，方法重载是让类以统一的方式处理不同类型数据的一种方法。调用重载方法时 Java 编译器通过传递给它们的不同个数和类型的参数来决定具体使用哪个方法。

注意，方法重载与方法的返回类型、修饰符和参数名无关，下列不是方法重载。

```
    void add (int x,int y){......}
    int  add{int x,int y){......}
    void add(int a,int b){.......}
```

6.5 变量的作用域

在 Java 的类和方法中都定义了多个变量，那么这些变量能在哪些范围中使用，即变量的作用域（variable scope）是如何限制的呢？

Java 中定义的变量有类的成员变量以及方法内定义的局部变量（local variable），这些变量作用域是不同的。

【例 8】 运行 VariableScopeDemo 程序，了解变量的作用域。

```java
//变量的作用域
public class VariableScopeDemo {
    int a = 3;                                       // 成员变量
    int b = 1;
    int d = 7;
    public void showVariable() {
        System.out.println("成员变量 a=" + a);        //输出成员变量 a
        System.out.println("成员变量 b=" + b);
        System.out.println("成员变量 d=" + d);
    }
    public void showLocalVariable(int a) {           // 定义方法中局部变量 a
        int b = 7;                                   // 方法内局部变量 b 定义
        System.out.println("方法内局部变量 a=" + a);   //输出局部变量 a
        System.out.println("方法内局部变量 b=" + b);
        if (b > 3) {
            int c = 5;
            System.out.println("方法里变量 c=" + c);
        }
        // System.out.println("方法里变量 c="+c);      //去掉注释会出错
        System.out.println("成员变量 d=" + d);
        a = 10;
        System.out.println("修改方法内局部变量 a=" + a);
    }
}
public class VariableScopeDemoTest {
    public static void main(String[] args) {         //测试变量作用域
        VariableScopeDemo v = new VariableScopeDemo();
        v. showVariable();
```

```
                v.showLocalVariable(9);
                v.showVariable();
        }
}
```

【例8】 运行结果如下所示：
```
成员变量 a=3
成员变量 b=1
成员变量 d=7
方法内局部变量 a=9
方法内局部变量 b=7
方法里变量 c=5
成员变量 d=7
修改方法内局部变量 a=10
成员变量 a=3
成员变量 b=1
成员变量 d=7
```

【例8】 验证了如下规则：

①类的成员变量的作用域是整个类，在整个类的任何方法都可以使用；

②方法中定义的局部变量（包括形参），只能在该方法中使用；

③如果局部变量在方法的某块语句中定义，则只能在该块语句中使用；

④如果作用域大的变量和作用域小的变量在某个作用域重合了，作用域大的变量被隐藏，作用域小的变量可见；

⑤总之，变量的作用域即为定义该变量所在的那层的花括号。

6.6 参数可变的方法

在以上的方法定义中，方法在定义形参时，形参的个数是固定的。在 JDK5.0 以后，可以定义形参个数可变的方法。

【例9】 查看代码，了解定义可变参数的方法格式。

```java
public class VariableArgumentsDemo {                    //参数个数可变
    //求参数内的最大值
    public static double max(double...values)
    {
        double largest=Double.MIN_VALUE;
        for (double v:values)
            if(v>largest) largest=v;
        return largest;
    }
}
public class VariableArgumentsDemoTest {
    public static void main(String[] args) {            //测试参数个数可变
        VariableArgumentsDemo va = new VariableArgumentsDemo();
        double max = va.max( 1, 11, 300, 2, 3 );
        System.out.println("这几个数的最大数是: " + max);
    }
}
```

【例9】 中，方法 max 中定义的形参与以前的不同，定义形参格式为：

  数据类型……变量名，

利用这种方式，可以定义类型相同，但个数不确定的一组形参，图 6-5 展示了 max 方法的形参定义，通过 double...values 定义了一组 double 类型的形参，名为 values。

```
public static double max(double...values)
```
←一组形参

图 6-5 max 可变形参定义图

在方法体中,可以看到将这一组形参 values 看成一个 double 数组进行操作。在 main 方法中调用这个方法的时候,提供这一组形参对应的实参,如图 6-6 所示,这组实参用逗号隔开,并一起传递给 values。

```
double max=va.max(1,11,300,2,3);
```
←方法调用时,传递给values多个实际参数

图 6-6 max 方法实参提供图

若方法中需要使用可变参数,需要注意下列问题:
①当方法定义多个形参时,可变参数只能出现在方法形参列表的最后;
②"…"位于变量类型和变量名之间,前后有无空格均可;
③调用可变参数方法时,编译器为该可变参数隐含创建一个数组,在方法体中以数组的形式访问可变参数。

6.7 递归

```
void runMe()
{
  runMe();
}
```

图 6-7 递归程序示意图

递归(recursive)是程序设计中经常使用的一种设计方式,递归是指一个方法在其定义中有直接或间接调用自身的一种方法,即递归就是在运行的过程中自己调用自己。递归方法的写法如图 6-7 所示。

【例 10】 编写程序求 N!。

思路:

```
1! = 1 * 1;
2! = 1 * 2 =1! * 2
3! = 1 * 2 * 3 = 2! * 3
……
N! = 1* 2 * 3 *… * N = (N-1)!*N
```

从 N!的公式可以看到,求计算 N!可以先计算(N-1)!,得到(N-1)!的结果后乘以 N 就得到 N!;而求(N-1)!的结果,可以先计算(N-2)!,得到(N-2)!的结果后乘以(N-1) 就得到(N-1)!。依此类推,这个过程可以到求 2!,这时候 1!=1,已知可以求 2!。由 2!再倒推 3!,4!,…,(N-1)!,N!。

假设函数公式 f(n)返回 N!,那么递归公式为:f(n) = n * f(n-1),当 n=1 的时候结束递归,由此推知代码为:

```
public class CalculateN {
    //递归求 N!
    public long calculateN(int n) {
        if(n==1 || n==0){
            return 1;
        }
        return n*calculateN(n-1);
    }
}
public class CalculateNTest {
    public static void main(String[] args) {//N!测试
        System.out.print("请输入 N: ");
        Scanner scanner=new Scanner(System.in);
        int number=scanner.nextInt();
```

```
        CalculateN cn = new CalculateN();
        System.out.println(number+"!="+cn.calculateN(number));
    }
}
```

从【例 10】看出,递归算法的思想是将对一个"大"问题的求解不断分解,变成一个相似的"小"题问题来求解,把小问题解决后,逐渐回归去解决"大"问题。因此递归算法有如下的特点:

①先将"大"问题分解成"小"问题,然后从"小"问题回归到"大"问题;
②"大"问题和"小"问题是类似的问题,只是问题的规模不同,解法类似;
③最终分解的"小"问题要可解,即递归调用的过程要终结。

根据递归的特点,总结递归编程的一般模式:
①递归方法的开头一般使用 if 语句来判断递归结束条件是否满足;
②递归方法一定至少有一句是"自己调用自己"的;
③递归方法一般有一个控制递归可以终结的变量,这个变量以函数定义的形参的形式存在,每次递归方法自己调用自己时,该变量会变化,一般是变小,从而控制递归调用的结束。

在程序设计中,递归是非常重要的一种算法思想,有着非常重要的地位,对于初学者来说,需要认真理解。

6.8 方法示例

在编写程序中可能需要在类中设计多个方法,每个方法的功能要唯一,这样有助于方法的复用性,同时方便对程序进行测试,增加类的可维护性。

【例 11】 完成猜数游戏 GuessNumber,游戏运行时,生成一个数(1~100 以内),然后由用户猜数,如果用户猜的数小了,游戏提示小了,若用户猜的数大了,则游戏提示大了,如果猜数正确,则给出猜数正确的信息,游戏退出。

思路:此游戏类 GuessNumber 应该具有一个属性,即需要被猜的数,定义为 int number。

游戏类应具备的功能是:①随机生成要被猜的数;②用户输入自己猜的数;③猜数具体过程,因此可以写成三个方法。

对于随机生成要猜的数,定义一个方法,方法名为 getNumer,并且返回类型为 int,在方法内利用随机数类生成需要猜的数。

对于用户输入的自己猜的数,定义一个方法,方法名为 getGuess,并且返回类型为 int,在方法体内通过键盘输入用户所猜的数。

对于猜数的具体过程,写出方法 guessNumber,因为是个猜数的具体流程,所以没有返回值,返回类型为 void,方法体中根据猜数具体过程完成语句。

游戏的具体实现如下:

```
import java.util.Random;
import java.util.Scanner;
public class GuessNumber {
    int number;//要猜的数
    //生成要猜的数
    public int getNumber(){
        Random ran = new Random();
        return ran.nextInt(100);
    }
    //得到用户猜的数
    public int getGuess(){
        Scanner scan = new Scanner(System.in);
```

```java
            System.out.println("请输入你猜的数：1-100");
            int guess = scan.nextInt();
            return guess;
    }
    //猜数流程
    public void guessNumber(){
        number = getNumber();           //调用方法，生成被猜的数
        int guess = 0;
        do{
            guess = getGuess();          //得到用户猜的数
            if(guess > number)
                System.out.println("猜数大了！");
            else
                if(guess < number)
                    System.out.println("猜数小了！");
                else
                    System.out.println("恭喜猜正确了");
        }while(guess != number);
    }
}
public class GuessNumberDemo {
    //猜数运行类
    public static void main(String[] args) {
        GuessNumber guessNumber = new GuessNumber();
        guessNumber.guessNumber();
    }
}
```

6.9 Math 数学类方法

Math 是 Java 提供的一个数学工具类，主要提供一系列的数学方法进行基本的数学运算，如指数、对数、平方根和三角函数等。

6.9.1 Math 类的两个字段

Math 类包括如下两个常量：
static final double E——指数 e；
static final double PI——圆周率 pi。
这两个字段可以通过类名进行访问，例如，Math.E，Math.PI。

6.9.2 Math 类的部分数学方法

Math 类提供的数学方法可以完成科学计算的功能，Math 类提供的数学方法为静态方法，其调用格式为：

```
Math.方法名（实参表）;
```

Math 提供的常用数学方法首部如下所示：

```
public static double abs (double a) ;
```
此方法返回一个 double 值的绝对值。

```
public static double ceil (double a) ;
```
此方法返回最小的（最接近负无穷大）double 值，该值大于或等于参数，并等于一个整数。

```
public static double cos (double a) ;
```
此方法返回一个角的三角余弦。

```
public static double exp (double a) ;
```
此方法返回欧拉数 e 的一个 double 值的次幂。

```
public static double floor(double a);
```
此方法返回最大的（最接近正无穷大）double 值，该值小于或等于参数，并等于一个整数。
```
public static double log(double a);
```
此方法返回一个 double 变量的以 e 为底的自然对数值。
```
public static double log10(double a);
```
此方法返回一个 double 变量的以 10 为底的对数值。
```
public static double max(double a, double b);
```
此方法返回两个 double 数据中较大的一个。
```
public static double min(double a, double b);
```
此方法返回两个 double 数据中值较小的一个。
```
public static double pow(double a, double b);
```
此方法返回参数 a 的 b 次幂值。
```
public static double random();
```
该方法返回一个大于或等于 0.0 且小于 1.0 的随机 double 值。
```
public static long round(double a);
```
此方法返回参数 a 的四舍五入长整值。
```
public static double sin(double a);
```
此方法返回一个 double 类型的参数的正弦值。
```
public static double sqrt(double a);
```
此方法返回参数 a 的 double 类型的正平方根。
```
public static double tan(double a);
```
此方法返回一个参数的三角函数正切值。

【例 12】 阅读 MathDemo 类，了解 Math 类的一般用法。

```
public class MathDemo {
    public static void main(String[] args) {          //数学类的使用方法
        //abs 求绝对值
        System.out.println(Math.abs(-10.4));          //10.4
        //ceil 天花板的意思，就是返回大的值，注意一些特殊值
        System.out.println(Math.ceil(-10.1));         //-10.0
        System.out.println(Math.ceil(10.7));          //11.0
        //floor 地板的意思，就是返回小的值
        System.out.println(Math.floor(10.7));         //10.0
        System.out.println(Math.floor(-0.7));         //-1.0
        System.out.println(Math.floor(0.0));          //0.0
        //求最大值
        System.out.println(Math.max(-10.1, -10));     //-10.0
        // random 取得一个大于或者等于 0.0 小于不等于 1.0 的随机数
        System.out.println(Math.random());            //0.08417657924317234
        //round 四舍五入，float 时返回 int 值，double 时返回 long 值
        System.out.println(Math.round(10.1));         //10
        System.out.println(Math.round(10.5));         //11
        System.out.println(Math.round(-10.5));        //-10
        System.out.println(Math.round(-10.2));        //-10
    }
}
```

关 键 术 语

方法 method　　　方法名 method name　　　方法调用 method call　　　返回类型 return type
方法首部 method head　　　方法体 method body　　　语句 statement
形式参数 formal parameter　　　实际参数 actual argument　　　参数传递 parameter passing
值传递 pass by value　　　方法重载 method overload　　　作用域 variable scope

局部变量 local variable   递归 recursive

本 章 小 结

定义方法包括定义方法首部和方法体。

方法的调用方式是以方法名的形式完成，在方法的类内，直接使用方法名调用，在其他类，使用对象名.方法名()完成调用。

方法调用时提供的实参应和形参一致，即实参的个数和类型与形参一致。

方法参数传递是值传递方式，方法调用时将实参单向传递给形参，参数传递时，当实参和形参为引用类型变量时，传递的是具体对象的地址，即实参和形参指向同一个对象。

方法重载是指多个方法的方法名相同，但是参数的个数或者类型不同。

两个或者多个方法的返回类型不同不是方法重载。

类中成员变量的作用域为整个类，方法中局部变量的作用域为该方法，块语句中定义的变量的作用域为该块语句。

若成员变量和方法局部变量重名，则在此方法内成员变量被隐藏。

可变参数是值方法的形参的个数可变，方法形参中可变参数需要定义在形参表的最后。

调用可变参数方法时，编译器为该可变参数隐含创建一个数组，在方法体中以数组的形式访问可变参数。

递归是指一个方法在其定义中有直接或间接调用自身的一种方法，即递归就是在运行的过程中自己调用自己。

Math 类是 Java 提供的数学类，提供科学计算的相关方法，调用方式为 Math.方法名()。

Math 类有两个静态常量 Math.PI 和 Math.E。

复 习 题

一、简答题

1. 方法重载的含义是什么？
2. 什么是递归？递归的特点是什么？
3. 什么是方法的可变参数？可变参数有什么特点？

二、选择题

1. 在方法调用过程中，位于方法名之后圆括号的变量被称为（   ）。
　　A．变元　　　　B．参数　　　　C．语句　　　　D．声明
2. 关于方法内定义的变量，下列说法正确的是（   ）。
　　A．一定在方法内所有位置可见　　B．可能在方法内的局部位置可见
　　C．在方法外可以使用　　　　　　D．在方法外可见
3. 关于方法的形参，下列说法正确的是（   ）。
　　A．可以没有　　B．至少有一个　　C．必须定义多个形参　　D．只能是简单变量
4. 下列方法定义中，正确的是（   ）。
　　A．int　hi(int a,int b) { return (a-b); }
　　B．int　hi(int ab) { return a-b; }
　　C．int　hi(int a,int b); { return a*b; }

D. int hi(int a,int b) { return 1.1*(a+b); }
5. 类 Test 定义如下
```
public class Test{
public float myMethod (float a, float b) { }
}
```
将以下（　　）方法插入类中是不合法的。
   A. public float myMethod（float a，float b，float c）{ }
   B. public float myMethod（float c，float d）{ }
   C. public int myMethod（int a，int b）{ }
   D. public int myMethod（int a，int b，int c）{ }
6. Math 类的（　　）方法用做返回两个参数中的较大值。
   A. max　　　　B. maximum　　　　C. larger　　　　D. greater
7. 实例变量的作用域为整个的（　　）
   A. 语句块　　　B. 方法　　　　C. 类　　　　D. 以上答案都不对

三、应用题

1. 查找并修改下列代码的错误。
```
public class MethodTest{
  public int sub(int x,y);{
       return x-y;
  }
  public int mul(int x, int y){
     x*y;
  }
}
public class Test{
    public static void main(String []args){
    MethodTest m = new MethodTest();
    m.sub(int a=3,int b=4);
    m.mul(5.7);
    }
}
```

2. 下面类中定义的方法为方法重载的是哪几个方法？
```
public class Test1{
public int add(int x,int y){
return x + y;
}
public int add(int a,int b){
Return a+ b;
}
public double add(double a,double b){
Return a + b;
    }
public double add(int x,int y){
return x + y;
}
public int add(int x,int y,int z){
   return x+ y+z;
}
}
```

3. 查看下列程序，写出运行结果。
```
package chapter6;
public class Bus{
    int seat;
    public int getSeat() {
```

```
            return seat;
        }
        public void setSeat(int seat) {
            this.seat = seat;
        }
        public Bus() {
            seat = 10;
        }
    }
    public class AB {
        public void changeAB(int a,int b){
            System.out.printf("开始, a =%d,b =%d",a,b);
            a = a* 2;
            b = b * 3;
            System.out.printf("结束, a =%d,b =%d",a,b);
        }
        public void changeBus(Bus b,int seat){
            b.setSeat(seat);
        }
    }
    public class ABDemo {
        public static void main(String[] args) {
            Bus bus = new Bus();
            System.out.println("Bus 的座位数为: "+bus.getSeat());
            AB ab = new AB();
            ab.changeBus(bus, bus.getSeat() + 20);
            System.out.println("Bus 的座位数为: "+bus.getSeat());
            int m = 15, n =20;
            System.out.printf("调用 前, m =%d,n =%d",m,n);
            ab.chageAB(m*2, n*2);
            System.out.printf("调用 后, m =%d,n =%d",m,n);
        }
    }
```

4. 下列程序求一组数据之和，找出下列程序的错误，并修改。
```
    public class Sum {
        public int getSum(int... a,int sum){
            for(int i=0;i<a.length;i++)
                sum = sum +a[i];
            return sum;
        }
    }
    public class ABDemo {
        public static void main(String[] args) {
            Sum sum = new Sum();
            sum.getSum(0,1,3,4...4,5);
        }
    }
```

5. 写一个方法，方法名为 isPrime，判断一个数是否是质数，并对其进行测试。

6. 一个数如果恰好等于除它本身外的因子之和，这个数就称为"完数"，例如，6=1+2+3（6 的因子是 1，2，3），6 是完数，写一个方法判断一个数是否是完数，并求出 1~1000 内的完数。

7. 写一个方法，方法名为 isEven，判断一个数是偶数，并对其进行测试。

8. 写两个方法，方法名为 mul，求两个数的乘积，并对其进行测试。

9. 写一个方法，方法名为 SumN，用递归方式求 1，…，N 前 N 个数之和，并对其进行测试。

10. 写一个方法，方法名为 isPalindrome，用递归的方法判断一个字符串是否是回文，并对该方法进行测试，回文是指一个字符串，从前和从后读都一样。

第 7 章 数组

引言

数组是一组相同类型的变量的集合，可以存放一组相同类型的数据，本章对数组的定义、赋值，数组在方法中的使用，二维数组等进行介绍，并对数组的使用给出简单的示例。

7.1 数组

7.1.1 什么是数组

在编程中有时需要存储一组值，例如，一个班的成绩，一个球队的球员等，这需要使用数组来存储数据。

数组（Array）是相同类型的一组变量的集合，这组变量在内存中连续存放，即数组是内存中存储数据的一组连续的内存空间。根据图 7-1 所示，描述一个数组需要三个要素：数组名、数据类型、数组长度。

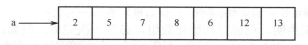

图 7-1 数组内存存储的示意图

数组名即数组的命名，通过数组名访问这一组变量，数组的命名规则同变量的命名规范。
数据类型规定这组空间能存储的数值的类型。
数组长度表示这组变量的个数，即这组空间能存储的值的个数。
图 7-1 描述的数组名为 a，能存储整型数据，长度为 7。

7.1.2 声明数组

声明一个数组，使用语法格式如下：

    数据类型[ ] 数组名;

或者：

    数据类型 数组名[] ;

例如，对于图 7-1 所示数组，可以使用下列的数组声明语句：

    int[] a;

或者

    int a[];

对于以上数组声明的方式，推荐使用第一种，第二种方式是 Java 为 C++程序员过渡到 Java 而设计的一种数组声明方式，比较接近 C++数组的定义方式。

7.1.3 数组的创建

由于数组和类一样是引用类型，所以声明数组，仅仅是定义一个存放数组引用的变量，数组并没有创建出来，创建数组和创建对象一样需要使用 new 关键字。

创建数组的格式如下:
```
new 数据类型[数组的长度]
```
创建数组格式中的数据类型即为数组存放的值的类型,数组长度为数组中可以存放的元素的个数。

对于图 7-1 所演示数组,使用下列的方式完成数组声明和创建:
```
int []a;                //声明数组 a
a = new int[7];         //创建数组,并将数组的引用存入 a
```
以上声明和创建数组的过程如图 7-2 所示。

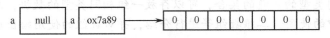

图 7-2 数组声明和创建示意图

对于数组的声明和创建,也可以一次完成,例如:
```
double [] d = new double[10];
```
对于创建出的数组,每个元素都具有默认值,对于数值型数组,其默认值为 0,布尔型数组,其默认值为 false,对于对象数组,其默认值为 null。

7.1.4 声明、创建数组并初始化

若需要创建数组时同时对数组中每个元素赋初值,即初始化数组,可以使用下列格式:
```
数据类型 [] 数组名 ={值1,值2,值3,……,值n}
```
或者:
```
数据类型 [] 数组名 = new 数据类型[ ]{值1,值2,值3,……,值n}
```
利用第一种格式来声明、创建并初始化数组,必须一次完成,例如:
```
char [] c ={'a','b','c'}; //正确,创建一个有 3 个元素的数组 c,存放字符'a','b','c'
```
如果将此过程分开完成,则是错误的,例如:
```
char [] c ;
c={'a','b','c'}; //错误
```
利用第二种方式来声明、创建和初始化数组,可以分开或者一次完成,例如:
```
int [] b;
b = new int []{1,2,3,4};//正确,创建一个整型数组 b 存放数据 1,2,3,4
```
或者:
```
int [ ]b = new int [ ]{1,2,3,4};//正确
```

7.1.5 数组元素的访问

数组中每一个变量,称之为**数组元素**,数组元素需要通过数组名和数组下标(subscript)标识,格式如下:
```
数组名[数组下标]
```
其中数组下标范围从 0 开始,到数组长度-1 结束。

图 7-3 所示数组 a 中的每个数组元素为 a[0]、a[1] 、a[2] 、a[3] 、a[4]、a[5]、a[6]。

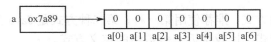

图 7-3 数组元素示意图

【例1】 阅读程序,了解数组的创建、初始化、访问数组元素的过程。
```
public class ArrayDemo {
    public static void main(String[] args) {     //创建、初始化数组,访问数组元素的过程
        int []a;                                 //声明数组
```

```
            a= new int[]{1,2,3,4};              //创建数组并初始化赋值 1, 2, 3, 4
            int []b =new int[5];                //声明并创建数组 b
            a[0] = 5;                           //对数组 a 中的下标 0 的元素赋值
            a[3] = 7;                           //对数组 a 中的下标 3 的元素赋值
            b[1] = 4;                           //对数组 b 中下标 1 的元素赋值
            b[4] = 7;                           //对数组 b 中下标 4 的元素赋值
            System.out.printf("数组 a 的元素为：%d,%d,%d,%d\n",a[0],a[1],a[2],a[3]);
            System.out.printf("数组 b 的元素为：%d,%d,%d,%d,%d\n",b[0],b[1],b[2],b[3],b[4]);
        }
    }
```

【例 1】的运行结果如下：
　　数组 a 的元素为：5,2,3,7
　　数组 b 的元素为：0,4,0,0,7

【例 1】可以看出，当一个数组被创建后，访问该数组就需要通过访问具体的数组元素来完成，不能直接访问整个数组。

【例 2】 求数组 a 和数组 b 之和，结果存放到数组 c 中。

思路：对于数组 a，b，求和，不能直接 c = a + b，需要访问数组 a，b 的每个元素使 c[0]=a[0]+b[0],c[1] = a[1] + b[1]，……，因此需要对数组元素循环求和，最后循环输出 c 的元素。

```
    public class ArraySum {
        // 数组 c= a+b
        public static void main(String[] args) {
            int []a ={1,3,5,7};
            int[] b = new int[4];
            int[] c = new int[4];
            //循环为 b 中的每一个元素赋值
            for(int i = 0;i<b.length;i++)
              b[i] = 2 * i;
            //c = a+b;
            for(int i =0;i<c.length;i++)
              c[i] = a[i] + b[i];
            //循环输出数组 c
            for(int i =0;i <c.length;i++)
              System.out.printf("c[%d] = %d\n",i,c[i]);
        }
    }
```

【例 2】可以看出，在定义数组后，如果需要访问数组，要通过访问数组元素进行，如果需要访问数组中的每一个元素，一般需要使用循环语句。

7.1.6 数组长度属性 length

对于每个数组，Java 定义一个只读属性：数组长度 length，其值为该数组的数据元素的个数，使用该属性的格式为：
　　数组名.length

【例 2】中使用数组 b、c 的数组长度属性时，使用 b.length、c.length 这种方式。

【例 3】 定义整型数组 a，长度为 10 个元素，赋其值为 2、4、6、8…、20，并输出数组 a。

思路：定义数组 a，为数组 a 赋值，需要为每个元素赋值，a[0]=2,a[1] =4,……,a[9]=20，因此使用循环赋值，最后循环输出每一个元素。

```
    public class ArrayInputOutput {
        //定义整型数组 a，长度为 10 个元素，赋其值为 2、4、6、8、…、20，并输出数组 a
        public static void main(String[] args) {
            int[] a = new int[10];
            //循环为数组 a 的元素赋值
            for(int i=0;i<a.length;i++)
              a[i] =2* (i+1);
```

```
            //循环输出数组元素
            //System.out.println(a);//error
            for(int i=0;i<a.length;i++)
                System.out.printf("a[%d]= %d ",i,a[i]);
    }
}
```

【例3】给出在创建数组后，访问数组的示例，在数组创建后，不能一次访问整个数组，每次只能访问数组的一个元素，因此访问数组经常使用循环，同时，循环中对数组长度的访问使用属性 length。

7.2 数组的基本应用

编程者经常需要对存储在数组中的数据进行处理，如查找或者排序等。

7.2.1 数组排序

排序（sort）是把一系列无序数据按照特定顺序，如升序或者降序重新排列为有序序列的过程。数据排序在日常数据处理中经常使用，如学生的高考或者中考成绩需要排序，手机的通信录的记录一般按照姓名的拼音进行排序。因此排序问题是数据结构中非常重要的一类问题，有很多成熟的排序算法，如冒泡法、选择法、快速排序法等。

【例4】 假设数组中有 5 个元素，使用冒泡法（ bubble sort）对其升序排序并输出。

思路：假设数组 a 接收 5 个数，然后排序。

首先比较 a[0]和 a[1]，如果 a[0]>a[1]，则交换 a[0]和 a[1]，接着比较 a[1]和 a[2]，如果 a[1]>a[2]，则交换 a[1]和 a[2]，继续对每一对相邻元素进行比较，完成同样的工作，一直比较到最后一对相邻元素 a[3]和 a[4]，如果 a[3]>a[4]，则交换 a[3]和 a[4]，这样最后一个元素 a[4]为最大值。

对数组中 a[0]~a[3]重复上述的步骤，这样 a[3]即为这几个元素的最大值。

对数组中 a[0]~a[2]重复上述的步骤，这样 a[2]即为这几个元素的最大值。

对数组中 a[0]~a[1]重复上述的步骤，这样 a[1]即为这几个元素的最大值。

通过上面步骤，排序完成，没有任何一对数字需要比较。

```
public class BubbleSort {
    //冒泡算法
    public void bubbleSort(int []a){
        int temp =0;
        for(int i=0;i<a.length -1;i++){
            for(int j=0;j<a.length-i-1;j++)
                if(a[j]>a[j+1]){
                    temp =a[j];
                    a[j] =a [j+1];
                    a[j+1] = temp;
                }
        }
    }
}
public class BubbleSortDemo {
    public static void main(String[] args) {       // 冒泡算法的测试
        int []arr1 = {4,2,5,6,1};
        BubbleSort sort= new BubbleSort();
        sort.bubbleSort(arr1);                      //调用冒泡排序法
        //显示排序后的数组元素值
        for(int n:arr1)
            System.out.print(" " + n);
    }
```

}

算法排序过程如图 7-4 所示：

```
原始数组元素：    4  2  5  6  1
第一次排序结果：  2  4  5  1  6
第二次排序结果：  2  4  1  5
第三次排序结果：  2  1  4
第四次排序结果：  1  2
```

图 7-4 冒泡法数组排序示意图

图 7-4 对冒泡法的排序过程进行示意，从图中可见，冒泡法的基本思想是相邻的数进行比较，如果第一个元素比第二个元素大，就交换，对每一对相邻元素做同样的工作，从开始第一对到结尾的最后一对，因此最后的元素应该是最大的数。去掉最后一个元素后，对剩下的所有元素重复以上的步骤，直到没有任何一对数字需要比较。

【例 5】 从键盘输出 5 个数到数组，使用选择排序法对其升序排序，并输出。

思路：假设数组 a 接收 5 个数，然后排序。

从数组 a[0]～a[4]中找最小数，然后将此数与 a[0]交换，则 a[0]为这几个数中最小数；
从数组 a[1]～a[4]中找最小数，然后将此数与 a[1]交换，则 a[1]为这几个数中最小数；
从数组 a[2]～a[4]中找最小数，然后将此数与 a[2]交换，则 a[2]为这几个数中最小数；
从数组 a[3]～a[4]中找最小数，然后将此数与 a[3]交换，则 a[3]为这几个数中最小数；
排序结束，代码如下所示：

```java
public class SelectionSort {
    //选择排序
    public void selectionSort(int []arr){
        int index =0 ;                                //记录最小值所在下标
        int temp =0;
        for(int i=0;i<arr.length-1;i++){
            index = i;
            for(int j=i+1;j<arr.length-1;j++){        //查找最小值所在的下标
                if(arr[index] >arr[j])
                    index = j;
            }
            if(index != i ){                          //如果最小值下标不是 i，则交换
                temp = arr[i];
                arr[i] = arr[index];
                arr[index] = temp;
            }
        }
    }
}
public class SelectionSortDemo {
    public static void main(String[] args) {          //选择排序测试 demo
        int []arr1 = {4,2,5,1};
        SelectionSort sort= new SelectionSort();
        sort.selectionSort(arr1);                     //调用冒泡排序法
        for(int n:arr1)
            System.out.print(" " + n);
    }
}
```

【例 5】看出，选择排序（selection sort）是一种简单直观的排序算法。它的工作原理是每一次从待排序的数据元素中选出最小（或最大）的一个元素，存放在序列的起始位置，直到全部待排序的数据元素排完。

7.2.2 数组查找

数组查找是指在数组中搜索一个特定元素的过程，常用的查找算法有线性查找（linear search）和折半查找（binary search）算法。**线性查找**也称顺序查找（sequential search），算法直观简单，但是效率低，**折半查找**较为复杂，但是效率高。

【例6】 键盘中输入10个学生的信息（学号、姓名、成绩），使用线性查找算法，从键盘上输入某个学生的学号，查找该学生的成绩。

思路：首先定义一个数组，存放的是学生对象，然后使用线性查找算法，通过学生的学号，查找学生的成绩，即循环数组的每一个元素，将每个学生的学号和查找的学号进行比较，如果相同，则停止循环，输出学生成绩，否则继续，若整个数组元素比较后都没有找到指定的学号，则结束循环，给出未找到信息。

```java
public class LinearSearch {
//线性查找，在数组 studs 中查找学号 sno 的成绩，查找到返回成绩，否则返回-1
    public double linearSearch(Student[]studs, String sno )
    {
        for(int i =0;i<studs.length;i++)
            if(sno.equals(studs[i].getSno()))
                return studs[i].getScore();
        return -1;
    }
}
import java.util.Scanner;
public class LinearSearchDemo {
    public static void main(String[] args) {          //线性查找测试
        LinearSearch search = new LinearSearch();
        Student[] stus = new Student[10];
        Scanner input = new Scanner(System.in);
        for(int i =0;i<stus.length;i++){
            stus[i] = new Student();                  //创建学生存放到数组中
            //为学生对象赋值
            System.out.printf("请输入第%d 个学生信息\n",i);
            System.out.println("请输入学生学号");
            String sno = input.nextLine();
            stus[i].setSno(sno);
            System.out.println("请输入学生姓名");
            String name = input.nextLine();
            stus[i].setsName(name);
            System.out.println("请输入学生成绩");
            double score = input.nextDouble();
            stus[i].setScore(score);
            input.nextLine();
        }
        //输入要查找的学号，调用方法，得到成绩
        System.out.println("请输入学号：");
        String no = input.nextLine();
     double result = search.linearSearch(stus, no);
     if(result >=0)
        System.out.printf("学号%s,成绩为%f",no,result);
     else
        System.out.println("没有这个学生");
    }
}
```

从【例6】可以看出线性查找的基本思路，线性查找将查找项和每一个数组元素进行比较，以实现查找，最后，或者查找到目标，或者对整个数组查询一遍。因此线性查找比较简单直观，但是效率较低。

【例7】 对升序排列的数组 a，利用折半查找，查找键盘输入的元素在数组中的位置。

思路：假设数组 a={1,3,5,7,9,11,13}，首先将数组中间位置的元素 a[3]与 x 比较，如果相同，则查找成功，否则比较 x 与 a[3]的大小，如果 x 比 a[3]大，则将 x 与 a[3]后面的子数组 a[4]，…，a[6]比较，如果 x 比 a[3]小，则将 x 与 a[3]前面子数组 a[0]，…，a[2]比较。

假设 x 比 a[3]小，则让 x 和 a[0]和 a[2]中间元素 a[1]比较，如果 x 等于 a[1]，则查找成功，否则比较 x 和 a[1]的大小，如果 x 大于 a[1]则 x 和 a[2]比较，否则 x 和 a[0]比较，程序结束。代码如下所示：

```java
public class BinarySearch {
    public int binarySearch(int[] arr, int des) {
        int low = 0;
        int high = arr.length - 1;
        while ((low <= high) && (high <= arr.length - 1) && (low >= 0)) {
            int middle = (high + low) / 2;
            if (des == arr[middle])
                return middle;
            else if (des < arr[middle]) {
                high = middle - 1;
            } else if (des > arr[middle]) {
                low = middle + 1;
            }
        }
        return -1;
    }
}
public class BinarySearchDemo {
    public static void main(String[] args) {//折半查找示例
        BinarySearch search = new BinarySearch();
        int[] a = {1,2,3,4,5};
        //查找数组中 5 存在的下标
        int location = search.binarySearch(a, 5);
        System.out.printf("5 在数组 a 中的下标为：%d\n", location);
        //查找数组中-5 存在的下标
        location = search.binarySearch(a, -5);
        System.out.printf("-5 在数组 a 中的下标为：%d\n", location);
    }
}
```

通过【例 7】可以看出，折半查找的要求是数组中元素是有序的（默认升序），折半查找的思路是将数组中间位置记录的元素与查找关键字比较，如果两者相等，则查找成功；否则利用中间位置元素将数组分成前、后两个子数组，如果中间位置数组的关键字大于查找关键字，则进一步查找前一子数组，否则进一步查找后一子数组。重复以上过程，直到找到满足条件的数组元素，使查找成功，或者直到子数组不存在为止，此时查找不成功。

折半查找，优点是比较次数少，查找速度快，平均性能好；其缺点是要求待查数组为有序数组，要求较高。

7.3 数组的进一步探讨

7.3.1 数组与 foreach 语句

foreach 语句是 Java 5 的新特征之一，是 for 语句的简化版，在遍历数组、集合元素方面，foreach 使用非常方便。foreach 语句的基本格式如下所示：

```
for(元素的数据类型  遍历变量 x : 遍历对象 obj){
    引用了 x 的 java 语句；//循环体
}
```

格式中元素类型指的是数组定义时指定的每个元素的数据类型，x 为自定义遍历变量名，遍历对象 obj 为要遍历的数组或者集合的名字，用 x 代表数组的每一个元素，对其进行操作。

【例 8】 利用 foreach 语句遍历数组中的每一个元素并输出。

```java
public class foreachDemo {
    public static void main(String[] args) {//foreach 语句的演示
        //定义数组 a
        int []a ={1,3,4,5,6,8,10};
        //使用 foreach 语句输出数组 a 的元素
        for(int n :a){                          //利用变量 n 遍历数组 a
            System.out.printf("%4d",n);         //n 表示数组 a 的每一个元素
        }
    }
}
```

【例 8】 可以看出，foreach 语句在遍历读取数组和列表中元素时非常方便，可以对数组每一个元素，执行循环体内的语句，但是如果在循环体中需要引用数组的下标，则非常困难，因此如果想更改数组和列表中的元素值，则可能出现问题。

foreach 语句是 for 语句的简化版，任何 foreach 语句都可以改为 for 语句，但不能完全替代 for 语句。

7.3.2 数组与方法

数组作为一种引用类型，可以在方法中使用，上述几个例子，都是在 main 方法中使用数组，由于数组是引用类型，因此如果在方法形参中使用数组，则需注意参数传递时传递的是数组的引用，而且方法返回值如果是数组类型，返回也是数组的引用。

【例 9】 查看下列程序，体会程序的运行结果。

```java
public class ArrayAndMethod {
    //将数组的每一个元素值加 1
    public void changeArray(int []a){
        for(int i=0;i<a.length;i++)
            a[i] = a[i] + 1;
    }
    //将数组 a 和 b 相加，结果返回数组 a 的引用
    public int[] sum(int[] a,int[] b){
        for(int i =0;i<a.length;i++)
            a[i] = a[i] + b[i];
        return a;
    }
}
public class ArrayAndMethodDemo {
    public static void main(String[] args) {// 数组和方法的测试
        int []arr1 = new int[]{1,2,3,4,5};
        int []arr2 = {2,4,6,7,8};
        ArrayAndMethod arrM = new ArrayAndMethod();
        arrM.changeArray(arr1);                  //改变 arr1 的值
        //输出数组 arr1 的值
        System.out.println("changeArray 方法执行完成后, arr1 的值是: ");
        for(int x:arr1)
            System.out.printf("%4d",x);
        System.out.println();
        //对两个数组求和，放到数组 c 中并输出 c
        int[]c = arrM.sum(arr1, arr2);
        System.out.println("sum 方法执行完成后，数组 c 的值是: ");
        for(int x:c)
            System.out.printf("%4d",x);
        System.out.println();
    }
}
```

【例9】运行结果为：
```
changeArray 方法执行完成后，arr1 的值是：
  2  3  4  5  6
sum 方法执行完成后，数组 c 的值是：
  4  7  10  12  14
```

【例9】中数组 arr1 首先给赋值为{1,2,3,4,5}，当对数组 arr1 执行 changeArray 方法后，数组 arr1 的值变为 2,3,4,5,6，之所以数组 arr1 发生变化，因为调用方法 changeArray 时，将数组 arr1 的引用传递给数组 a，即 a 和 arr1 指向的是同一个数组，所以对数组 a 进行加 1 操作，即为 arr1 进行加 1 操作，所以数组 arr1 的值发生了变化。

对于 sum 方法的调用，sum 方法将数组相加的结果数组 a 传递给数组 c，由于 a 存放的是数组引用，因此将 a 中存储的数组引用赋值给数组 c。所以输出数组 c 即为两个数组之和。方法参数传递如图 7-5 所示。

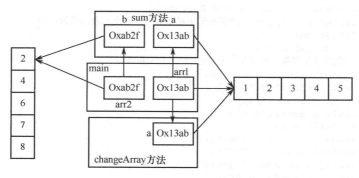

图 7-5 数组参数传递图

7.3.3 数组与对象

数组可以存放一组相同类型的数值，也可以存放相同类型的对象，数组中存放对象和存放基本数据类型的值有一些区别，若数组中存放对象，则数组存放的为对象的引用。

【例10】定义数组并存放学生对象。

思路：由于要存放学生对象，所以首先需要定义学生类，然后再创建学生类的数组 studs，并将 new 出的 Student 对象存放到数组中，最后进行输出。

```java
public class Student {              //学生类，用来演示对象和数组的关系
    String sno;                     //学号
    String sName;                   //姓名
    double score;                   //成绩
    public String getSno() {
        return sno;
    }
    public void setSno(String sno) {
        this.sno = sno;
    }
    public String getsName() {
        return sName;
    }
    public void setsName(String sName) {
        this.sName = sName;
    }
    public double getScore() {
        return score;
    }
    public void setScore(double score) {
        score = score;
```

```java
        }
        public Student() {
            super();
            this.sno = "000";
            this.sName = "未知";
            score = 0;
        }
        @Override
        public String toString() {
            return "Student [sno=" + sno + ", sname=" + sName + ", score=" + score
                    + "]";
        }
    }
    public class ArrayAndObject {
        public static void main(String[] args) {//数组存放学生对象、演示数组和对象的关系
            //创建学生对象数组 stus
            Student [] studs = new Student[3];
            System.out.println("存入学生对象前数组每个元素的值为：");
            for(Student s:studs)
                System.out.println(s);
            //创建学生对象，将学生对象保存到 studs 数组：
            Student stu1 = new Student();
            stu1.setSno("001");
            stu1.setsName("tom");
            stu1.setScore(78);
            studs[0] = stu1;
            studs[1] = new Student();
            studs[1].setSno("002");
            studs[1].setsName("jerry");
            studs[1].setScore(88);
            studs[2] = new Student();
            System.out.println("存储学生对象后，数组中元素的取值为：");
            //保存学生对象后，遍历数组的元素
            for(Student s:studs)
                System.out.println(s.toString());
        }
    }
```

【例 10】可以看出，数组可以存放对象，当学生数组刚被创建，即 Student [] studs = new Student[3]，数组 studs 没有存放任何一个学生对象，因此输出 studs 的数组元素时，值皆为 null，当创建学生对象并将其引用存放到 studs 数组时，则数组里面存放了学生对象，可以通过下标访问该学生对象，并可以通过数组遍历输出各学生对象的信息。数组存放学生对象的示意图如图 7-6 所示。

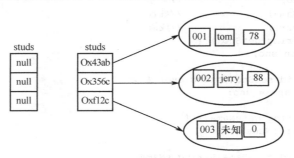

图 7-6 数组存放学生对象示意图

数组可以存放对象，当数组存放对象时需注意下列事项：
①数组被创建出来时，数组没有存放任何一个对象，数组中各元素的值为 null；
②数组通过赋值等方式存放对象后，可以通过数组下标等方式访问对象，数组中存放的是

对象的引用。

7.4 二维数组

7.4.1 二维数组的声明、创建和初始化

二维数组（two-dimensional array）是"一维数组的数组"，也就是说，一维数组中各数组元素的值为另外一个一维数组的内存首地址。图 7-7 演示二维数组在内存中的存储方式。

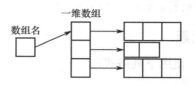

图 7-7 二维数组内存存储方式

一般情况下，二维数组可以认为由行、列数组组成，二维数组中的元素由其所在行、列的下标确定。

二维数组的声明方式为：
```
数据类型[ ][ ] 数组名；
```
或者
```
数据类型 数组名[ ][ ];
```
以上两种方式都可以，一般使用第一种，例如：
```
int [][]a;
```
二维数组声明后，仅存在已声明变量可以存放数组引用，数组并没有创建出来，创建数组一般使用下列格式：
```
new  数据类型[行数][列数]
```
例如：
```
int [][] a = new int[3][4];//声明并创建 3 行 4 列的数组
```
或者：
```
int [][]a
a = new int[3][4];
```
即数组的声明和创建可以分开执行或者一次完成。

由于二维数组可以看出"数组的数组"，因此二维数组的创建也可以先创建"行数组"，然后再分别创建"列数组"。格式如下：
```
new 数据类型[行数][]
```
然后分别创建每个列数组，例如：
```
int[][] arr1 = new int[3][];        //声明二维数组 arr1,并仅创建行数为 3 的行数组
arr1[0] = new int[3];               //第 0 行创建 3 个元素的列数组
arr1[1] = {1,4,2,4};                //第 1 行创建 4 个元素的列数组，并赋初值
arr1[2] = new int[5];               //第 2 行创建 5 个元素的列数组
```
二维数组被创建后，因为是引用类型，所以其数组元素都有默认值，数值型元素的默认值为 0，布尔型数组元素默认值为 false，引用型数组元素的默认值为 null。

若需要对二维数组赋初值：可以使用下列两种格式，第一种的格式如下所示：
```
数据类型 [][] 数组名={{元素 1,元素 2,……,元素 n},{行数组元素},……,{行 n-1 数组元素 }}
```
在赋初值的花括号中，每一个花括号为一个行的元素，花括号之间，以及元素之间用逗号隔开，同时这种方式要求数组的声明、创建、赋初值一次完成，例如：
```
int [][] arr2 = {{1,2,4},{2,3,9},{5,4,2}};// 创建 3 行 3 列数组，并赋初值
int [][] arr3;
```

```
        arr3 ={{1,3,4},{2,3,4}};//错误
```
第二种格式如下所示：
```
new 数据类型[][]{{行 0 的元素},{行 1 的元素}.....{行 n-1 的元素}}
```
例如：
```
    int[][] arr4;
    arr4 = new[][]{{3,4,5},{4,3,1}};
```
当创建二维数组时，可以仅创建"行数组"，在创建列数组时进行初始化，例如：
```
    int[][] arr5 = new int[3][];
    arr5[0] = new int[]{3,2,3};
    arr5[1] = new int[]{1,2};
    arr5[2] = new int []{5,6,8,9};
```

7.4.2 访问二维数组元素

对于二维数组元素的访问，使用下列格式：
```
数组名[行下标][列下标]
```
对于数组，除了在初始化的时候，可以一次性对数组赋值，其他情况下，如果访问数组，需要访问单个数组元素。

【例 11】 查看下列例子，体会对数组元素的访问。
```java
public class TwoDimensionDemo {
    public static void main(String[] args) {//访问二维数组元素的演示
        //定义一个short类型的数组,同时为它分配5行8列的空间大小
        int[][] numfour=new int[5][8];
        numfour[0][7]=10;
        numfour[1][6]=20;
        numfour[2][5]=30;
        numfour[3][4]=40;
        numfour[4][3]=50;
        System.out.println(numfour[0][7]);
        System.out.println(numfour[1][6]);
        System.out.println(numfour[2][5]);
        System.out.println(numfour[3][4]);
        System.out.println(numfour[4][3]);
    }
}
```

7.4.3 二维数组的 length 属性

二维数组具有 length 属性，表明数组的行数，访问 length 属性的格式如下：
```
数组名.length
```
对于每一行，也具有 length 属性，表示该"行数组"的元素个数。

【例 12】 查看程序，体会 length 属性的用法。
```java
public class TwoDimensionArrayLength {
    //二维数组长度演示
    public static void main(String[] args) {
        int [][] arr=new int[3][];
        arr[0] = new int[5];
        arr[1] = new int[4];
        arr[2] = new int[2];
        System.out.printf("数组一共有%d行\n",arr.length);
        System.out.printf("数组arr[0]一共有%d个元素\n",arr[0].length);
        System.out.printf("数组arr[1]一共有%d个元素\n",arr[1].length);
        System.out.printf("数组arr[2]一共有%d个元素\n",arr[2].length);
    }
}
```

7.4.4 二维数组的应用举例

【例 13】 求两个二维数组之和。

思路：写方法，求二维数组之和，对两个数组行下标、列下标相同的元素相加求和，因此要遍历数组的每一个元素，因为是二维数组，所以需要使用双层循环，对于二维数组的输出也写一个方法，输出二维数组每一个元素，需要按行输出该行的每一个元素，所以是双层循环。

```java
public class DimensionSum {
    //两个二维数组相加求和
    public int[][] sumArray(int[][] arr1,int[][] arr2){
        for(int i=0;i<arr1.length;i++)
            for(int j=0;j<arr1[i].length;j++)
                arr1[i][j] = arr1[i][j]+arr2[i][j];
        return arr1;
    }
    //按行输出二维数组
    public void printArray(int [][]arr){
        for(int i=0;i<arr.length;i++){
            for(int j=0;j<arr[i].length;j++)
                System.out.printf("%d ",arr[i][j]);
            System.out.println();
        }
    }
}
public class DimensionSumDemo {
    public static void main(String[] args) {//二维数组求和测试
        int[][] a = {{1,2,3},{4,5,6},{7,8,9}};
        int[][] b = {{2,4,3},{4,5,8},{17,8,19}};
        DimensionSum sum = new DimensionSum();
        int [][] c= sum.sumArray(a,b);        //求和
        sum.printArray(c);                     //输出求和结果
    }
}
```

7.5 Arrays 类

数组是存储批量数据并可以高效操作的一种存储方式，事实上在平时的软件开发过程中，经常会用到数组来进行数据存储和数据操作，Java 提供数组工具类 Arrays，帮助 Java 程序员可以更轻松的使用数组。

java.util.Arrays 是 Java 提供的工具类，此类包含用来操作数组（如排序和搜索）的各种方法，可以有效提高数组的使用效率。下面对 Arrays 类的常用方法进行介绍，其他方法的使用，请参考 Java API。

1. 数组赋值方法 copyOf

数组赋值方法可以赋值一个数组生成一个新的数组，方法首部为：
```java
public static  int[] copyOf(int[] arg1 ,int n);
```
该方法的功能为将数组 arg1 的前 n 个数组元素进行赋值，生成一个新数组，注意，该方法为重载方法，它不仅可以提供整型数组的赋值，对于其他基本类型数组，也可以进行赋值，生成新数组。例如：
```java
int [] arr1 = new int[]{1,2,4,5,6};
//复制 arr1 数组的前 3 个元素，生成新数组 arr2，数组包括数据元素 1,2,4
int [] arr2 = Arrays.copyOf(arr1,3);
double [] d ={1.2,2.3,4.5,5.7,4.1};
```

```
        double d2 = Arrays.copyOf(d,4);
```

2. 数组赋值方法 fill

数组赋值方法是为已存在的数组附一个具体的值，方法首部为：
```
        public static void fill(int[] arr1, int n);
```
或者
```
        public static void fill(int[] arr1,int start,int end,int n)
```
该方法为数组 arr1 统一赋值为 n，或者将数组 arr1 的从下标 start 开始到 end-1 的部分元素赋值为 n，注意对任意类型的数组，都可以使用 fill 方法进行赋值，例如：
```
        int [] arr1 = new int[10];
        Arrays.fill(arr1,9);              //对数组 arr1 的所有数组元素赋值为 9
        Arrays.fill(arr1,0,4,5);          //对数组 arr1 的下标 0～3 的数组元素赋值 5
```

3. 数组排序方法 sort

数组排序方法是对已存在的元素进行升序排列，方法首部为：
```
        public static void sort(int []arr1)
```
数组排序方法是对已存在的数组进行升序排列，或者对数组的下标开始的部分元素进行升序排序。由于该方法是重载方法，对任意基本类型的数组都可以使用，例如：
```
        int [] arr2 = new int[]{2,1,5,3,4};
        Arrays.sort(arr2);//对数组 arr2 进行升序排序，排列后数组元素为 1,2,3,4,5
```

4. 数组比较方法 equals

数组比较方法 equals 可以比较两个数组的数组元素是否一致，方法首部为：
```
        public static equals (int[]arr1,int[]arr2)
```
数组比较方法 equals，对两个数组 arr1,arr2 比较两个数组的数组元素是否一致，如果一致则返回 true，否则返回 false，注意方法为重载方法，对于任意基本类型的数组都提供该方法。例如：
```
        int [] arr3 ={1,2,3,4,5};
        int [] arr4 ={1,2,3,4,5};
        System.out.println(Arrays.sort(arr3,arr4));//输出 true
        int [] arr5 ={2,2,3,4,5};
        System.out.println(Arrays.sort(arr3,arr5));//输出 false
```

5. 数组元素查找方法 binarySearch

数组元素查找方法 binarySearch，可以查找已排序的数组中，是否存在某个元素，方法首部如下所示：
```
        public int binarySearch(int []arr1,int n)
```
数组元素查找方法 binarySearch 可以对已排序的数组 arr1 查找是否存在数组元素 n，若存在数组元素 n，则返回该元素在数组中的下标，否则返回负数，例如：
```
        int [] arr6 ={1,2,3,4,5};
        System.out.println(arr6,2);          //查找数组 arr6 中是否存在元素 2，语句输出下标 1
        System.out.println(arr6,-1);         //查找数组 arr6 中是否存在元素-1，语句输出-1
```
数组工具类 Arrays 提供的可操作数组的方法是静态的，因此都是通过方法名调用，同时方法都是方法重载的，适用于所有基本数据类型的数组。

【例 14】 应用 Arrays 类的方法操作数组。
```
        import java.util.Arrays;
        public class ArraysDemo {
            public static void main(String[] args) {//Arrays 工具类使用 Demo
                int[] arr1 = new int []{1,12,7,4,9,6};
            //赋值 arr1 的前 4 个元素生成数组 arr2
                int[] arr2 = Arrays.copyOf(arr1, 4);
                System.out.println("数组 arr2 的元素时：");
                for(int n :arr2)
```

```
                System.out.print(" "+ n);          //输出数组 arr2 的元素
            System.out.println();
            Arrays.fill(arr2, 13);                  //数组 arr2 的所有元素赋值 13
            System.out.println("fill 后数组 arr2 的元素时: ");
            for(int n :arr2)
                System.out.print(" "+n);           //输出数组 arr2 的元素
            System.out.println();
            Arrays.sort(arr1);                      //对数组 arr1 进行升序排列
            System.out.println("sort 后数组 arr1 的元素时: ");
            for(int n :arr1)
                System.out.print(" " +n);          //输出数组 arr1 的元素
            System.out.println();
            System.out.println(" 6在数组 arr1 中的下标是:" +Arrays.binarySearch(arr1,6));
            System.out.println("数组 arr1 和 arr2 是否想等: "+Arrays.equals(arr1, arr2));
        }
    }
```

7.6 数组应用示例

【例15】 应用数组,完成一个小英汉词典,词典包含 50 个单词,具备下列功能:可以查看词典所有单词,对词典进行单词的添加、查看、修改、删除。

思路:根据项目要求,对程序从业务模型、显示流程、数据模型方面进行分析。

业务模型分析,应明确该项目必须执行哪些任务,业务模型目的在于可以确认项目的需求。

对于小词典项目,明确词典程序的功能需求包括在词典中查找某个单词、添加单词、查看所有单词、修改或者删除某个单词。

显示是指用户可以看到的信息提示界面,流程是指显示信息执行的步骤和过程。

目前词典项目使用命令行的方式显示提示信息和输出结果信息,需要考虑项目显示的样式,对于用户输入的数据,信息如何提示、如何处理用户输入数据并显示出结果。下面给出词典项目部分显示流程。

****
欢迎使用我的词典
****
1 查单词 2 加单词 3 删除单词 4 查看所有单词 5 修改单词 0 退出
2
请输入要添加单词的中文含义:
苹果
请输入要添加的单词的英文含义:
apple
单词添加成功!
1 查单词 2 加单词 3 删除单词 4 查看所有单词 5 修改单词 0 退出
5
仅能修改单词的英文含义!
请输入要修改单词的中文含义:
苹果
请输入修改加的单词的英文含义:
Pingguo

单词修改成功!
1 查单词 2 加单词 3.删除单词 4 查看所有单词 5 修改单词 0 退出
1
请输入要查找的单词:
苹果
查找的单词的中英文含义:
[Pingguo,苹果]
1 查单词 2 加单词 3.删除单词 4 查看所有单词 5 修改单词 0 退出
0
****
Bye _Bye
****

数据模型分析,是指通过对现实世界的事物主要特征的分析和抽象,为信息系统实施提供数据存取的数据结构以及相应的约束。对于项目来说,就是找到项目中存在的对象以及其抽象出的类。

在这个项目里面,可以直接找出单词和词典两种类型的对象,因此需要完成单词类和词典类。同时程序运行需要在界面显示,因此需要一个界面类,以及控制项目运行的控制类。

单词类,单词类抽象了具体的英汉单词对象,因此在单词类需要包括两个具体属性,中文单词和英文单词。同时提供对应的 setter、getter 方法,构造方法,以及重写 toString 方法。

词典类,词典类抽象词典对象,一个词典中要包括多个单词,因此词典类需要包含单词的集合,以及单词个数的属性,词典类还有对单词的查找、添加、修改、删除以及查看等功能。

界面类,界面类对项目运行界面和流程进行分析和抽象,因此界面类主要包括界面的显示方法,如初始化界面、具体运行流程方法、退出方法等。

控制类,控制程序的运行。

各类的代码如下所示:

```java
package dictionary;
/*单词的描述 包括单词的中文 cWord 英文 eWord*/
public class Word {
  private String eWord,cWord;
  public String getEWord() {
      return eWord;
  }
  public void setEWord(String word) {
      eWord = word;
  }
  public String getCWord() {
      return cWord;
  }
  public void setCWord(String word) {
      cWord = word;
  }
  public Word(){
      this("","");
  }
  public String toString(){                    //单词的整体描述
      return "["+eWord +","+ cWord+"]";
  }
}
package dictionary;
public class Directory {                       //注释词典类 提供单词的加入和查询功能
```

```java
            private Word[] words;                      // 单词列表 存放单词
            int count;                                 // 统计单词的个数
            public Directory() {
                words = new Word[100];
                count = 0;
            }
            public boolean add(Word word) {            // 加单词的程序
                if (count < 100) {
                    words[count++] = word;
                    return true;
                } else
                    return false;
            }
            public Word searchWord(String str) {       // 传入要查询的单词 返回单词对象
                for (int i = 0; i < count; i++)
                    if (words[i].getCWord().equalsIgnoreCase(str)
                            || words[i].getEWord().equalsIgnoreCase(str))
                        return words[i];

                return null;
            }
            public void listAllWord() {                //显示所有单词
                for (int i = 0; i < count; i++)
                    System.out.println(words[i]);
            }
            public boolean delWord(String str) {       // 删除单词
                int location = -1;                     // 1.查找单词位置
                for (int i = 0; i < count; i++)                    if
(words[i].getCWord().equals(str)
                            || words[i].getEWord().equalsIgnoreCase(str)) {
                        location = i;
                        break;
                    }
                if (location >= 0)                     // 删除单词
                {
                    for (int i = location; i < count - 1; i++)
                        words[i] = words[i + 1];
                    count--;
                    return true;
                } else
                    return false;
            }
            public boolean updateWord(Word w) {        // 根据单词的中文含义，更新词典的单词
                if (w == null)
                    return false;
                int i = indexOf(w.getCWord());
                if (i >= 0) {
                    words[i] = w;
                    return true;
                }
                return false;
            }
            public int indexOf(String str) {           // 判断单词的中文 显示在列表中具体位置
                if (str == null)
                    return -1;
                for (int i = 0; i < words.length; i++)
                    if (words[i].getCWord().equals(str))
                        return i;
                return -1;
            }
        }
    package dictionary;
```

```java
// 字典查找的界面流程类
import java.util.Scanner;
public class LookUpDirectory {
    Directory  my;
    Scanner input;
    public LookUpDirectory(){
        my= new Directory();
        input = new Scanner(System.in);
    }
    public void run(){      //运行流程
        welcome();
        lookup();
        bye();
    }
    public  void lookup(){//查字典流程
      char choice;
      do{
            System.out.println("1 查单词 2 加单词 3 删除单词 4 查看所有单词 5 修改单词 0 退出");
            choice = input.nextLine().charAt(0);
            if (choice =='1'){
                showWord();
            }
        if (choice =='2'){
           showAdd();
         }
        if (choice == '3')
        {
           showDel();
        }
        if (choice == '4')
        {
           System.out.println("单词本有下列单词: ");
           my.listAllWord();
        }
        if (choice == '5')
        {
           showUpdate();
        }
      }while (choice!='0');
    }
    public  void welcome(){      //程序开始
        System.out.println("*************");
        System.out.println("欢迎使用我的词典");
        System.out.println("*************");
    }
    public void bye(){      //程序结束
        System.out.println("*************");
        System.out.println("Bye _Bye");
        System.out.println("*************");
    }
    public void showWord(){
        System.out.println("请输入要查找的单词");
         String str = input.nextLine();
        Word w = my.searchWord(str);
        if (w!=null){
            System.out.println("查找的单词的中英文含义: ");
            System.out.println(w);
        }else{
            System.out.println("这个单词没有查到");
        }
    }
```

```java
        public void showAdd(){
            System.out.println("请输入要添加单词的中文含义：");
            String cStr = input.nextLine();
            System.out.println("请输入要添加的单词的英文含义：");
            String eStr = input.nextLine();
            Word word = new Word(eStr,cStr);
            if(my.add(word))
                System.out.println("单词添加成功！");
            else
                System.out.println("词典满了，单词添加失败！");
        }
        public void showDel(){
            System.out.println("请输入要 Del 的单词的含义：");
            String str = input.nextLine();
            boolean f=my.delWord(str);
            if(f)
                System.out.println("删除成功!：");
            else
                System.out.println("删除 Fail!：");
        }
        public void showUpdate(){
            System.out.println("仅能修改单词的英文含义！");
            System.out.println("请输入要修改单词的中文含义：");
            String cStr = input.nextLine();
            System.out.println("请输入修改加的单词的英文含义：");
            String eStr = input.nextLine();
            Word word = new Word(eStr,cStr);
            if(my.updateWord(word))
                System.out.println("单词修改成功！");
            else
                System.out.println("词典没有这个单词，添加失败！");
        }
    }
package dictionary;
public class DirectoryRun {
    public static void main(String[] args) {              //运行界面类，完成字典
        LookUpDirectory  look = new LookUpDirectory();
        look.run();                                       //查字典
    }
}
```

词典程序，通过上面的分析和代码进行实现，目前实现的词典程序存在的问题包括：

①每次运行项目词典中的单词需要重新添加，能否将词典的单词保存到文件中，下次运行从文件中读取；

②词典中单词以数组的形式进行保存，因此单词的个数是有限的，是否可以以其他形式改善；

③目前项目运行界面为控制台程序，界面不美观，能否将界面转成桌面。

关 键 术 语

数组 array   下标 subscript   查找 search   排序 sort   线性查找 linear search
二分查找 binary search   冒泡排序 bubble sort   选择排序 selection sort

本 章 小 结

数组是一组相同类型的变量集合，该组变量在内存连续存放，通过数组名访问，每一个变

量称之为数组元素。

数组是引用类型，因此数组变量中存放的是数组对象的引用。

数组声明的方式为：数据类型 [] 数组名 或者 数据类型 数组名[]，一般推荐使用第一种方式声明数组。

数组需要创建才能存在，一般使用 new 关键字创建数组，并将数组引用存放到数组变量中。

数组可以一次声明、创建并赋初值，例如 int []arr1 ={1,2,3}。

在创建数组后，访问数组需要通过访问数组元素完成，不能一次性访问数组。

访问数组元素的方法为数组名[下标]。

每一个数组有一只读的长度属性 length，表示该数组的元素个数，其访问方式为数组名.length。

数组元素下标的范围为 0～数组名.length-1。

foreach 语句在读取数组和集合的元素的时候非常方便。

数组进行排序经常使用冒泡排序和快速排序方法。查找数组元素经常使用快速查找和折半查找，折半查找要求数组为有序排列。

二维数组为"数组的数组"，即一维数组元素中存放一维数组元素的引用。

二维数组的数组元素由行、列的下标决定，访问数组元素的格式为数组名[行][列]。

声明二维数组基本格式为数据类型[][] 数组名。

创建二维数组的基本格式为 new 数据类型[行数][列数];

二维数组的长度属性 length 定义该数组的行数。

遍历二维数组元素一般和双层循环相关。

Arrays 类是 Java 提供的数组工具类，使用该类的方法可以操作数组。

复 习 题

一、简答题

1. 什么是数组？如何定义一个数组？
2. 二维数组和一维数组的关系是什么？

二、选择题

1. 下面（　　）选项正确地声明了一个字符串数组。
   A. char str[]　　　　B. char str[][]　　　　C. String str[]　　　　D. String str[10]

2. 已知 int [] s=new int[5]; s 数组中元素最大的下标值为（　　）。
   A. 0　　　　B. 1　　　　C. 4　　　　D. 5

3. 阅读后面的程序：该程序运行的结果为（　　）
   ```
   int a[]={13,45,67};
   int b[]=a;
   b[1]=23;
   for(int i=0;i<b.length;i++)
       System.out.print(b[i]);
   ```
   A. 0 0 0　　　　B. 13 23 67　　　　C. 13 45 67　　　　D. 0 23 0

4. 阅读下列代码：String a=new String[2], 下面表达式正确的是（　　）。
   A. a[0]=null　　　　B. a[1]=""　　　　C. a[0]=0　　　　D. a[2]=null

5. 数组中的元素之所以是相互有联系的是因为它们具有相同的名称和（　　）。

A. 常量值　　　　B. 下标　　　　C. 类型　　　　D. 值

6. 下面语句定义了 5 个元素的数组，其中正确的是（　　）。
   A. int[] a={22,23,24,25,12};
   B. int a[]=new int(5);
   C. int[5] array;
   D. int[] arr;

7. 能正确创建一个 2 行 5 列的 int 型数组的语句是（　　）。
   A. new integer[2][5];
   B. new integer[5][2];
   C. new int[2][5];
   D. new int[1][4];

8. 数组的一个局限性是（　　）。
   A. 数组大小不能动态的发生改变
   B. 它们只能存储基本类型值
   C. 不能存放字符串
   D. 以上答案都对

9. 查看下面的程序段：
```
public class class1{
  public static void main(String a[]) {
      int x [] = new int[8];
      System.out.println(x[1]);
  }
}
```
当编译和执行这段代码时会出现（　　）。
   A. 有一个编译错误为"possible reference before assignment"
   B. 有一个编译错误为"illegal array declaration syntax"
   C. 有异常出现为"Null Pointer Exception"
   D. 正确执行并且输出 0 请看下面的程序段：

三、应用题

1. 查看下列数组声明和定义的代码段，判断是否正确，如果错误，请改正。

(1) int [5]a= new int[5];

(2) int [] a;
    a= {4,5,6,8};

(3) int [] a = new int[4]{1,3,2,1};

(4) int []a = new int[6];
    a={2,1,3,5,5};

(5) int[][] d = new int[3][2];

(6) int[][]d = {{1,2,3}{4,5,6}}

(7) int [2][3] d;
    D ={{1,3},{3,3}};

(8) int [][] d = new int[2][];
    d[0] = new int[5];
    d[1] = new int[3];

2. 下列代码将数组 a 的元素的值加一倍并输出，查找代码的错误，并进行修改。
```
public class Test1{
    public static void main(String[] args) {
      int [] a = {3,4,2,1,5};
      For(int i=0;i<=a.Length;i++)
         a[i] = a[i] *2;
      System.out.println("数组 a 的值为：");
      for(int n :a[])
      System.out.print(" " + n);
```

3. 下列代码对二维数组元素的数据进行输入和输出，查看代码，修改错误并运行。

```java
public class Test2 {
    public static void main(String[] args) {
            Scanner input = new Scanner(System.in)
        int[][] a={1,2,3,4,5,3,5,6,3};
        for(int i =0;i<a.length;i++)
            for(int j=0;j<=a[i];j++){
                System.out.println("input number ");\
                a[i,j]=input.nextint();
            }
        System.out.println("the array is:");
        for(int [] arr:a){
          for(int n :arr)
            System.out.print("  "+ n);
            System.out.println();
        }
    }
}
```

4. 运行下列代码，写出输出结果。

```java
import java.util.Arrays;
public class Test {
    public static void main(String[] args) {
        int []a =new int[5];
        ArrayTest array = new ArrayTest();
        Arrays.fill(a,7);
        System.out.println("数组 a 的各元素的值是：");
        array.printArray(a);

        array.changeArray(a);
        System.out.println("修改后，数组 a 的各元素的值是：");
        array.printArray(a);
    }
}
public class ArrayTest{
    public void changeArray(int []arr){
        for(int i =0;i<arr.length;i++)
            arr[i] = arr[i] * 3;
    }
    public void printArray(int[] arr){
        for(int n:arr)
            System.out.printf("%4d",n);
        System.out.println();
    }
}
```

5. 查找下列代码中的错误，修改并运行。

```java
public class Student {
    String sno;
    String sName;
    double score;
    public Student() {
        super();
        this.sno = "000";
        this.sName = "未知";
        score = 0;
    }
    @Override
    public String toString() {
        return "Student [sno=" + sno + ", sname=" + sName + ", score=" + score
    }
```

```
        }
        public class ObjectDemo{
            public static void main(String[] args) {
                Student[] stus = new Student[5];
                for(Student s:stus)
                    System.out.printf("学号:%s 姓名:%s 成绩:%f",s.getSno(),s.ge tsName(),s.getScore());
            }
        }
```

6. 定义一个一维数组并通过键盘输出数据，对其进行降序排序，并输出。

7. 随机抽取 100 以内的 10 个数赋值给一个数组，求出其最大值、最小值和平均值，并将代码组织为方法。

8. 输入一些范围在 1~10 的数据（包括 1 和 10），当键盘输入-1 表示输入结束，分别统计这 10 个数中每个数的出现次数。

9. 写一个方法，求两个 3*3 矩阵的乘积矩阵并将结果返回。

第 8 章　类的深入探讨

引言

第五章对类和对象的基础知识进行介绍，本章对类的其他相关特性访问权限、构造方法的重载、静态方法等进行介绍，同时介绍类的组织形式——包、内部类、类与类之间的关系等，通过这些方面的学习，才能写出更科学有效的 Java 程序代码。

8.1　面向对象编程的三个特征

面向对象技术是目前流行的系统开发技术，它包括面向对象分析和面向对象程序设计。面向对象程序设计技术的提出，主要是为了解决传统程序设计方法——结构化程序设计所不能解决的代码重用问题。

面向对象的编程有三个基本特征：封装、继承、多态。

封装（encapsulation）是面向对象的特征之一，所谓封装，就是把客观事物封装成抽象的类，封装是把方法和数据包围起来，对数据的访问只能通过已定义的方法。面向对象就是将现实世界可以被描绘成一系列完全自治、封装的对象，这些对象通过一个受保护的接口访问其他对象。一旦定义了一个对象的特性，则有必要决定这些特性的可见性，即哪些特性对外部世界是可见的，哪些特性用于表示内部状态，在这个阶段定义对象的接口。通常，禁止直接访问一个对象的实际表示，而应通过操作接口访问对象，这称为**信息隐藏**。事实上，信息隐藏是用户对封装性的认识，封装则为信息隐藏提供支持。封装保证了模块具有较好的独立性，使得程序维护修改较为容易。对应用程序的修改仅限于类的内部，因而可以将应用程序修改带来的影响减少到最低限度。

继承（inheritance）是指可以让某个类型的对象获得另一个类型的对象的属性的方法。它提供了一种明确表述共性的方法，对象的一个新类可以从现有的类中派生，新类可以使用现有类的所有功能，并在无需重新编写原来的类的情况下对这些功能进行扩展，这个过程称为**类继承**。新类继承了原始类的特性，通过继承创建的新类称为"派生类"或"子类"，而被继承类称为新类的"基类"、"父类"或者""超类"。继承的过程，就是从一般到特殊的过程。

继承性很好地解决了软件的可重用性问题。例如，所有的 Windows 应用程序都有一个窗口，它们可以看作都是从一个窗口类派生出来的。但是有的应用程序用于文字处理，有的应用程序用于绘图，这是由于派生出了不同的子类，各个子类增添各自不同的特性。

多态性（polymorphic）是指允许不同类的对象对同一消息进行响应，即一个类实例的相同方法在不同情形有不同表现形式。例如，同样的加法，两个时间相加和把两个整数相加完全不同。同样的选择编辑-粘贴操作，在字处理程序和绘图程序中有不同的效果。多态性包括参数化多态性和包含多态性。多态性语言具有灵活、抽象、行为共享、代码共享的优势，很好地解决了应用程序方法同名问题。

多态机制使具有不同内部结构的对象可以共享相同的外部接口。这意味着，虽然针对不同对象的具体操作不同，但通过一个公共的类，它们（那些操作）可以通过相同的方式予以调用。

8.2 类的组织形式——包

8.2.1 包的声明

Java 中存在大量的已定义的类和程序员自己编写的类，为了防止类名冲突，以及控制类的访问权限等，需要对这些类进行组织，使其使用更加便捷，因此 Java 提供了包（package）机制。

包的概念类似于操作系统的文件夹，文件夹用于组织管理文件，包用于组织管理类（class）、接口（interface）、枚举（enumerations）和注释（annotation）等 Java 数据类型。

利用包机制可以把功能相似或相关的类组织在同一个包中，方便类的查找和使用。

定义一个包，需要使用关键字 package，其格式为：

```
package 包名;
```

其中包名需符合 Java 标识符的命名规范，一般为小写字母组成，一个包名可以由多个包名组成，中间用点隔开，如包名 1.包名 2….包名 n，一般情况下，包名采用域名的倒序方式，保证包名的唯一。例如：

```
package cn.edu.lyu.info;
```

声明包的语句，一定是除注释外，Java 源文件的第一条可执行语句，每个源文件只能有一个包声明，这个源文件中的每个类、接口等都被包含在包中。

【例 1】 定义 People 和 Dog 类，将其打包到 cn.edu.lyu.info，体会包机制的用法。

```java
//将 Person、Dog 类放到包中
package cn.edu.lyu.info;//将类打到包中
public class Person {
    String name;
    int age;
    public String getName() {
        return name;
    }
    public void setName(String name) {
        this.name = name;
    }
    public int getAge() {
        return age;
    }
    public void setAge(int age) {
        this.age = age;
    }
    public Person() {
    }
}
class Dog{
    String name;
    int age;
    public String getName() {
        return name;
    }
    public void setName(String name) {
        this.name = name;
    }
    public int getAge() {
        return age;
    }
    public void setAge(int age) {
        this.age = age;
    }
    public Dog() {
    }
```

}

【例1】在源文件中定义了两个类，公有类 Person 和 Dog，这两个类放在包 cn.edu.lyu.info 中，注意 package 是源文件的第一句。

包如同文件夹一样，采用树形目录的存储方式，【例1】创建的包在硬盘的存储如同图8-1 所示。

包为 Java 程序提供了一个命名空间（namespace）。一个 Java 类的完整路径由它的包和类名共同构成，比如 cn.edu.lyu.info.Person。相应的 Person.java 程序要放在文件夹 cn/edu/lyu/info 下。类是由完整的路径识别的，所以不同的包中可以有同名的类，Java 不会混淆。例如，cn.edu.lyu.info.Person 和 cn.edu.lyu.info.test1.Person 是两个不同的类。

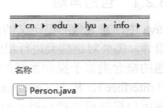

图8-1 文件在包 cn.edu.lyu.info 中存储方式

同时【例1】的两个类中 Person 为公有类，可以为其他任意类访问，而 Dog 为缺省访问权限的类，所以只能被此包的其他类访问，通过这种方式，包限定访问权限。

在前几章的示例中，没有将示例中的类声明到包中，则这些类会自动放到一个默认包中。

8.2.2 导入包的类

为了能够使用另一个包的成员，需要在 Java 程序中明确导入该包。import 语句可完成此功能。
import 语句的语法格式为：

```
import 包名.*;
```

或者

```
import 包名.类名;
```

import 语句在 java 源文件中应位于 package 语句之后，所有类的定义之前，可以没有，也可以有多条。例如使用上面的包中的类 People，需要使用下列语句：

```
import cn.edu.lyu.info.Person;//导入 cn.edu.lyu.info 的 Person 类
```

或者

```
import cn.edu.lyu.info.*;
```

以上两个 import 语句的区别在于，第一个 import 语句引入 cn.edu.lyu.info 下的 Person 类，第二个 import 语句导入 cn.edu.lyu.info 内的所有公有类。

【例2】 在 cn.edu.lyu.info.test2.PersonTest 中测试 Person 类，体会 import 语句的用法。

思路：要使用其他包的类，所以要使用 import 语句导入 cn.edu.lyu.info.Person 类。

```
package cn.edu.lyu.info.test2;
//导入 Person 类
import cn.edu.lyu.info.Person;
public class PersonTest {
    public static void main(String[] args) {//了解导入语句的用法
        Person p1 = new Person();
        //不导入包则需这样使用
        cn.edu.lyu.info.Person p2 = new cn.edu.lyu.info.Person();
    }
}
```

注意，如果在一个包中，一个类想要使用本包中的另一个类，那么该类不需要导入。

如果不想导入包中的类而使用它，需要使用类的完整路径来访问该类，例如，访问 Person 类需要通过 cn.edu.lyu.info.Person 这样的完整路径来实现访问。

8.2.3 Java 中的常用包

Java 平台自定义的类，也通过包机制进行管理，Java 中常用包有：

1. java.lang 包

该包提供了 Java 语言进行程序设计的基础类，该包默认自动导入，里面包括 Runnable 接口和 Object、Math、String、StringBuffer、System、Thread、Throwable 等常用类。

2. java.util 包

java.util 提供了包含集合框架的集合类、事件模型、日期和时间实施、国际化和各种实用工具类。

3. java.io 包

java.io 包提供了全面的 IO 接口。包括文件读/写、标准设备输出等。该包通过文件系统、数据流和序列化提供系统的输入与输出。

4. java.net 包

java.net 包提供实现网络应用与开发类。

5. java.sql

java.sql 包提供了使用 Java 语言访问并处理存储在数据源（通常是关系型数据库）中的数据的类和接口等。

6. java.awt 和 javax.swing 包

java.awt 和 javax.swing 这两个包提供了 GUI 设计与开发的类和接口。java.awt 包提供了创建界面和绘制图形图像的所有类，而 javax.swing 包提供了一组"轻量级"的组件，让这些组件在所有平台上的工作方式相同。

7. java.text 包

java.text 提供与自然语言无关的方式来处理文本、日期、数字和消息的类和接口。

总之，包机制是 Java 语言管理和组织类的一种形式，包机制有下列的优点：

①将功能相近的类放在同一个包中，可以方便查找与使用。

②包采用了树形目录的存储方式。同一个包中的类名是不同的，不同的包中的类名是可以相同的，当同时调用两个不同包中同名类时，通过包名加以区别。因此，包可以避免名字冲突。

③包限定了访问权限，拥有包访问权限的类才能访问某个包中的类。

因此在进行程序设计的时候，要利用包机制对自己的类进行组织。

8.3 类的其他特性

第 4 章对类的部分特点进行介绍，如构造方法、setter 和 getter 等，本节介绍类的其他特性。

8.3.1 访问权限修饰符

访问权限用于控制类和类中的方法和属性的可见性，从而确定属性和方法的访问权限，即类或者类中的属性和方法能否被其他类访问。

【例3】 查看代码，体会访问权限修饰符的特点。

```java
package cn.edu.lyu.info;
public class Student {//学生类，定义属性：年龄、学号、姓名
    int age;
    String sno;
    String name;
    public int getAge() {
```

```java
            return age;
        }
        public void setAge(int age) {
if(age > 7)
            this.age = age;
             else
            this.age = 7;
        }
        public Student() {
            super();
            age = 7;
            sno ="000";
            name ="未知";
        }

        @Override
        public String toString() {
            return "Student [age=" + age + ", sno=" + sno + ", name=" + name + "]";
        }
        public String getSno() {
            return sno;
        }
        public void setSno(String sno) {
            this.sno = sno;
        }
        public String getName() {
            return name;
        }
        public void setName(String name) {
            this.name = name;
        }
    }
package cn.edu.lyu.info;
public class StudentTest {
    public static void main(String[] args) {      //测试 Student
        Student xiaobai = new Student();
        xiaobai.age =-5;                           //为小白对象年龄赋值
        xiaobai.name ="小白";
        xiaobai.sno ="001";
        System.out.println(xiaobai.toString());
    }
}
```

【例3】中，学生对象小白的年龄 age 被赋值为-5，因此是错误的赋值，若需保证对象的属性的赋值正确，除了对成员变量 age 提供 setter 方法，使其对用户的赋值进行检查外，还需要使用户不能直接访问对象的成员变量 age，即需要控制类中方法和属性的可见性，使方法对用户可见，属性对用户不可见，从而无法直接访问属性，访问权限修饰符提供此功能。

Java 访问权限修饰符（Access modifier）包括 private，default，protected 和 public，其含义分别表示私有的、默认的、受保护的和公有的。这些访问修饰符关键字既可以修饰类中的属性，又可以修饰类中的方法，而 public 和 default 还可以修饰类。

下面针对修饰类和修饰类成员分别来介绍这四种访问权限控制。

Java 访问权限修饰符中的 public 和 default 可以用来修饰类：

默认访问权限 default 修饰类，表示该类只对同一个包中的其他类可见，其中 default 关键字可以省略；

公有的访问权限 public 修饰类，表示该类对其他所有类都可见。

【例4】 创建两个使用不同权限修饰符的类在同一个包中，然后使用另外一个包的类访问这两个类，体会权限修饰符的区别。

思路：新建 cn.edu.lyu.info.test1 和 cn.edu.lyu.info.test2 这两个包。
在 test1 包下创建 People 类，用 public 来修饰它。建立 Dog 类，使用 default 修饰 Dog 类。
在 test2 包下新建 PeopleTest 类，分别访问 People 类和 Dog 类。
在 test1 包下新建 PeopleTest 类，分别访问 People 类和 Dog 类。
代码如下：

```java
//定义 People 类 设置为 public 类
package cn.edu.lyu.info.test1;
public class People {
    String name;
    String id;
    int age;
    String sex;
    public People() {
        super();
    }
    public String getName() {
        return name;
    }
    public void setName(String name) {
        this.name = name;
    }
    public String getId() {
        return id;
    }
    public void setId(String id) {
        this.id = id;
    }
    public int getAge() {
        return age;
    }
    public void setAge(int age) {
        this.age = age;
    }
    public String getSex() {
        return sex;
    }
    public void setSex(String sex) {
        this.sex = sex;
    }
    @Override
    public String toString() {
        return "People [name=" + name + ", id=" + id + ", age=" + age
                + ", sex=" + sex + "]";
    }
}
package cn.edu.lyu.info.test1;
class Dog {//定义类 Dog 只能被包中的其他类访问
    String name;
    int age;
    public String getName() {
        return name;
    }
    public void setName(String name) {
        this.name = name;
    }
    public int getAge() {
        return age;
    }
    public void setAge(int age) {
        this.age = age;
```

```java
        public Dog() {
            name ="未知";
            age = 1;
        }
        @Override
        public String toString() {
            return "Dog [name=" + name + ", age=" + age + "]";
        }
    }
在 test1 包下创建测试类 PeopleTest
//测试能否访问 People Dog 类
public class PeopleTest {
    public static void main(String[] args) {
        People p1 = new People();           //正确
        Dog d1 = new Dog();                 //正确
        System.out.println(p1.toString());
        System.out.println(d1.toString());
    }
}
在 test2 包内创建测试类 PeopleTest
package cn.edu.lyu.info.test2;
import cn.edu.lyu.info.test1.People;
//错误,无法导入,Dog 只能被 test1 中其他类访问
//import cn.edu.lyu.info.test1.Dog;
public class PeopleTest {
    // 测试能否访问 People Dog 类
    public static void main(String[] args) {
        People p1 = new People();
        //Dog d1 = new Dog();                           //错误无法访问,只能被 test1 包中其他类访问
        System.out.println(p1.toString());
        //System.out.println(d1.toString());//错误
    }
}
```

【例 4】在 test1 包中定义了两个类:公有的 People 和默认访问权限的 Dog。在 test1 包中,定义 PeopleTest 类,在此类中访问 People 和 Dog 类,由于这三个类在同一个包中,所以 PeopleTest 可以访问 People 和 Dog 类。

在 test2 包中也定义了 PeopleTest 类,同样访问 test1 包中的 People 和 Dog 类,由于 People 类是公有类,可以被其他包的类访问,因此通过 import 引入即可访问,而 Dog 类是默认类,只能被 test1 包内的类访问,所以在 test2 包中,访问 Dog 类会出现编译错误。

【例 4】可见,public 和 default 修饰类的区别在于对不同包的类的可见程度。

在类定义内,Java 访问权限修饰符可以修饰类中的方法和属性,即确定类中属性或方法的访问权限,换句话说,就是这些属性和方法所起的作用范围。

private,**私有访问权限**,也是最严格的访问权限,用于修饰方法和属性,表示该方法和属性仅能在此类中访问,其他类无法访问使用该访问权限的属性或方法,利用这个访问权限,表现出封装思想。

default,**默认访问权限**,该关键字可以被省略,被 default 修饰的方法或属性表示,该方法和属性不仅在类内访问,也可以被同一包中的类或子类访问。

protected,**受保护的访问权限**,被此关键字修饰的方法和属性表除了具有 default 的访问权限外,还可以在不同包中所继承的子类中访问。

public,**公有访问权限**,也是最宽松的访问权限,被 public 修饰的方法和属性可以被任意类进行访问。

【例 5】 阅读例子,体会访问权限在类内的使用。

```java
package cn.edu.lyu.info.test1;
//理解访问修饰符的
public class AccessModifier {
    private int a;              // 私有整型变量a
    int b;                      // 缺省的整型变量
    protected int c;            //受保护变量c
    public  int d;              //公有的变量d
    public AccessModifier() {
        super();
        a = 1;
        b = 2;
        c = 3;
        d = 4;
    }
    @Override
    public String toString() {
        return "AccessModifier [a=" + a + ", b=" + b + ", c=" + c + ", d=" + d
                + "]";
    }
}
package cn.edu.lyu.info.test1;
public class AccessModifierTest {
    //测试同包中访问修饰符类各种访问修饰符的权限
    public static void main(String[] args) {
        AccessModifier modifier = new AccessModifier();
        //modifier.a =4;   //error 私有成员变量a的类外无法访问
        modifier.b = 6;    //正确,缺省的成员变量b在同包内可以访问
        modifier.c = 8;    //正确,受保护的成员变量c在同包内可以访问
        modifier.d = 10;   //正确,公有的成员变量d在同包内可以访问
        System.out.println(modifier.toString());
    }
}
package cn.edu.lyu.info.test2;
//导入包中的类
import cn.edu.lyu.info.test1.AccessModifier;
public class AccessModifierTest1 {
    //测试其他包中访问修饰符类各种访问修饰符的权限
    public static void main(String[] args) {
        AccessModifier modifier = new AccessModifier();
        //modifier.a =4;       //error 私有成员变量a的类外无法访问
        //modifier.b = 6;      //error 缺省的成员变量b在其他包内不能访问
        //modifier.c = 8;      //error 受保护的成员变量c在其他包内不能访问
        modifier.d = 10;       //正确,公有的成员变量d在其他包内可以访问
        System.out.println(modifier.toString());
    }
}
```

通过【例5】，可以体会 private，public 和 default 访问修饰符在类中的使用含义，一般情况下使用 private 来修饰属性，使用 public 来修饰方法，这体现了面向对象的封装特性，当然具体使用权限修饰符还要根据实际情况进行分析。

8.3.2 构造方法重载

构造方法是类生成对象时必须执行的方法，该方法的方法名与类名一致，无返回类型，通过构造方法可以给对象的属性赋初值，但是通过前面章节的例子可以看出，利用构造方法，一个类创建的所有对象的属性的初值完全相同,若利用构造方法给不同对象的属性赋不同的初值，需要借助构造方法的重载。

方法的重载，即对几个方法来说，它们的方法名相同，方法的参数的个数和类型不同，对

于构造方法来说，构造方法也是方法，因此可以重载，可以定义方法名相同，无返回类型，参数不同的多个构造方法。

【例6】 对【例4】设计的 People 类，实现构造方法重载。

思路：构造方法重载，就是构造方法的名称相同，但构造方法的形参不同，因此，根据成员变量，可以设计不同参数的构造方法。

```java
package cn.edu.lyu.info.test1;
//构造方法重载
 Public class PeopleWithOverloadConstructor {
    private String name;
    private String id;
    private int age;
    private String sex;
    //无参构造方法
    public PeopleWithOverloadConstructor() {
    }
    //带4个形参的构造方法，将形参的值送给对应的成员变量
    public PeopleWithOverloadConstructor(String name, String id, int age,
            String sex) {
        this.name = name;
        this.id = id;
        this.age = age;
        this.sex = sex;
    }
    //带3个形参的构造方法，将形参的值送给对应的成员变量
    public PeopleWithOverloadConstructor(String name, String id, int age) {
        this.name = name;
        this.id = id;
        this.age = age;
        this.sex = "男";
    }

    //带1个People对象形参的构造方法，将形参的值送给对应的成员变量
    public PeopleWithOverloadConstructor(PeopleWithOverloadConstructor p){
        this.name = p.getName();
        this.id = p.getId();
        this.age = p.getAge();
        this.sex = p.getSex();
    }
    @Override
    public String toString() {
        return "People [name=" + name + ", id=" + id + ", age=" + age
            + ", sex=" + sex + "]";
    }
}
package cn.edu.lyu.info.test1;
public class PeopleWithOverloadConstructorTest {
    public static void main(String[] args) {//People 构造方法重载的验证
       //调用无参的构造方法
        PeopleWithOverloadConstructor p1 = new PeopleWithOverloadConstructor();
       //调用带4个参数的构造方法
       PeopleWithOverloadConstructor p2 = new PeopleWithOverloadConstructor("tom","001",8,"男");
       //调用带3个参数的构造方法
       PeopleWithOverloadConstructor p3 = new PeopleWithOverloadConstructor("jerry","002",7);
       //调用带人员对象的构造方法
       PeopleWithOverloadConstructor p4 = new PeopleWithOverloadConstructor(p2);
    System.out.println(p1.toString());
    System.out.println(p2.toString());
    System.out.println(p3.toString());
```

```
        System.out.println(p4.toString());
    }
}
```

【例 6】主要展示了 People 类的构造方法，【例 6】完成了 4 个构造方法，每个构造方法的参数不同，形成了构造方法重载。如果对人员信息一无所知，可以调用第一个无参构造方法，生成一个人员对象；确定了人员的姓名、性别、身份证号以及年龄，可以调用第二个构造方法，生成一个信息完整的人员对象；如果姓名、年龄身份证号信息清楚，可以调用第三个构造方法，生成一个信息相对完整的人员对象，也可以利用一个具体人员对象的信息去初始化另一个新的人员对象，这需要调用第四个构造方法。

通过【例 6】可以看出，调用构造方法时，如果调用带参数的构造方法，一定要给构造方法提供合适的实参，如 new PeopleWithOverloadConstructor（"tom"，"001"，8，"男"），即调用构造方法时提供的实参要和定义构造方法时形参一致。

通过【例 6】可以看到，如果想生成大体轮廓相同，但有个体差异的同类对象，仅有一个构造方法是达不到这种需求的。一个构造方法执行多遍，只会生成多个完全相同的对象，需要根据实际情况设计构造方法的重载。

需要注意的是，当一个类中没有构造方法时，系统会自动加上一个默认的无参空构造方法。一个类中如果存在了有参构造方法，系统不会再自动加上默认的无参空构造方法，如果需要，必须代码输入这个默认无参空构造方法。

8.3.3 this 关键字

this 关键字在第 8 章简单使用过，本节介绍 this 关键字的完整用法，this 关键字在 Java 中表示"这个对象"的意思，在类中 this 有三个作用：

首先，可以利用 this 引用成员变量和成员方法，其基本语法格式为：

```
this.成员变量名
```

或者

```
this.成员方法(实参表);
```

this 在此强调使用的是成员变量，或者调用的这个对象的成员方法，一般情况下 this 这个关键字可以省略，但当有方法内的局部变量和成员变量重名时，为了表示使用的是成员变量，需要使用 this 关键字。

【例 7】 查看【例 4】定义的 Dog 类，体会 this 关键字的使用。

```
package cn.edu.lyu.info.test1;
class Dog {//定义类 Dog 只能被包中的其他类访问
    String name;
    int age;
    public String getName() {
        return name;
    }
    public void setName(String name) {
        this.name = name;
    }
    public int getAge() {
        return age;
    }
    public void setAge(int age) {
        this.age = age;
    }
    public Dog() {
        name ="未知";
        age = 1;
    }
```

```
        @Override
        public String toString() {
            return "Dog [name=" + name + ", age=" + age + "]";
        }
    }
```

【例 7】中，在 setName 方法中，存在两个变量：成员变量 name 和局部形参变量 name，在 setName 方法中使用 this.name = name，表示把形参 name 的值传递给对象的成员变量，由于在方法内局部变量 name 的可见性高于同名的成员变量 name，这里 name 表示的是局部形参变量 name，为了表示对象的成员变量 name，需要使用 this 关键字进行强调。

在方法 toString 中由于没有重名的局部变量，所以可以直接使用成员变量名进行访问，从而省略关键字 this。

this 关键字的第二个用法，即利用 this 表示构造方法，其格式为：

```
    this( );
```

或者

```
    this(实参表);
```

【例 8】 在 Dog 类构造方法中使用 this 关键字。

```
    package cn.edu.lyu.info.test1;
    public class DogWithThis {//this()调用构造方法
        private String name;
        private int age;
        public DogWithThis() {
        //调用带有两个参数的构造方法 DogWithThis(String name, int age)
            this("未知",1);//这必须是构造方法的第一句
        }
        //带参的构造方法
        public DogWithThis(String name, int age) {
            //this.name 表示成员变量 name，单独 name 表示形参
            this.name = name;
            this.age = age;
        }
        public String getName() {
            return name;
        }
        public void setName(String name) {
            this.name = name;
        }
        public int getAge() {
            return age;
        };
        public void setAge(int age) {
            this.age = age;
        }
        @Override
        public String toString() {//name 为成员变量 name
            return "Dog [name=" + name + ", age=" + age + "]";
        }
    }
```

【例 8】中，DogWithThis 的无参构造方法中通过 this（"未知"，1）调用带参的构造方法，使用 this()调用构造方法时，一定要放在方法的第一句。

this 关键字的第三个用法，用其返回当前对象的引用，由于 this 表示的是"该对象"，因此可以用 this 返回该对象的引用。

【例 9】 利用 this 返回对象的引用。

```
    package cn.edu.lyu.info.test1;
    public class ReturnThis {
        private String name = null;
```

```java
        //返回该对象的引用
        public ReturnThis returnObject(){
            return this;
        }
        //构造方法重载
        public ReturnThis(String name){
            this.name = name;
        }
        public ReturnThis(){
            this("Mike");
        }
        public String getName() {
            return name;
        }
        public void setName(String name) {
            this.name = name;
        }
}
package cn.edu.lyu.info.test1;
public class ReturnThisTest {
    public static void main(String[] args) {//测试this引用
        ReturnThis tt1 = new ReturnThis("Marry");//tt1的name应该是Marry
        System.out.println(tt1.getName());
        //得到tt1对象的引用存放到tt2中
        ReturnThis tt2 = tt1.returnObject();
        System.out.println(tt2.getName());
    }
}
```

8.3.4 static 关键字

static 是 Java 提供的一个关键字，其含义为"静态的"，它可以用来修饰方法、属性和代码块。static 修饰方法和属性，其基本格式为：

> 访问修饰符 static 数据类型 变量名；

或者：

> 访问修饰符 static 方法返回类型 方法名(形参表){
> //方法体
> }

可以看出，使用 static 修饰方法和属性，是在原来方法和属性的定义基础上，添加 static 关键字，添加 static 关键字后的方法和属性，被称为静态方法和静态变量。

静态方法和静态变量表示该方法和属性是属于类的，而与对象无关，不是对象的成员变量和方法，因此静态变量和静态方法调用的一般格式为：

> 类名.变量名

或者

> 类名.方法名(实参);

除此之外，静态方法和静态变量也可以通过对象名的方式去访问。

【例 10】 创建一个基本银行账户类，体会 static 关键字的含义。

思路：一个基本银行账户应该包含属性：姓名、账户、余额、账户利率，同时应包括公有的构造方法，各属性的 setter、getter 方法，存款方法和取款方法等，对于姓名、账户、余额是每一个对象的独立信息，对于利率来说，同一种类型的账户利率是相同的，即每一个账户的利率应该相同，也就是说利率应该不是这个账户的特性，而是这一类型银行账户类的属性，这样就需要使用 static 来修饰。其代码如下：

```java
package cn.edu.lyu.info.test1;
public class Account {
    private String name;
```

```java
        private String accountID;          //账号
        private double money;              //余额
        public static double rate;         //利率-静态成员
        //静态方法 修改利率
        public static void changeRate(double r){
            rate = r;
        }
        //计算利息
        public void computeInterest(double year){
            money = money * rate * year;
        }
        //存款
        public boolean depositMoney(double money){
            if(money > 0){
                this.money += money;
                return true;
            }else
                return false;
        }
        //取款方法
        public boolean withdrawMoney(double money){
            if(this.money<money || money<=0)
                return false;
            else
                this.money -=money;
            return true;
        }
    public Account(String name, String accountID, double money) {
        super();
        this.name = name;
        this.accountID = accountID;
        this.money = money;
    }
        public void setName(String name) {
            this.name = name;
        }
        public String getName() {
            return name;
        }
        public String getAccountID() {
            return accountID;
        }
        public void setAccountID(String accountID) {
            this.accountID = accountID;
        }
        public double getMoney() {
            return money;
        }

        public static double getRate() {
            return rate;
        }
        public static void setRate(double rate) {
            Account.rate = rate;
        }
        @Override
        public String toString() {
            return "Account [name=" + name + ", accountID=" + accountID
                    + ", money=" + money + "]";
        }
    }
package cn.edu.lyu.info.test1;
```

```java
public class AccountTest {
    public static void main(String[] args) {            //测试账号类,了解static成员的用法
        Account a1 = new Account("tom","001",1000);  //创建3个账号
        Account a2 = new Account("jerry","002",1000);
        Account a3 = new Account("tinna","003",1000);
        //设置利率,通过类名调用rate
        Account.rate = 0.023;
        a1.computeInterest(1);              //计算a1账号一年的利息
        Account.changeRate(0.035);          //修改利率,通过类名.方法名格式
        a2.computeInterest(1);              //计算a2账号一年的利息
        a3.computeInterest(2);              //计算a3账号两年的利息
        System.out.println(a1);
        System.out.println(a2.toString());
        System.out.println(a3.toString());
    }
}
```

图 8-2 演示了 3 个账号在内存的存储情况,可以看到每一个对象都保存 name、accountID、money,这是对象的成员变量,但是整个类保存一个 rate,所以静态成员被称之为类成员。

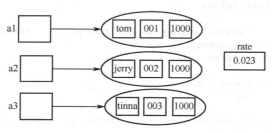

图 8-2 账户对象内存存储图

利用 static 修饰变量和方法,总结如下:

①static 修饰变量和方法表示是类的,因此,静态变量是一个类存储一个该变量,而不是每个成员对象存储一个;

②静态方法只能访问静态成员;

③一般情况下,类的工具方法定义为静态方法,例如,数学类的 Math 的各个方法都是静态方法;

④静态方法和静态变量一般都是公有的。

static 除了可以修饰方法和属性外,还可以修饰代码段。

利用 static 修饰代码段,其基本格式为:

```
static{
//代码段
}
```

static 修饰的代码段,可以放在类的任意位置,并且 static 修饰的代码段,仅在类加载的时候被执行一次,如果类中有多个 static 代码块,会按照 static 块在类的顺序来执行每个 static 块,并且只会执行一次。

static 修饰的代码段可以用来给静态变量赋初值。

【例 11】 修改 Account 类,使用 static 给利率初始化。

```
package cn.edu.lyu.info.test1;
public class AccountStatic {            //修改Account类,用static初始化利率
    private String name;
    private String accountID;           //账号
    private double money;               //余额
    public static double rate;          //利率-静成员
    static{
    //static 代码段 仅在类加载时候,执行一次,给rate赋初值。
```

```java
        rate = 0.024;
    }
    public static void changeRate(double rate){    //静态方法 修改利率
        Account.rate = rate;
    }
    public static double getRate() {
        return rate;
    }
    public static void setRate(double rate) {
        Account.rate = rate;
    }
    public void computeInterest(double year){      //计算利息
        money = money * rate * year;
    }
    public boolean depositMoney(double money){     //存款
        if(money > 0){
            this.money += money;
            return true;
        }else
            return false;
    }
    public boolean withdrawMoney(double money){    //取款方法
        if(this.money<money || money<=0)
            return false;
        else
            this.money -=money;
        return true;
    }
    public AccountStatic(String name, String accountID, double money) {
        super();
        this.name = name;
        this.accountID = accountID;
        this.money = money;
    }
    public void setName(String name) {
        this.name = name;
    }
    public String getName() {
        return name;
    }
    public String getAccountID() {
        return accountID;
    }
    public void setAccountID(String accountID) {
        this.accountID = accountID;
    }
    public double getMoney() {
        return money;
    }
    @Override
    public String toString() {
        return "Account [name=" + name + ", accountID=" + accountID
                + ", money=" + money + "]";
    }
}
```

在《Java 编程思想》（第四版）86 页有这样对 static 方法的解释："static 方法就是没有 this 的方法。在 static 方法内部不能调用非静态方法，反过来是可以的。而且可以在没有创建任何对象的前提下，仅仅通过类本身来调用 static 方法。这实际上正是 static 方法的主要用途"。

通过这段话可以看出 static 关键字的基本作用就是：有了 static 可以方便在没有创建对象的情况下来调用类中的一些用 static 修饰的方法/属性/代码块。

所以可以把一些"稳定的、不需要变动的、长期可用的"方法、属性、代码块用 static 来进行修饰，直接调用。

8.4 枚举

在某些情况下，一个类的对象是有限而且固定的，比如星期类，它只有 7 个对象，周一到周日，季节类，它只有 4 个对象，春夏秋冬。这种对象有限而且固定的类，在 Java 里被称为**枚举**。

8.4.1 枚举的定义

Java 用 enum 关键字来定义枚举，其基本格式为：
```
enum 枚举名{
    常量名1,常量名2,…,常量名n
}
```
枚举名起名规范与类名一致，常量名为这个枚举可以取值对象的罗列，需要符合标识符规范，一般为大写字母。

【例 12】 定义一个描述季节的枚举。

思路：季节只有四种可能：春、夏、秋、冬，因此是可以罗列量的集合，可以定义为枚举。

```java
package cn.edu.lyu.info.test1;
//定义季节枚举
public enum Season {
    SPRING,SUMMER,AUTUMN,WINTER
}
```

【例 12】定义季节枚举 Season，在枚举中列出季节所有可能量：SPRING、SUMMER、AUTUMN、WINTER，即季节只有这四种取值。

8.4.2 枚举的使用

利用已定义的枚举，可以声明枚举类型的变量，并且该变量的取值为枚举中列举的量。

声明枚举类型变量与其他类型变量声明一致，基本格式为：
```
枚举类型 变量名;
```
对于枚举类型的变量，其赋值的一般格式为：
```
变量名 = 枚举类型.常量名;
```

【例 13】 定义季节枚举变量，并输出其所代表的季节。

思路：对已存在的 Season，声明变量并赋值，判断其值所代表的季节输出。

下面的代码演示了枚举类的基本使用：

```java
package cn.edu.lyu.info.test1;
public class SeasonTest {
    //季节枚举变量的使用
    public static void main(String[] args) {
        Season se = Season.SPRING;//声明并赋值枚举变量 se
        switch (se) {
        case SPRING:                    //Season 中的罗列值
            System.out.println("season is spring");
            break;
        case SUMMER:
            System.out.println("season is summer");
            break;
        case AUTUMN:
            System.out.println("season is autumn");
            break;
        case WINTER:
```

```
            System.out.println("season is winter");
            break;
        default:
            break;
    }
}
```

【例 13】的 main 方法中第一行定义枚举变量 se 并给其赋值，注意代码不能写成 Season se = new Season()，因为 Season 是枚举类型，它的对象在定义这个枚举类的时候已经定义完毕，不能再生成新的对象了。

枚举在项目开发中一般用于定义常量，可以把相关的常量分组到一个枚举类型里，而且枚举提供了比常量更多的方法，因此使用更加方便。

8.5 内部类

内部类（Inner class）是指在一个外部类（Outter class）的内部定义一个类，其基本格式为：

```
访问修饰符  class 外部类名{
    ……
    访问修饰符 class 内部类名{
    }
    //类中其他成员
}
```

内部类访问修饰符可以是 private、pubic、protected、default，也可以用 static 修饰内部类，在此访问修饰符的含义不变，同时内部类的类名独立于外部类名，与 Java 源文件名无关。

【例 14】 查看代码，体会内部类的定义。

```
package cn.edu.lyu.info.test1;
//外部类和内部类
 public class Outter {
 //推荐使用 getxxx()来获取成员内部类，尤其是该内部类的构造函数无参数时
   public Inner getInner() {
      return new Inner(); //返回一个内部类对象的引用
   }
    public class Inner{     //定义内部类
        public void print(String str) {
           System.out.println(str);
        }
    }
 }
```

【例 14】在外部类 Outter 内定义内部类 Inner，内部类 Inner 作为外部类的一个成员存在，这两个类在编译的时候，被编译成两个不同的类：Outter.class 和 Outer$Inner.class 两类，所以内部类的成员变量、方法名可以和外部类的相同。

内部类可以分为成员内部类、局部内部类、匿名内部类和静态内部类，这里仅介绍成员内部类和局部内部类，匿名内部类在接口章节进行介绍，静态内部类请参考相关资料。

8.5.1 成员内部类

成员内部类是指成员内部类作为外部类的成员，如【例 13】即为一个成员内部类。

【例 15】 查看代码，了解内部类对象的创建和使用。

```
package cn.edu.lyu.info.test1;
import cn.edu.lyu.info.test1.Outter.Inner;
public class OutterTest {
    public static void main(String[] args) {//了解内部类对象的创建和使用
```

```
                //创建外部类对象
                Outter outer = new Outter();
                //创建内部类对象,需要先有外部类对象
                Outter.Inner inner = outer.new Inner();
                //内部类对象调用内部类的方法
                inner.print("Outer.new");
                //外部类对象调用成员方法得到内部类对象,并调用内部类对象的方法
                inner = outer.getInner();
                inner.print("Outer.get");
        }
    }
```

【例15】可以看出在其他类声明并创建内部类对象时,其格式与普通对象的声明创建稍有区别,其语法格式为:

    外部类名.内部类名　变量名　=　外部对象名.new 内部类名();

通过【例15】和创建对象的一般格式可以看出,要创建内部对象,首先要创建一个外部对象,然后通过外部对象名.new 内部类名()进行创建,内部对象创建后,可以调用内部类的相关方法。

由于成员内部类是外部类的一个成员,所以成员内部类可以直接使用外部类的所有成员和方法,包括 private 的,而外部类要访问内部类的所有成员变量或方法,则需要通过内部类的对象来获取。

【例16】　查看代码,体会内部类访问外部类成员,外部类访问内部类成员。

```
        package cn.edu.lyu.info.test1;
//内部类访问外部类的成员
public class Out {
        private int age = 12;
        public void print(String str){
          System.out.println(str);
        }
        public void visitIn(){                  //在外部类中访问内部类的成员
          In in = new In();                     //创建内部类对象
          //访问 in 中的 n: in.n
          System.out.println("n in In is"+ in.n);
          in.inPrint();                         //通过内部类对象 in 访问内部类方法 inPrint
        }
        public In getIn()                       //得到内部类的一个对象
        {
          return new In();
        }
          private  class In {                   //内部类
            private int n =9;
              public void inPrint() {
                System.out.println(age);        //访问外部成员变量 age
                print("in In");                 //调用外部成员方法 print()
              }
            }
        }
}
```

【例 16】可以看出,内部类可以直接访问外部类的方法和成员变量,但是外部类需要创建内部类的对象后,才能访问内部类的成员变量和方法。

需要注意的是,成员内部类不能含有 static 的变量和方法,因为成员内部类需要先创建了外部类对象,才能创建内部类的对象。

由于内部类和外部类在编译时形成两个独立的类,内部类和外部类的成员变量和方法可以相同,所以当出现内部类和外部类成员变量和方法相同时,需要进行区分。

【例17】　查看代码,体会区分内部类和外部类出现重名变量时的代码。

```
        package cn.edu.lyu.info.test1;
```

```
public class OutWithSameVariable {//内部类和外部类变量重名
    private int age = 12;
        class In {
            private int age = 13;
            public void print() {
                int age = 14;
                //区分相同的变量
                System.out.println("局部变量: " + age);
                System.out.println("内部类变量: " + this.age);
                System.out.println("外部类变量: " + OutWithSameVariable.this.age);
            }
        }
}
package cn.edu.lyu.info.test1;
public class OutWithSameVariableTest {
    public static void main(String[] args) {//内部类和外部类变量重名测试
        // 创建内部类对象 in 并调用内部类的方法 print
        OutWithSameVariable.In in = new OutWithSameVariable().new In();
        in.print();
    }
}
```

【例 16】可以看出，当内部类在没有同名成员变量和局部变量的情况下，内部类会直接访问外部类的成员变量和成员方法。【例 17】看出，当内部类有和外部类同名的成员变量和局部变量情况下，内部类中的局部变量会覆盖外部类的成员变量和内部类的成员变量，因此访问外部类的成员变量使用外部类名.this.成员变量名；访问内部类本身成员变量使用 this.成员变量名。

可见，在成员内部类要引用外部类对象时，使用外部类名.this 来表示外部类对象，内部类对象用 this 表示。

同样，内部类访问外部类的方法可以使用外部类名.this.方法名()。

8.5.2 局部内部类

局部内部类是在外部类方法中定义的内部类，其基本格式为：

```
访问修饰符 class 类名{
访问修饰符 返回类型 方法名(形参){
class 内部类名{
//内部类体
}
}
//其他类中成员
}
```

注意，局部内部类创建在方法内部，不能被访问修饰符如 public 等修饰，有效范围为方法的代码段。

【例 18】 查看局部内部类示例，体会局部内部类的使用特点。

```
package cn.edu.lyu.info.localinner;
//演示局部内部类
public class Outter {
    private int a = 100;
    // 外部类方法 ,在方法内定义内部类
    public void haveInner(String str ) {
        System.out.println(str);
        final int local = 300;
//定义局部内部类,在方法中,不可用 public 等修饰
        class Inner {                         // 定义在方法内部
            int s = 300;                      // 可以定义与外部类同名的变量
            public void printInner(String str) {
                System.out.println(str);
```

```
                        printOut("内部类访问 外部方法 ");     //直接访问外部类方法
//直接访问外部类成员变量
                        System.out.println("外部类成员变量 a="+a);
//直接访问外部成员的局部变量
System.out.println("外部类方法局部变量 local="+local);
            }
            Inner in =new Inner();                          //创建内部类对象,只能在此方法内使
用内部类
            in.printInner("访问内部类方法");
        }
        public void printOut(String str){                   //外部方法
            System.out.println(str);
        }
    }
```

【例18】中，局部内部类创建在外部类的成员方法中，在内部类中可以直接访问外部类的成员变量和成员方法，同时可以访问定义该内部类的成员方法的局部变量，但此局部变量必须是 final 修饰，即为常量。

由于局部内部类定义在方法内部，所以只能在该方法内使用，在内部类中不能定义 static 成员，内部类对于其他类是不可见的。

局部内部类的成员变量和方法名称可以与外部类相同，若存在局部内部类变量名和方法名与外部类相同，需要注意区分访问变量和方法。

【例19】 查看代码，体会局部内部类中变量和外部类相同时的区分方式。

```
package cn.edu.lyu.info.localinner;
public class OutterClass{//局部内部类和外部类变量重名
    private String str1 ="abc";
    private int n= 35;
    private static String str2 = "XYZ";
    public void show(){
        final int K = 54;
        class Inner{
            private int n = 12;
            public void show(){
                System.out.println("局部常量 K 的值为： "+K);
                System.out.println("外部类成员变量 str1 的值： "+str1);
                System.out.println("外部类成员变量 n 的值： "+OutterClass.this.n);
                System.out.println("外部类成员变量 str2 的值： "+str2);
                System.out.println("内部类成员变量 n 的值： "+n);
            }
        }
        new Inner().show();
    }
}
package cn.edu.lyu.info.localinner;
public class OutterClassTest {
    public static void main(String[] args) {//区分内部类,外部类变量重名情况
        OutterClass out = new OutterClass();
        out.show();//调用外部类保护内部类的方法
    }
}
```

【例18】和【例19】可以看出，如果内部类没有与外部类同名的变量，在内部类中可以直接访问外部类的实例变量。

如果内部类中有与外部类同名的变量，直接用变量名访问的是内部类的变量，用 this.变量名访问的也是内部类变量。用外部类名.this.内部类变量名访问的是外部类变量。

内部类是 Java 语法规范的一部分，内部类的优点是可以随意使用外部类的成员变量（包括

私有）而不用生成外部类的对象，这在编写图形事件处理程序上非常便利，同时方便将存在一定逻辑关系的类组织在一起，又可以对外界隐藏，因此虽然内部类破坏了类的良好代码结构，仍然有一定的使用价值。

8.6 类与类之间的关系

类与类之间存在着一定的关系，例如，计算机由主板和显卡组成，因此计算机类中需要有主板对象，所以了解类之间的关系对设计合理的类有促进作用。

类与类之间的关系有依赖（dependency）、关联（association）、聚合（aggregation，也称聚集）、组合（composition）、泛化（generalization，也称继承）、实现（realization）。对于继承和实现分别在后面的章节进行介绍，在此对前几种关系进行介绍。

8.6.1 类的 UML 图

统一建模语言（Unified Modeling Language，UML）是一个支持模型化和软件系统开发的图形化语言，可用来描述软件系统的静态结构，UML 可以用来描述类、对象、类之间关系，软件具体流程、状态等。UML 描述类的图，称为 **UML 的类图**（class diagram），类图是最常用的 UML 图，显示出类、接口以及它们之间的静态结构和关系，可用于描述系统的结构化设计。

UML 类图使用一个长方形表示一个类，这个长方形被分为 3 层：

第一层显示类的名称，一般情况下使用常规字形，如果是抽象类使用斜体显示。

第二层为变量层，也称属性层，描述类的特性，就是类的成员字段，其一般格式为：

    访问权限修饰符 变量名：数据类型

第三层是操作层，也称方法层，列出类的方法，其一般格式为：

    访问权限修饰符 方法名() :数据类型

类图中的访问权限修饰符，使用符号进行表示："+"表示 public，"－"表示 private，"#"表示 protected。

例如，对于下列描述 Bus 的代码，其 UML 类图如图 8-3 所示。

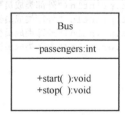

图 8-3　Bus 类的 UML 类图

```
public class Bus {
    private int passengers;
    public void start() {// 开车
        System.out.println("关车门，开车……");
    }
    public void stop() {   // 停车
        System.out.println("停车，开车门……");
    }
    public int getPassengers() {
        return passengers;
    }
    public void setPassengers(int passengers) {
        this.passengers = passengers;
```

```
    }
    public Bus(int passengers) {
        super();
        this.passengers = passengers;
    }
```

从图 8-3 的类图可以看出,第三层的方法并没有完全列出,即可以根据设计的需求仅列出最重要的方法和变量。

8.6.2 依赖关系

依赖关系是指类之间的调用关系,即一个类 A 使用到了另一个类 B,而这种使用关系具有偶然性、临时性,是一种弱关系。比如某人要去电影院,需要乘坐公交车,此时人与公交车之间的关系就是依赖。在代码层面,依赖关系表示为类 B 作为参数被类 A 在某个方法中使用,在 UML 类图设计中,依赖关系用由类 A 指向类 B 的带箭头虚线表示,如图 8-4 所示。

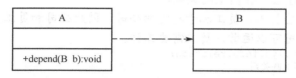

图 8-4 依赖关系示意图

【**例 20**】 代码描述某人乘坐公交车去电影院,体会依赖关系。

思路:需要描述人和公交车,因此完成人员类和公交车类,人员类中有去电影院的方法,在此方法中,需要使用公交车对象,存在依赖关系。

```
package cn.edu.lyu.info.relation;
public class People {                          //描述人乘公交车去
    private String name;
    //用 bus 对象做形参,方法使用 bus 对象,依赖关系
    public void goToCinema(Bus bus){
        bus.start();
        bus.stop();
        System.out.println("电影院到了");
    }
}
class Bus{
    public void start(){
        System.out.println("公交车开了");
    }
    public void stop(){
        System.out.println("公交车停了");
    }
}
package cn.edu.lyu.info.relation;
public class GoToCinema {
    public static void main(String[] args) {//模仿去电影院
        People p1 = new People();
        Bus bus = new Bus();
        p1.goToCinema(bus);
    }
}
```

8.6.3 关联关系

关联关系是指两个类之间存在某种特定的对应关系,是一种"拥有"的关系,关联体现的是两个类之间语义级别的一种强依赖关系,这种关系比依赖关系强、不存在依赖关系的偶然性、

关系也不是临时性的,一般是长期性的,而且双方的关系一般是平等的。例如,客户和订单,公司和员工的关系。

关联可以是单向关联和双向关联,在代码层面,被关联类 B 以类的属性形式出现在关联类 A 中,也可能是关联类 A 引用了一个类型为被关联类 B 的全局变量。在 UML 类图设计中,关联关系用由关联类 A 指向被关联类 B 的带箭头实线表示,在关联的两端可以标注关联双方的角色和多重性标记,如图 8-5 所示。

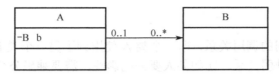

图 8-5 关联关系示意图

【例 21】 代码描述公司和员工的关系。

思路:公司拥有某些员工,员工属于特定的公司,因此公司和员工是关联关系,公司类中包含员工对象,同时公司可以运营,员工需要工作。

```
package cn.edu.lyu.info.relation;
//公司和员工展示关联关系
public class Company {
    private Employee employee;              //员工对象作为公司的属性,体现关联关系
    public Employee getEmployee(){
        return employee;
    }
    public void setEmployee(Employee employee){
        this.employee=employee;
    }
    public void run(){                      //公司运作
        employee.work();
    }
}
class Employee{
    private String name;
    public void work(){                     //员工工作方法
        System.out.println(name +"认真工作");
    }
    public String getName() {
        return name;
    }
    public void setName(String name) {
        this.name = name;
    }
}
package cn.edu.lyu.info.relation;
public class CompanyTest {
    public static void main(String[] args) {    //关联关系的测试类
        Company east = new Company();
        Employee tom = new Employee();
        east.setEmployee(tom);
        tom.work();
    }
}
```

依赖关系和关联关系区别在于依赖表示类间的使用关系,关联表示类之间的拥有关系。

8.6.4 聚合关系

聚合关系(Aggregation)是关联关系的一种,是一种强关联关系(has-a),表示一个整体

与部分的关系。通常在定义一个整体类后，再去分析这个整体类的组成结构，从而找出一些成员类，该整体类和成员类之间就形成了聚合关系，例如，计算机是由 CPU、硬盘、显示器等组件组成，因此是聚合关系。

在聚合关系中，成员类是整体类的一部分，即成员对象是整体对象的一部分，但是成员对象可以脱离整体对象独立存在。在代码层次上，被聚合类 B 以类的属性形式出现在类 A 中，在 UML 类图设计中，聚合关系用带空心菱形的实线箭头表示，其中箭头指向成员类对象，如图 8-6 所示。

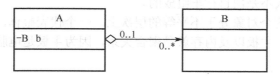

图 8-6 聚合关系示意图

【例 22】 代码表示计算机和其组件的聚合关系。

思路：需要给计算机对象写一个类，即计算机类，计算机由 CPU、显示器等组成，因此 CPU、显示器类的对象是计算机类的属性，所以是聚合关系，代码表示如下：

```java
package cn.edu.lyu.info.relation;
//描述计算机的组成，体会聚合关系
public class Computer {
    private CPU cpu;              //cpu 对象作为计算机的一个成员变量,体现聚合关系
    private Monitor montior;      //monitor 作为计算机的一个成员变量,体现聚合
    private Mouse mouse;          //mouse 对象作为计算机的一个成员变量,体现聚合
    public void work()
    {
        cpu.run();
        montior.display();
        mouse.move();
    }
    public CPU getCpu() {
        return cpu;
    }
    public void setCpu(CPU cpu) {
        this.cpu = cpu;
    }
    public Monitor getMontior() {
        return montior;
    }
    public void setMontior(Monitor montior) {
        this.montior = montior;
    }
    public Mouse getMouse() {
        return mouse;
    }
    public void setMouse(Mouse mouse) {
        this.mouse = mouse;
    }
}
class CPU{
    public void run(){
        System.out.println("cpu 运行");
    }
}
class Monitor{
    public void display(){
        System.out.println("显示器显示");
```

```
        }
    }
    class Mouse{
        public void move(){
            System.out.println("鼠标移动");
        }
    }
```

关联关系包括聚合关系，两种关系区别在于：

①关联关系所涉及的两个对象是处在同一个层次上的。比如人和自行车就是一种关联关系，而不是聚合关系，因为人不是由自行车组成的。

②聚合关系涉及的两个对象处于不平等的层次上，一个代表整体，一个代表部分。比如电脑和它的显示器、键盘、主板以及内存就是聚合关系，因为主板是电脑的组成部分。

8.6.5 组合关系

组合关系也是关联关系的一种特例，它体现的是一种 contains-a 的关系，这种关系比聚合更强，也称为强聚合。它同样体现不可分的整体与部分间的关系，整体的生命周期结束也就意味着部分的生命周期结束，例如，人和人的大脑、四肢的关系，房子与房间的关系。

在代码层面，组合关系表现和关联关系是一致的，即部分类的对象是整体类的成员变量，组合关系只能从语义级别来区分，在 UML 类图设计中，组合关系以实心菱形加实线箭头表示，其中箭头指向代表部分的对象，如图 8-7 所示。

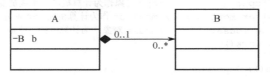

图 8-7 组合关系示意图

【例 23】 利用代码描述房子，体会组合关系。

思路：对于房子类，发现房子由房间组成，即房子包括房间，因此房间类对象是房子类的成员变量。

```
package cn.edu.lyu.info.relation;
//房子和房间关系,体会组合关系
public class House {
    private Room room;//组合关系
    public House() {
        room = new Room();
    }
}
class Room{
    public void displyRoom(){
        System.out.println("有房间");
    }
}
```

对于具有组合关系的两个对象，整体对象会制约它的组成对象的生命周期。部分类的对象不能单独存在，它的生命周期依赖于整体类的对象的生命周期，当整体消失，部分也就随之消失。比如一个人去世，那么这个人的所有器官也停止工作。

8.7 类的设计原则

Java 是面向对象的编程语言，面向对象程序是由若干个类组成的，因此科学合理的定义类是程序设计中非常关键的部分，根据实践，总结出了一些设计原则，利用这些设计原则，去定义类，基本是科学合理的类。

1. 类单一职责原则

类单一职责原则（Single Responsibility Principle，SRP）是指一个类只有一个引起这个类变化的原因。即一个类只完成一个功能，如果做不到一个类只完成一个功能，最少要保证一个方法只完成一个功能。

2. 依赖倒置原则

依赖倒置原则（Dependence Inversion Principle，DIP）是指高层次的模块不应该依赖于低层次的模块，它们都应该依赖于抽象，抽象不应该依赖于具体实现，即面向接口编程，一般依赖的成员变量或者参数都应该是抽象的不应该是具体的。

假设 B 是较 A 低的模块，但 B 需要使用到 A 的功能，这个时候，B 不应当直接使用 A 中的具体类，而应当由 B 定义一抽象接口，并由 A 来实现这个抽象接口，B 只使用这个抽象接口，这样就达到了依赖倒置的目的。B 也解除了对 A 的依赖,反过来是 A 依赖于 B 定义的抽象接口。

3. 里氏代换原则

里氏代换原则（Liskov Substitution Principle，LSP）是指凡是父类出现的地方都可以用子类代替并且原功能没有发生变化，子类不应该覆盖父类的非抽象方法。

例如，公司投票推选优秀员工，所有员工可以被推选为优秀员工，那么不管是老员工还是新员工，也不管是总部员工还是外派员工，都应当可以被推选，因此写推选方法的时候参数应该是员工对象，而不是总部员工或者外派员工对象。

4. 迪米特法则

迪米特法则（Law of Demeter，LoD）又叫作**最少知识原则**（Least Knowledge Principle，LKP）即一个软件对象应当尽可能少的与其他对象发生相互作用。即通俗地讲，一个类应该对自己需要耦合或调用的类知道得最少。

5. 接口隔离原则

接口隔离原则（Interface Segregation Principle，ISP）是指一个接口完成的功能尽可能的单一，不要让一个接口承担过多的责任。

6. 开闭原则

开闭原则（Open Closed Principle，OCP）表示对软件系统中包含的各种组件，如模块、类以及功能等，应该在不修改现有代码的基础上，引入新功能。开闭原则中"开"，是指对于组件功能的扩展是开放的，是允许对其进行功能扩展的；开闭原则中"闭"，是指对于原有代码的修改是封闭的，即修改原有的代码对外部的使用是透明的。

例如，一个网络模块，原来只有服务端功能，而现在要加入客户端功能，那么应当在不用修改服务端功能代码的前提下，就能够增加客户端功能的实现代码，这要求在设计之初，就应当将服务端和客户端分开，公共部分抽象出来。

8.8 注解

从 Java 5 开始，Java 增加了**注解**（Annotation），注解 Annotation 提供了一种为程序元素（包、

类、构造器、方法、成员变量、参数、局域变量）设置元数据的方法。它是代码里的特殊标记，这些标记可以在编译、类加载、运行时被读取，并执行相应的处理。

通过使用 Annotation，开发人员可以在不改变原有逻辑的情况下，在源文件中嵌入一些补充的信息，开发工具和部署工具可以通过这些补充信息对代码进行验证、处理或者进行部署。目前 Java 注解已经在很多框架中得到了广泛的使用，用来简化程序中的配置。

注解 Annotation 只有属性，没有方法，和 public、final 等修饰符的地位一样，都是程序元素的一部分，不能独立作为一个程序元素使用，也不能运行。注解不会影响代码的实际逻辑，仅仅起到辅助性的作用，包含在 java.lang.annotation 包中。

8.8.1 基本 Annotation

Java 提供了下面基本 Annotation：

1. @Override

@Override 是限定重写父类方法。对于子类中被@Override 修饰的方法，如果存在对应的被重写的父类方法，则正确；如果不存在，则报错。@Override 只能作用于方法，不能作用于其他程序元素。

2. @Deprecated

@Deprecated 表示某个程序元素（类、方法等）已过时。若使用被@Deprecated 修饰的类或方法等，编译器会发出警告。

3. @SuppressWarning

@SuppressWarning 为抑制编译器警告。指示被@SuppressWarning 修饰的程序元素（以及该程序元素中的所有子元素，如类以及该类中的方法）取消显示指定的编译器警告。例如，常见的@SuppressWarning（value="unchecked"）

4. @SafeVarargs

@SafeVarargs 是 Java 7 专门为抑制"堆污染"警告提供的。

基本注解使用方法如下所示：

```
注解
成员变量或者方法
```

【例 24】查看代码，了解基本注解的用法。

```
Package cn.edu.lyu.info.anotation;
//了解注解的使用方式
public class AnotationTest {
    //@Override 表示重写注解，重写父类 Object 的 toString()
    @Override
    public String toString( ){
        return "Override toString";
    }
}
```

【例 24】对方法 toString 添加注解@Override，表示这个方法是重写父类 Object 的 toString() 方法，编译器会检测与父类的 toString 方法的方法签名是否一致，如果不一致，则会出现编译错误的提示，例如对【例 23】的 toString 方法签名进行修改，则编译器提示如图 8-8 所示错误。

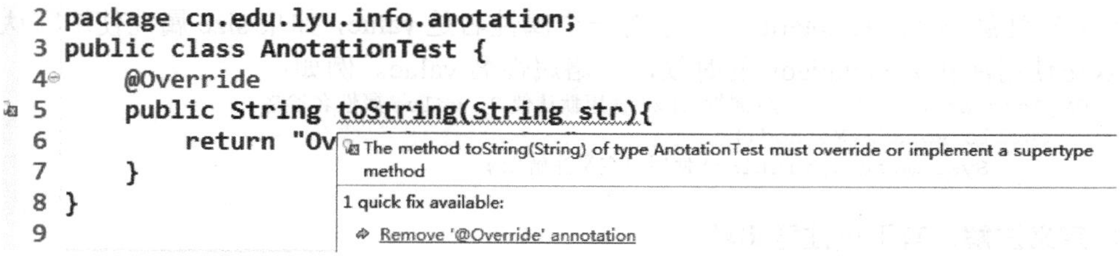

```
2 package cn.edu.lyu.info.anotation;
3 public class AnotationTest {
4     @Override
5     public String toString(String str){
6         return "Ov
7     }
8 }
9
```

The method toString(String) of type AnotationTest must override or implement a supertype method

1 quick fix available:
  Remove '@Override' annotation

图 8-8　编译器错误提示图

可以看出，Java 给出的基本注解，主要是为编译器根据注解的含义对其注解的类、方法等进行检查。

8.8.2　自定义的注解

在一般的开发中，只需要通过阅读相关的 API 文档来了解每个注解的配置参数的含义，并在代码中正确使用即可。在有些情况下，可能会需要开发自己的注解。自定义注解的格式如下：

```
public @interface 注解名 {
    //注解属性定义
    //public 数据类型 属性名();
}
```

自定义注解使用@interface 作为关键字来进行注解的定义。

【例 25】自定义标记注解 MyAnnotation。

```
Package cn.edu.lyu.info.anotation;
public @interface  MyAnnotation {
}
class MyAnnotationDemo {
    @MyAnnotation
    public void myMethod(){
        System.out.println("使用自定义注解");
    }
}
```

从【例 25】看出，如何自定义和使用标记注解 MyAnnotation，这个注解没有任何的属性。

【例 26】定义并使用带属性的自定义注解。

```
Package cn.edu.lyu.info.anotation;
public  @interface MyAnnotation1 {             //自定义注解，带属性
    public String value();                      //定义一个属性 value
    public int size() default 3;                //定义属性 size 默认值为 3
}
class AnotationTest2{
    @MyAnnotation1(value ="abc",size=5)        //使用自定义注解修饰方法
    public void myMethod(){
        System.out.println("使用自定义注解");
    }
}
```

【例 26】在自定义注解 MyAnnotation1 定义了字符串类型的属性 value 和整型属性 size，并给 size 默认值 3，myMethod 使用此注解，@MyAnnotation1（value ="abc"，size=5），其中"abc"为属性 value 的值，属性 size 值为 5。可以看出，注解的使用方式为：

```
@注解名(属性名=属性值,…,属性名=属性值)
```

对于在方法 myMethod 上使用注解@MyAnnotation1，还可以仅给属性 value 赋值，让属性 size 使用默认值。例如：

```
@MyAnnotation1(value ="abc")//属性 size 使用默认值 3
    public void myMethod(){
        System.out.println("使用自定义注解");
    }
```

另外，在注解中 MyAnnotation1 由于有一个属性名是 value，如果 size 属性使用默认值的时候，可以在使用注解 Annotatiaon 的时候，省略属性名 value。例如：

```
@MyAnnotation1("abc")//属性 size 使用默认值 3, value 属性名省略
  public void myMethod(){
      System.out.println("使用自定义注解");
  }
```

对自定义注解，有下列注意事项：
①注解中可以定义属性，属性可以有默认值；
②在使用注解的时候，需要使用属性名=属性值方式给属性赋值，只有在某属性有默认值的情况才可以省略对该属性的赋值，使该属性使用默认值；
③在使用注解的时候，如果有属性名为 value，并且只需要对 value 属性赋值，可以省略属性名，直接给出属性值。例如，@MyAnnotation1（"abc"）。

8.8.3 注解的注解

对于自定义注解，也可以为其添加注解。这种注解称之为元注解，Java 5 提供了 4 种元注解：@Documented、@Inherited、@Target 和@Retention。

（1）@Document：自定义注解将被包含在 javadoc 中。
（2）@Inherited：子类可以继承父类中的该注解。
（3）@Target：定义自定义注解的作用目标，它有下列几种取值：
①@Target（ElementType.TYPE）：该注解可以使用在接口、类、枚举、注解上。
②@Target（ElementType.FIELD）：该注解可以使用在字段、枚举的常量上。
③@Target（ElementType.METHOD）：该注解可以使用在方法上。
④@Target（ElementType.PARAMETER）：该注解可以使用在方法参数上。
⑤@Target（ElementType.CONSTRUCTOR）：该注解可以使用在构造函数上。
⑥@Target（ElementType.LOCAL_VARIABLE）：该注解可以使用在局部变量上。
⑦@Target（ElementType.ANNOTATION_TYPE）；该注解可以使用在注解上。
⑧@Target（ElementType.PACKAGE）：该注解可以使用在包上。
（4）@Retention：定义自定义注解的保留策略，它有下列几种取值：
①@Retention（RetentionPolicy.SOURCE）：自注解仅存在于源码中，在 class 字节码文件中不包含。
②@Retention（RetentionPolicy.CLASS）：默认的保留策略，自定义注解会在 class 字节码文件中存在，但运行时无法获得。
③@Retention（RetentionPolicy.RUNTIME）：自定义注解会在 class 字节码文件中存在，在运行时可以通过反射获取到。

【例 27】为自定义注解添加元注解。

```
Package cn.edu.lyu.info.anotation;
//自定义元注解
import java.lang.annotation.*;
@Documented                              //说明该注解将被包含在 javadoc 中
@Target(value ={ElementType.METHOD, ElementType.TYPE})
// 注解会在 class 字节码文件中存在，在运行时可以通过反射获取到
@Retention(RetentionPolicy.RUNTIME)
public @interface NewAnnotation{
    public String value();
}
@NewAnnotation("test")                   //为类添加注解
class AnotationTest3{
```

```
    @NewAnnotation(value="123")                  //对方法进行注解
    public void myMethod(){
        System.out.println("使用自定义注解");
    }
}
```

【例27】自定义了注解 NewAnnotation，并为其添加了 3 个元注解，@Documented，@Target 和@Retention。@Target 注解表示此注解可以使用在方法和类上，@Retention 定义此注解在运行时有效。因此使用注解@NewAnnotation（"test"）对类 AnotationTest3 进行了注解，同时对方法 myMethod 进行了注解。

注解只是一个标记，可以给编译器提供格式检查，同时目前 Java 常用的框架如 spring 都使用注解来配置文件，减轻程序员的开发量，例如，spring 的@Component、@Autowired 注解等，spring 在运行时，会根据这些标记，给出相应的动作。

一般情况下，是不需要程序员自己去定义注解的，而是需要知道注解的含义及其使用方法，如果程序员自己设计框架类，则需自己定义注解，并且配合反射一起使用，利用反射对自定义的注解进行解析，从而执行相关的动作。

8.9 泛型

泛型是 Java 1.5 推出的新特性，泛型的本质是参数化类型，即操作的数据类型被指定为一个参数，其主要目的是建立类型安全的集合框架，如列表、映射等。本节对 Java 泛型进行初步介绍。

8.9.1 泛型类的声明

在声明类时，如果带有类型参数，则该类称之为泛型类，泛型类的声明使用如下格式：

```
class 类名<泛型列表>
```

例如：

```
class Person <T>
```

其中，Person 是类名，T 即为泛型，T 可以表示任何类型的类，可以在 Person 中使用 T 作为 Person 内的方法、成员变量、局部变量的数据类型。

泛型类的类体与普通类类似，由成员变量和方法组成，区别是方法和变量的类型可能是声明的泛型。

【例28】 定义一个泛型类 Circle。

思路：要描述一个圆，主要特征就是半径，半径可以是整数也可能是浮点数。因此半径的数据类型不确定，定义为参数类型，代码如下：

```
package cn.edu.lyu.info;
//定义圆 带参数T为泛型
class Circle<T> {
    private T radius;//radius 的类型未定
    public void setRadius(T radius) {
        this.radius = radius;
    }
    public T getRadius() {
        return radius;
    }
    public Circle(T radius) {
        super();
        this.radius = radius;
    }
}
```

在 Circle 中使用泛型 T 表示某种数据类型，这种类型在 Circle 类中作为方法、局部变量和类成员变量的数据类型。

声明一个泛型类，有下列注意事项：
①泛型 T 表示是一个数据类型，该数据类型可以是任意类，但不可以是基本数据类型；
②T 表示是一个数据类型，可以用其他合理的标识符代替，例如，符号 K，V 等；
③泛型列表可以给出多个泛型类型，中间用逗号隔开，这些泛型类型可以用作泛型类中的方法、成员变量、局部变量的类型。

8.9.2 泛型对象的声明和创建

泛型对象的声明和创建与普通对象的声明和创建相似，主要区别是类名后多了一对"<>"，并且需要用具体的类型替代<>的泛型符号，数据类型不能为基本类型。语法格式为：

类名<数据类型> 变量名 = new 类名 (实参表);

【例29】 为泛型类 Circle 创建对象 c1，并输出 c1 的半径。

```
package cn.edu.lyu.info;
public class CircleDemo {
    public static void main(String[] args) {//泛型类 Circle 创建对象，输出 *
        Circle<Double> c1 = new Circle(5.0);
        System.out.println(c1.getRadius());
    }
}
```

在定义 Circle 的时候，给出泛型 T 的类型是 Double，这时，在 Circle 类中使用参数 T 表示的数据类型都成为 Double 类型。

泛型主要被用到集合框架中来保证代码的安全性，在实际的编程过程中，可以使用泛型去简化开发，且能很好地保证代码质量。更多泛型知识，请参考其他文献。

8.10 类的应用示例

【例30】 编写程序，模拟手电筒装上一块电池即可照明，每照明 1 小时电池耗电 0.1，电池的总电量为 1，当电池电量过低，可以通过手电筒对电池充电，每小时可以充 0.2。

思路：手电筒装上电池可以使用，手电筒是一个类，可以照明，可以通过手电筒给电池充电，电池是一个类，需要定义电量，可以充电、耗电；这样，需要定义一个 Battery 类，一个 Torch 类，Battery 类生成一个电池对象，它应该是某个手电筒对象里面的部件，因此 Torch 类和 Battery 类之间是聚合关系。类间关系图如图 8-9 所示。

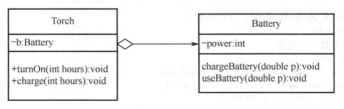

图 8-9　程序关系示意图

详细代码如下：

```
package cn.edu.lyu.info.torch;
public class Battery {                              //电池类
    private double power;                           // 电量
    public void chargeBattery(double p) {           // 给电池充电
        if (this.power < 1.0) {
```

```java
            this.power = this.power + p;
        }
    }
    public boolean useBattery(double p) {        // 电池耗电
        if (this.power >= p) {
            this.power = this.power - p;
            return true;
        } else {
            this.power = 0.0;
            return false;
        }
    }
    public double getPower() {
        return power;
    }
    public void setPower(double power) {
        this.power = power;
    }
    public Battery(double power) {
        this.power = power;
    }
    public Battery() {
        power = 0.5;
    }
}
package cn.edu.lyu.info.torch;
public class Torch {                             //手电筒类
    private Battery battery;                     //电池对象
    public void turnOn(int hours){               //打开手电筒,照明
        boolean usable;
        usable = this.battery.useBattery(hours * 0.1);
        if(usable != true){
            System.out.println("No more usable,must charge");
            return;
        }
        System.out.printf("手电筒照明%d 小时\n",hours);
    }
    public void charge(int hours){//为电池充电
        this.battery.chargeBattery(hours * 0.2);
        System.out.printf("充电中");
    }
    public Battery getBattery() {
        return battery;
    }
    public void setBattery(Battery battery) {
        this.battery = battery;
    }
    public Torch(Battery battery) {
        super();
        this.battery = battery;
    }
    public Torch() {
        super();
    }
}
package cn.edu.lyu.info.torch;
public class TorchDemo {//手电筒,电池测试
    public static void main(String[] args) {
        Battery b = new Battery();
        Torch t = new Torch(b);
        t.turnOn(1);
        t.charge(1);
```

            }
        }

关 键 术 语

封装 encapsulation　　继承 inheritance　　多态 polymorphic　　包 package
抽象 abstract　　静态 static　　访问权限修饰符 Access modifier　　命名空间 namespace
私有的 private　　默认的 default　　受保护的 protected　　公有 public
内部类 inner class　　外部类 outter class　　依赖 dependency　　关联 association
聚合 aggregation　　组合 composition　　泛化 generalization　　实现 realization
统一建模语言 Unified Modeling Language　　类图 class diagram
注解 annotation　　枚举 enum　　泛型 Generic

本 章 小 结

面向对象的三大特性：封装、继承、多态。
Java 类以包机制组织管理，定义包使用关键字 package，包名一般为互联网域名的倒序。
包类似于操作系统的文件夹，不同包中的类名可以相同。
如要访问其他包的公有类，需要导入该包的类，关键字 import 用来导入包中的类。
java.lang 包的类系统默认导入，不需使用 import 关键字。
访问权限控制类及其内部成员是否被其他类可以访问：公有类可以被其他所有类访问，缺省类只能被同包的其他类访问。
访问权限修饰符包括 public、protected、default（默认）、private。
类中一般使用 private 修饰属性，public 修饰方法，体现面向对象的封装的特点。
构造方法可以重载，一个类可以拥有多个参数不同的构造方法。
当一个类中没有构造方法时，系统会自动加上一个默认的无参空构造方法。
一个类中如果存在了有参构造方法，系统不再自动加上默认的无参空构造方法
this 关键字在 Java 中表示这个对象的含义，this.成员变量强调表示这个对象的成员变量。
this()表示类的构造方法，返回这个对象的引用，可以使用 return this。
静态成员使用关键字 static 修饰，表示属于类而不是各个对象的属性和方法。
静态成员在类加载的时候就存在，因此调用静态成员一般使用类名.静态成员，也可以使用对象名形式调用。
静态方法只能访问静态成员，不能访问成员变量和成员方法。
静态代码段只能在类加载时运行一次。
当一个类的对象是有限且固定，即能被罗列出来时，可以使用关键字 enum 定义为枚举。
枚举变量取值，只能为枚举中的对象值。
内部类是定义在一个类内部的类，两个类在编译后是独成立的两个.class 文件。
内部类可以直接使用外部类的所有成员和方法，包括是 private 的。
依赖关系是指类之间的调用关系，简单地说是一个类 A 使用到了另一个类 B，而这种使用关系是具有偶然性的、临时性的。
关联是指两个类之间存在某种特定的对应关系，是一种"拥有"的关系。在代码层面，被关联类以类的属性形式出现在关联类中。

聚合关系是关联关系的一种，是一种强关联关系（has-a），表示一个整体与部分的关系。

组合关系也是关联关系的一种特例，它体现的是一种 contains-a 的关系，这种关系比聚合更强，也称为强聚合。

注解提供了一种为程序元素设置元数据的方法。它是代码里的特殊标记，这些标记可以在编译、类加载、运行时被读取，并执行相应的处理。

Java 提供了 @Override、@Deprecated、@SuppressWarning、@SafeVarargs 四种基本注解。

复 习 题

一、简答题

1. 什么是枚举？什么样的数据可以定义为枚举？
2. 为什么有内部类？
3. 简述类与类之间的几种关系以及每种关系的特点。
4. 什么是泛型？泛型有什么意义？
5. 什么是注解？Java 自定义了哪些注解？

二、选择题

1. 设 i、j、k 为类 A 中定义的 int 型变量名，下列类 A 的构造方法中不正确的是（   ）。
   A．A(int m){ ... }   B．void A (int m){ ... }
   C．A(int m, int n){ ... }   D．A(int h,int m,int n){ ... }
2. 阅读下列代码，以下四个叙述中最确切的是（   ）。
   ```
   class A{
   private int x;
   public static int y;
   public void fac(String s){System. out. println("字符串:"+s);}
   }
   ```
   A．x、y 和 s 都是成员变量   B．x 是实例变量、y 是类变量、s 是局部变量
   C．x 和 y 是实例变量、s 是参数   D．x、y 和 s 都是实例变量
3. 下列哪个不是面向对象的三大特性之一？（   ）
   A．封装性   B．继承性   C．多态性   D．重载
4. 下列选项中，表示数据或方法可以被同一包中的任何类或它的子类访问，即使子类在不同的包中也可以的修饰符是（   ）。
   A．public   B．protected   C．private   D．final
5. 下列关于类、包和源文件的说法中，错误的一项是（   ）。
   A．一个文件可以属于一个包   B．一个包可包含多个文件
   C．一个类可以属于一个包   D．一个包只能含有一个类
6. 对静态成员（用 static 修饰的变量或方法）的不正确描述是（   ）。
   A．静态成员是类的共享成员   B．静态变量要在定义时就初始化
   C．调用静态方法时要通过类或对象激活   D．只有静态方法可以操作静态属性
7. 一个类的引用作为参数被另一个类在某个方法中使用，这表示类的（   ）关系。
   A．依赖   B．组合   C．关联   D．聚合
8. 下列定义注解 Test 的语句，正确的是（   ）。
   A．public @interface   Test{   }   B．public interface @Test{   }

C. public enum Test{ } D. public class @Test{ }

9. 下列关于泛型的定义，正确的是（   ）。

A. class A <T> {   T   a;}
B. class A [E] {int   n; }
C. class A   (T) {T m;   }
D. 以上都不对

三、应用题

1. 找出程序中的错误并修改。

（1）
```
package test;
public class A {
    private int a;
    public void speak(){
        System.out.println(a);
    }
}
package test;
public class Test {
    public static void main(String[] args) {
        A a1 = new A();
        a1.a = 9;
        a1.show();
    }
}
```

（2）
```
package cn.edu.lyu.info;
public class A {
    private int a;
    public A(){
        System.out.println("a =1");
        this(1);
    }
    public void A(int a)
    {
        a = a;
    }
}
package test;
public class Test1 {
    public static void main(String[] args) {
        A a1 = new A();
        A a1 = new A(3);
    }
}
```

（3）
```
package cn.edu.lyu.info;
public class B {
    private int a;
    public static int b = 2;
    public static void changB(){
        a = 1;
        b= 12;
    }
    public B(){
        a= 13;
        b= 2;
    }
}
package cn.edu.lyu.info;
```

```
public class Test {
    public static void main(String[] args) {
        B.b = 12;
        B.a = 14;
        B bb = new B();
        bb.changB();
    }
}
```

2．创建一个名称为 VehicleTest 的包，然后在包中定义一个交通工具（Vehicle）的类，其中包含属性：速度（speed），装载人数（load）等，然后包含方法：移动（move（）），设置速度（setSpeed（int speed）），加速 speedUp()，减速 speedDown()，构造方法重载等。最后在测试类 Vehicle 的 main()中实例化一个交通工具对象，并通过方法给它初始化 speed、load 值，并且打印出来。另外，调用加速、减速的方法对速度进行改变。

3．创建一个名称为 computation 的包，然后在包中定义名为 Number 的类，其中有两个整型数据成员 n1 和 n2，应声明为私有。编写构造方法，赋予 n1 和 n2 初始值，再为该类定义加（addition）、减（subtration）、乘（multiplication）、除（division）等公有成员方法，分别对两个成员变量执行加、减、乘、除的运算。在 main 方法中创建 Number 类的对象，调用各个方法，并显示计算结果。

4．自定义包，在包中设计 Point 类用来定义平面上的一个点，用构造函数传递坐标位置，编写测试类，在该类中实现 Point 类的对象。

5．编写程序说明静态成员和实例成员的区别。

6．编写学生类，包括学号、姓名、成绩属性，各属性的 setter 和 getter，构造方法的重载等，编写班级类，班级里有 30 个学生，要求对班级能够通过学生学号查找学生的成绩，求出学生的平均分、最高分和最低分，最后编写测试程序，测试班级的实现。

7．编写程序，模拟一个人养了一只狗，每天狗到门口取报纸给主人，主人读报纸的过程。

第 9 章 继承和多态

引言

面向对象程序设计语言有三大基本特征：封装、继承和多态，本章介绍继承和多态在 Java 语言中的实现，继承意味从父类派生出子类，实现软件复用，多态表示一个方法调用有多种实现。本章对继承、多态、Object 类、抽象类以及最终类等进行讲解。

9.1 继承

继承（inheritance）是类与类之间的一种关系，是从已有的类中派生出新类，新类能拥有已有类的属性和行为，并能扩展新的能力。继承使复用以前的代码变得非常容易，因此能够提高软件开发的效率。

继承中已存在的类我们称之为**父类**、**超类**（super class）或者**基类**（base class），从父类中派生的类称之为**子类**（child class）或者**派生类**（derived class）。

继承关系体现的是子类对象和父类对象的 is-a 关系，即判断两个类是否是继承，要判断子类对象是否为父类对象。例如，老虎类和动物类是继承关系，因为老虎类对象是动物对象，对于富一代类和富二代类，虽然在现实社会中是继承关系，但在面向对象程序设计中则不是继承关系，因为富二代对象不是富一代对象。可以看出继承中父类是所有子类的共性抽象，是一般，而子类可以有自己的特征和行为，是特殊。

继承关系在 UML 中通过子类使用带三角箭头的实现指向父类进行表述，如图 9-1 所示，类 A 为父类，类 B 为子类。

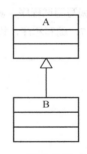

图 9-1 继承关系示意图

9.1.1 继承在 Java 中的实现

继承在 Java 类定义的实现是通过 extends 关键字完成的，其基本格式为：

```
访问修饰符 子类名 extends 父类名{
//子类类体
}
```

Java 中的继承关系是单继承关系，子类只能有一个父类，即 extends 后面的父类只能有一个。

【例 1】 定义一个动物类，并由此派生出子类老虎类。

思路：动物类定义属性动物的名称、体重，同时所有的动物都有吃、运动的行为，因此定义 eat 方法和 run 方法。老虎类继承动物类，因此继承相关的属性和方法，同时老虎有自己的新特性：狩猎，因此在老虎类有新方法 hunt，具体代码如下所示：

```
package cn.edu.lyu.info.inherit;
public class Animal {                    //定义动物类
    protected String name;               //定义变量name
    public void run(){
        System.out.println("动物可以运动...");
    }
    public void eat(){
        System.out.println("动物需要吃东西...");
```

```java
        }
        public String getName() {
            return name;
        }
        public void setName(String name) {
            this.name = name;
        }
        public Animal(String name) {
            super();
            this.name = name;
        }
        public Animal() {
            name = "未知";
        }
        @Override
        public String toString() {
            return "Animal [name=" + name + "]";
        }
    }
package cn.edu.lyu.info.inherit;
//extends 继承动物类，生成老虎类
public class Tiger extends Animal{
    public void hunt(){                                  // 添加新方法：狩猎
        System.out.println("老虎可以凶猛的狩猎");
    }
}
package cn.edu.lyu.info.inherit;
public class TigerTest {
    public static void main(String[] args) {             //测试老虎类拥有的方法
        Tiger tiger = new Tiger();
        tiger.setName("老虎");                           //调用父类方法，设置 name 属性
        tiger.eat();                                     //调用父类方法
        tiger.run();                                     //调用父类方法
        tiger.hunt();                                    //调用子类新加方法
    }
}
```

【例 1】中 Tiger 类通过关键字 extends 继承 Animal，Tiger 类中只定义方法 hunt，但是由于继承，该类拥有 Tiger 类的方法和属性，因此在 TigerTest 中 tiger 对象可以调用 Animal 父类定义的方法。

9.1.2 方法重写

继承解决了类的代码重复问题，提高了代码复用，提升了程序员的工作效率。但继承也存在一些问题，例如，子类继承了父类，父类中的有些方法确实是子类需要的，但是父类中部分方法并不适合子类，需要做一定的改变才适合子类，这就需要采用方法的重写。

方法重写（method override）是指子类重写从父类继承的方法，重写表示重写继承方法的方法体的语句，而不是改变方法首部，这与方法重载不同。

子类重写的方法的访问权限不能低于父类方法的访问权限，例如，父类方法使用 public 修饰，那么子类重写方法只能使用 public 修饰。

当子类对象调用重写的方法时，调用子类重写后的方法。

【例 2】　对【例 1】的 Tiger 类继承的方法 walk 和 eat 进行方法重写。

思路：Tiger 类继承 Animal 的类的 walk 和 eat 方法，但 Animal 类的 walk 和 eat 方法不适合 Tiger 类，因此要重写两个方法的方法体。

```java
package cn.edu.lyu.info.inherit;
public class TigerOverride extends Animal {//Tiger 继承 Animal 并方法重写
```

```java
        @Override
        public void run() {                    // 重写父类方法 run, 重写方法体
            System.out.println("老虎用四肢跑步,跑的飞快");
        }
        @Override                              // 注解表示该方法为重写父类方法
        public void eat() {                    // 重写父类方法 eat
            System.out.println("老虎是肉食动物,凶猛的吃肉");
        }
        public void hunt() {
            System.out.println("老虎可以凶猛的狩猎");
        }
}
package cn.edu.lyu.info.inherit;
public class TigerOverrideTest {
    public static void main(String[] args) {
        TigerOverride tiger  = new TigerOverride();
        tiger.setName("老虎");          //调用父类方法,设置 name 属性
        tiger.eat();                    //调用子类重写父类的方法
        tiger.run();                    //调用子类重写父类的方法
        tiger.hunt();                   //调用子类新加方法
    }
}
```

【例 2】在 TigerOverride 中重写父类的 eat 和 run 方法,可以看出方法重写发生在继承关系上,是父类和子类之间发生的,是子类重写父类方法的方法体,方法的首部不变,这与方法重载有区别。

9.1.3 访问权限修饰符 protected

访问权限修饰符 private、public、default、protected 可以修饰类中的属性和方法,protected 修饰符的含义与继承有关,在此进行介绍。

protected 访问权限修饰符修饰方法和属性表示该成员可以被其子类或者同包的其他类访问。

【例 3】 查看代码,体会 protected 访问权限修饰符的含义。

```java
package cn.edu.lyu.info.inherit;
public class Father {//父类,理解访问权限修饰符的用法
    public int a=1;
    protected int b=2;
    int c = 3;
    private int d = 4;
    @Override
    public String toString() {
        return "Father [a=" + a + ", b=" + b + ", c=" + c + ", d=" + d +"]";
    }
}
//在另外包定义子类
package com.protect;
import cn.edu.lyu.info.inherit.Father;
public class Child extends Father {     //继承 Father 类了解访问修权限饰符的用法
    public void changeVarible(){        //修改父类定义的变量值
        a = 5;                          //正确,父类定义的公有的变量 a 可以在子类访问
        b= 6;                           //正确,父类定义的受保护的变量 b 可以在子类访问
        //c = 7;                        //错误,父类定义缺省访问权限 c 不能自包外被访问
        //d = 8;                        //错误,父类定义变量 d 是私有的,只能在父类访问
    }
}
package cn.edu.lyu.info.inherit;
public class FatherTest {
    //测试 Father 类各变量的访问权限修饰符的含义
    public static void main(String[] args) {
```

```
            Father f = new Father();
            f.a = 5;//正确，公有变量 a 可以再被其他类访问
            f.b = 6;//正确，受保护变量 b 可以再被同包其他类访问
            f.c = 7;//正确，缺省变量 c 可以再被同包其他类访问
            //f.d = 8;//error ,私有变量只能在 Father 类中访问
            System.out.println(f.toString());
        }
    }
    package com.protect;
    import cn.edu.lyu.info.inherit.Father;
    public class ChildTest {
    //测试子类中 Child 各成员变量访问修饰符的含义
        public static void main(String[] args) {
            Child c = new Child();
            c.a = 5;                //正确，公有变量 a 可以再被其他类访问
            //c.b = 6;               //error,受保护变量 b 不可以被其他包的非子类访问
            //c.c = 7;               //error,缺省变量 c 可以再被同其他包其他类访问
            //c.d = 8;               //error ,私有变量只能在 Father 类中访问
            System.out.println(c.toString());
        }
    }
```

【例 3】分别在不同包中定义了父类 Father 和子类 Child，并分别在两个包中测试两个类，从而理解访问权限修饰符，可以对访问权限修饰符总结如下：

①public 修饰的成员可以被类内的其他成员和任何其他类进行访问。
②protected 修饰的成员可以被类内的其他成员和其子类或者同包的其他类访问。
③default 修饰的成员可以被类内的其他成员和同包的其他类访问。
④private 修饰的成员只能在类内访问。

由于访问权限修饰符对类成员的可见性限制，子类继承父类定义的属性和方法，只能继承父类 public、protected 成员，若子类和父类同包，则可以继承 default 成员，对于父类的 private 成员，子类无法继承。

9.1.4 super 关键字

Java 语言使用 this 关键字表示这个类的对象，使用 super 关键字表示"父类"对象，super 关键字有两个作用。

首先，子类中使用 super 关键字可以调用父类的成员变量和方法，其格式为：

    super.成员变量

或者

    super.成员方法(实参表)

一般情况下，子类可以直接调用父类的方法和成员变量，但是当子类与父类有同名变量、方法，或者子类重写父类的方法，如果需要调用父类定义的方法和变量时，则需要使用 super 关键字。

【例 4】 查看代码，体会 super 关键字用法。

```
package cn.edu.lyu.info.inherit;
public class SuperClass {    //super 关键字用法
    public int a;
    public void showA(){
        System.out.println(a);
    }
}
package cn.edu.lyu.info.inherit;
public class ChildClass extends SuperClass {
    int a = 10 ;                //与父类 a 重名，父类变量 a 被隐藏
    public void ShowA(){
```

```
            System.out.println(a);      //显示子类a
        }
        public void ShowSuperA(){
            super.a = 20;               //使用super调用父类a super.a
            //super调用父类的showA方法:super.showA();
            super.showA();
        }
    }
    package cn.edu.lyu.info.inherit;
    public class ChildClassTest {
        public static void main(String[] args) {// 测试ChildClass, 了解super用法
            ChildClass c = new ChildClass();
            c.ShowA();
            c.ShowSuperA();
        }
    }
```

【例4】中，子类 ChildClass 中定义了新的成员变量 a，隐藏继承于父类的成员变量 a，同时方法 showA 重写父类成员方法 showA，那么子类访问的 a 和方法 showA 都是子类新定义的，如果在子类中需要访问父类定义的 a 和方法 showA 需要使用关键字 super。

其次，super 关键字可以表示父类的构造方法，其格式为：

```
super();
```

或者

```
super(实参表);
```

其中，super()关键字表示调用父类无参的构造方法，super（实参表）表示调用父类带参的构造方法，具体示例参看【例5】。

9.1.5 继承下的构造方法

类的继承关系对子类的构造方法有一定的影响，对于子类来说，首先父类定义的变量只能使用父类的构造方法初始化，子类的构造方法只能初始化子类新定义的成员变量。

由于子类与父类的关系是紧密的，子类生成对象必须先生成父类对象，因此子类的构造方法里面必须要首先调用父类构造方法生成父类对象，需要使用 super 关键字。

【例5】 定义 Bird 类继承 Animal 类，并进行测试。

思路：因为鸟是动物，所以 Bird 可以继承 Animal 类，同时 Bird 类有自己的新特征：翅膀，所以定义新属性翅膀，同时重写 Animal 类的 run 方法，并在构造方法中对自己的属性进行初始化。

```
package cn.edu.lyu.info.inherit;
public class Bird extends Animal {//Bird继承Animal演示构造方法
    private int wing;            // 翅膀个数
    //子类带参构造方法，给name和wing赋值
    public Bird(int wing, String name) {
        super(name);             // 调用父类带参的构造方法给name赋值，必须放在第一句
        this.wing = wing;
    }
    public Bird() {              //子类无参构造方法，给name和wing赋值
        super("鸟儿");            // 调用父类带参的构造方法，给name赋值，必须放在第一句
        wing = 2;
    }
    public void run() {          // 方法重写
        System.out.println("鸟儿会飞，不走路...");
    }
    public int getWing() {
        return wing;
    }
    public void setWing(int wing) {
        this.wing = wing;
```

```java
        }
        @Override
        public String toString() {
            return "Bird [wing=" + wing + ", name=" + name + "]";
        }
    }
    package cn.edu.lyu.info.inherit;
    public class BirdTest {
        public static void main(String[] args) {//Bird 测试类，验证构造方法
            Bird b = new Bird();
            b.run();
            System.out.println(b.toString());
        }
    }
```

在【例 5】定义的 Bird 类构造方法中，通过 super 调用父类的构造方法，并传递相应的姓名参数，而且 super 调用父类的构造方法必须是方法体中的第一条语句。

注意，若子类的构造方法没有显示通过 super 调用父类的构造方法，则编译器会自动为子类构造方法添加 super()语句，用于调用父类的默认构造方法，这时请注意父类是否存在无参的构造方法。

9.2 Object 类介绍

Object 类是 Java 其他类的父类，位于 java.lang 包内，是 Java 类层次结构的根，Java 中所有的类从根本上都继承自这个类，若在定义类的时候没有指定父类，Java 则默认将 Object 类作为此类的父类，所有对象包括数组都实现该类的方法。

Object 类中没有属性，只有方法，主要包括下列方法：

（1）无参构造方法，方法首部为：
```
public Object()
```
Object 类有一个默认的构造方法 public Object()，在构造子类实例时，都会先调用这个默认构造方法。

（2）克隆方法，创建并返回此对象的一个副本，方法首部为：
```
protected Object clone() throws CloneNotSupportedException
```
该方法比较特殊，首先，使用这个方法的类必须实现 java.lang.Cloneable 接口，否则会抛出 CloneNotSupportedException 异常。Cloneable 接口中不包含任何方法，所以实现它时只要在类声明中加上 implements 语句即可。其次，该方法是 protected 修饰的，子类重写 clone()方法的时候需要写成 public，才能让类外部的代码调用。

（3）equals 判等方法，判断某个对象是否与此对象"相等"，方法首部为：
```
public boolean equals(Object obj)
```
对于对象判等，判等运算符 "=="是判断两个对象引用是否相等，即 "=="运算符判断两个引用是否指向同一个对象。因此判断两个对象的"值"是否相等，需要使用 equals 方法。然而 Object 的 equals 方法实际是判断两个对象的引用是否相同，即 Object 类中的 equals()方法等价于 "=="。其源代码为：
```
public boolean equals(Object obj)
{
    return (this == obj);
}
```
所以子类若需要使用 equals 方法判断两个对象是否相等，需要对 equals 方法进行重写，同时对于 equals 方法重写时，也需要重写 hashCode()方法。

（4）哈希码方法 hashCode，得到对象的哈希码，方法首部为：
```
public int hashCode();
```
哈希码（hashcode）是根据一定的规则将与对象相关的信息（比如对象的存储地址、对象的字段等）映射成一个散列数值，这个数值称作为哈希码。

哈希码主要是用于查找的快捷性，如 hashTable，hashMap 等，hashCode 是用来在散列存储结构中确定对象的存储地址的。

对于对象的哈希码，有下列的要求：

①如果两个对象相同，就是适用于 equals()方法，那么这两个对象的 hashCode 一定要相同；

②如果对象的 equals 方法被重写，那么对象的 hashCode 也尽量重写；

③两个对象的 hashCode 相同，并不一定表示两个对象就相同，也就是不一定适用于 equals（java.lang.Object）方法，同时没有强制要求如果 equals()判断两个对象不相等，那么它们的 hashCode()方法就应该返回不同的值；

④在 Java 应用的一次执行过程中，如果对象用于 equals 比较的信息没有被修改，那么同一个对象多次调用 hashCode()方法应该返回同一个整型值；而在应用的多次执行中，这个值不需要保持一致，即每次执行都是保持着各自不同的值。

（5）得到对象的运行时类的方法 getClass，其方法首部为：
```
public final Class<?> getClass()
```
该方法返回的是此对象运行时的类对象，效果与 Object.class 相同。

在 Java 中，类是对具有一组相同特征或行为的实例的抽象和描述，对象则是此类所描述的特征或行为的具体实例。作为概念层次的类，其本身也具有某些共同的特性，如都具有类名称、由类加载器去加载，都具有包，具有父类、属性和方法等。于是，Java 中又专门定义了一个类：Class，去描述其他类所具有的这些特性，因此，从此角度去看，类本身也都是属于 Class 类的对象。为与经常意义上的对象相区分，在此称之为"类对象"，"类对象"的概念与 Java 的反射机制相关，在此不多介绍。

（6）返回对象的字符串表示 toString 方法，方法首部为：
```
public String toString()
```
该方法返回对象的字符串表示，当使用输出语句如调用 System.out.println()输出对象名时，会自动调用对象的 toString()方法，打印出引用所指的对象的 toString()方法的返回值，因为每个类都直接或间接地继承自 Object，因此每个类都有 toString()方法。Object 类中 toString 方法的源码为：
```
public String toString()
{
    return getClass().getName() + "@" + Integer.toHexString(hashCode());
}
```
所以，若子类没有重写 Object 类的 toString 方法，而直接输出子类对象的引用，会输出子类的名字和对象的哈希码值，因此一般情况下，会重写子类的 toString 方法，根据程序要求，输出对象的字符串表示。

Object 类还包括其他一些线程同步的方法，有兴趣的读者请参考相关书籍。

【例6】 定义一个 Student 类，使两个学生对象可以判断是否相同，并可以输出学生的信息。

思路：学生类应包括学生姓名、学号、性别、年龄成员变量，成员变量的 setter 和 getter 方法、构造方法，除此之外，两个学生对象判等是否相同，要重写 Object 的 equals 方法、hashCode 方法，以及 toString 方法（组织学生信息）。
```
package cn.edu.lyu.info.inherit;
public class Student {//完成 Student 类,重写 equals,hashCode,toString 方法
    private String sno;
```

```java
        private String name;
        private int age;
        private String sex;
        @Override
        public int hashCode() {//重写Object类的hashCode代码

            final int prime = 31;
            int result = 1;
            result = prime * result + ((name == null) ? 0 : name.hashCode());
            return result;
        }
//重写Object的equals方法,如果两个对象的学号相同,则两个对象相同
        @Override
        public boolean equals(Object obj) {
            if (this == obj)//两个对象引用相同
                return true;
            if (obj == null)
                return false;
            if (getClass() != obj.getClass())
                return false;
            Student other = (Student) obj;
            if (sno == null) {
                if (other.sno != null)
                    return false;
            } else if (!sno.equals(other.sno))
                return false;
            return true;
        }
        @Override//重写Object的toString()方法,返回对象的字符串信息
        public String toString() {
            return "Student [sno=" + sno + ", name=" + name + ", age=" + age
                    + ", sex=" + sex + "]";
        }
        public Student(String sno, String name, int age, String sex) {
            super();
            this.sno = sno;
            this.name = name;
            this.age = age;
            this.sex = sex;
        }
        public Student() {
            super();
        }
        public String getSno() {
            return sno;
        }
        public void setSno(String sno) {
            this.sno = sno;
        }
        public String getName() {
            return name;
        }
        public void setName(String name) {
            this.name = name;
        }
        public int getAge() {
            return age;
        }
        public void setAge(int age) {
            this.age = age;
        }
        public String getSex() {
```

```java
            return sex;
        }
        public void setSex(String sex) {
            this.sex = sex;
        }
    }
    package cn.edu.lyu.info.inherit;
    public class StudentTest {
        public static void main(String[] args) {        //测试Student类，判断两个对象是否相同
            Student s1 =new Student("001","tom",23,"男");
            Student s2 =new Student("001","tom",23,"男");
            if(s1.equals(s2))                            //判断两个对象是否是一个学生
                System.out.println("两个对象存放是一个学生");
            else
                System.out.println("两个对象存放的不是一个学生");
            System.out.println(s1);                      //输出第一个学生的信息
        }
    }
```

9.3 抽象类和最终类

9.3.1 抽象类和抽象方法

抽象类（abstract class）是一个用关键字 abstract 所修饰的类，该类只能为继承中的父类，而不能用来创建对象。抽象类的基本格式为：

```
访问权限修饰符 abstract class 类名{
    //类体
}
```

根据格式可以看到，抽象类就是在类定义中添加 abstract 关键字，抽象类的特点是该类只能作为父类被继承，而不能创建对象。例如，动物类，动物类是一个典型的抽象类，因为对于动物类来说，如果用动物类创建对象，那么这个具体动物对象应该是什么样的？因为无法具体描述一个动物对象，所以动物类应该是抽象类，只能被继承，而不能创建对象。

在抽象类中，可以存在一种特殊的方法：抽象方法。抽象方法是只有方法首部而没有方法体的方法，也需要使用 abstract 关键字，其基本格式为：

```
访问修饰符  abstract 返回类型 方法名(形参表);
```

注意定义一个抽象方法只需要直接定义方法首部并以分号结束。抽象方法表示该类对象都具有此行为，但不能给出该方法的具体实现。例如，动物类的 eat 方法，run 方法，各种动物都具备 eat 和 run 的行为，但不能具体描述出所有动物的 eat 和 run 行为的具体流程，所以定 eat、run 方法为抽象方法。

抽象方法和抽象类的关系为：

①一个类如果有抽象方法，该类就必须是抽象类，需要使用 abstract 关键字修饰；

②一个抽象类里可以有抽象方法，也可以有非抽象方法；

③子类若继承抽象类，需要对抽象方法进行重写，即完成抽象方法，如果子类没有重写抽象方法，则子类也是抽象类，必须用 abstract 进行修饰。

【例 7】 重写 Animal 类，定义为抽象类，同时完成子类 Fish，并进行测试。

思路：Animal 类定义与【例 1】类似，仅需要把 eat 和 run 方法改为抽象方法，定义子类 Fish 继承 Animal，并重写 eat 和 run 方法。

```java
    package abstractwithfinal;
    public abstract class Animal {         //定义抽象类动物类
        protected String name;              //定义变量 name
```

```java
        public abstract void run();          //定义抽象方法 run 和 eat
        public abstract void eat();
        public String getName() {
            return name;
        }
        public void setName(String name) {
            this.name = name;
        }
        public Animal(String name) {
            super();
            this.name = name;
        }
        public Animal() {
            name = "未知";
        }
        @Override
        public String toString() {
            return "Animal [name=" + name + "]";
        }
    }
    package abstractwithfinal;
    public class Fish extends Animal{//鱼类继承 Animal 类并重写 eat 和 run 方法
        @Override
        public void run() {
            System.out.println("鱼在水里游");
        }
        @Override
        public void eat() {
            System.out.println("大鱼吃小鱼，小鱼吃虾米，虾米吃土");
        }
        public Fish() {
            super("鱼");
        }
        public Fish(String name) {
            super(name);
        }
    }
```

9.3.2 最终类和最终方法

与抽象类对应的为**最终类**（final class），最终类用关键字 final 修饰，其含义为该类不能被继承，为类层次结构的最底层，其语法格式为：

```
访问修饰符 final class 类名{
    //类体
}
```

最终类可以创建对象，但不能被继承，因此若某类不需要被继承，而是作为有固定作用，完成一定标准功能的类，可以定义为最终类，例如，数学类 Math 为最终类。

如果一个类中的某个方法不能被子类重写，则该方法可以定义为最终方法（final method）。最终方法使用关键字 final 修饰，表示该方法不能被子类进行重写，语法格式为：

```
访问修饰符  final 返回类型 方法名(形参表){
    //方法体
}
```

【例8】 为 Animal 类定义子类鸭子类，并定义 eat 和 run 方法为最终方法。

```java
    package abstractwithfinal;
    public class Duck extends Animal{
        @Override
        public final void run()  {//重写 run 方法，将 run 方法定义为最终方法
            System.out.println("鸭子摇摇晃晃的跑，最喜欢游泳....");
        }
```

```
        @Override
        public final void eat() {//重写eat方法，将eat方法定义为最终方法
            System.out.println("鸭子爱吃虫....");
        }
    }
```

由于 abstract 和 final 关键字的含义，abstract 和 final 不能同时使用，关键字 abstract 不能修饰实例变量，也不能与 private、static、final 等同时修饰一个成员方法，并且 abstract 方法必须在 abstract 类中。

9.4 多态

多态（polymorphism）是面向对象的三大特征之一，是指对象的多种表现形态，即不同对象对同一个消息有不同的行为方式，例如，夏天大家都去游泳馆游泳，有人蛙泳，有人仰泳，有人狗刨，还有人不会游泳，在水里玩，这就是明显的多态，对游泳消息，各人有不同的表现行为。

多态是通过**动态绑定**（dynamic binding）实现的，动态绑定是指在执行期间判断所引用对象的实际类型，根据其实际的类型调用其相应的方法。

多态可以通过接口、继承父类进行方法重写、同一个类中进行方法重载三种方式实现，本节介绍继承父类进行方法重写的实现方法。

多态的实现需要三个条件：继承、子类对象重写父类方法、父类引用指向子类对象，关于继承和子类对象重写父类方法在 9.1 节已经介绍，下面介绍父类引用指向子类对象。

9.4.1 父类引用指向子类对象

一般情况下，某类的引用都指向该类所创建的对象，然而由于类之间的继承关系（is-a 关系），必然满足子类对象是父类对象的关系，所以父类引用也可以指向子类的对象。

【例9】 利用【例7】、【例8】定义的 Animal 类、Fish 类和 Duck 类，测试父类的引用指向子类的对象。

```
    package abstractwithfinal;
    public class PolymorphismTest {
        public static void main(String[] args) {    //父类引用指向子类对象测试
            Animal a1 = new Fish();                 //父类引用指向子类鱼对象
            Animal a2 = new Duck();                 //父类引用指向子类鸭子对象
            Fish f1 = new Fish();                   //正确，子类对象存放在子类引用中
            Duck d1 = new Duck();                   //正确，子类引用指向子类对象
            //Fish f2 = new Animal();               //错误，子类引用不能指向父类对象
        }
    }
```

通过【例9】可以看出，父类引用可以指向子类对象，当然子类引用也可以指向子类对象，然而子类引用不能指向父类对象。

9.4.2 多态的实现

父类引用指向子类的对象，是多态实现的基础，在此基础上多态的实现是指：指向子类对象的父类引用调用重写的方法时，调用是子类重写的方法。

【例10】 利用【例7】、【例8】定义的 Animal 类、Fish 类和 Duck 类，测试多态的实现。

```
    package abstractwithfinal;
    public class PolymorphismTest1 {
        //父类引用指向子类对象，然后调用子类的重写的方法
        public static void main(String[] args) {
            Fish f1 = new Fish();//正确，子类对象存放在子类引用中
```

```
                Duck d1 = new Duck();  //正确，子类引用指向子类对象
                f1.eat();               //子类引用调用子类方法
                d1.run();
                f1.eat();
                d1.run();
                //父类引用指向子类对象，然后调用子类重写的方法
                Animal a1 = new Fish();//父类引用指向子类鱼对象
                Animal a2 = new Duck();//父类引用指向子类鸭子对象
                a1.eat();//调用子类重写的方法
                a1.run();
                a2.eat();
                a2.run();
            }
        }
```

运行【例 10】，可以看出，父类引用 a1 指向鱼对象，a2 指向鸭子对象，调用 eat 和 run 方法时，调用的是子类重写的 eat 和 run 方法，这就是动态绑定，在执行期间判断所引用对象的实际类型，根据其实际的类型调用其相应的方法，也就是多态的一种实现方式。

值得注意的是，虽然父类引用指向子类对象，并可以调用子类重写后的方法，但是父类引用不能调用子类新加的方法。

【例 11】 查看代码，了解父类引用无法调用子类新加方法。

```
        package abstractwithfinal;
        //父类引用不能调用子类的新加方法
        public class BaseClass {
            public void show (){
                System.out.println("父类的 show 方法");
            }
        }
        package abstractwithfinal;
        public class ChildClass extends BaseClass {
            public void show(){                     //重写父类方法
                System.out.println("子类重写这个方法");
            }
            public void display(){                  //新加子类方法
                System.out.println("子类新加了一个方法");
            }
        }
        package abstractwithfinal;
        public class BaseClassTest {
            public static void main(String[] args) {
              ChildClass c1 = new ChildClass();//子类引用存放子类对象，调用子类的方法
              c1.show();
              c1.display();
            /*父类引用存放子类对象，调用子类重写的方法，不能调用子类新加的方法*/
              BaseClass b1 = new ChildClass();
              b1.show();
           // b1.display();                          //错误，不可以调用子类新加的方法
            }
        }
```

多态有助于编程的灵活性，使代码具备可扩充性，可以简化代码，因此在编程中经常利用多态特性提高编程效率。

9.5 继承和多态示例

9.5.1 四则运算程序

【例 12】 写一个程序，可以完成两个整数加、减、乘、除四则运算。

思路一：设计一个运算类，包括 num1，num2 两个运算数，然后定义加法、减法、乘法、除法方法。然后在运行类中，输入两个数，选择运算符，调用方法完成运算，代码如下所示：

```java
package computation1;
public class Computation {                    //四则运算程序思路一
    private int num1;                         //运算数1
    private int num2;                         //运算数2
    //加减乘除方法
    public int add(){
        return num1 + num2;
    }
    public int sub(){
        return num1 - num2;
    }
    public int multiply(){
        return num1 * num2;
    }
    public int division(){
        return num1 /num2;
    }
    public Computation(int num1, int num2) {
        super();
        this.num1 = num1;
        this.num2 = num2;
    }

    public Computation() {
        super();
    }
    public int getNum1() {
        return num1;
    }
    public void setNum1(int num1) {
        this.num1 = num1;
    }
    public int getNum2() {
        return num2;
    }
    public void setNum2(int num2) {
        this.num2 = num2;
    }
}
package computation1;
import java.util.Scanner;
public class ComputationRun {
    public static void main(String[] args) {//四则运算运行类
        Scanner input = new Scanner(System.in) ;
        //输入运算数
        System.out.println("开始进行运算，请输入第一个运算数：");
        int a = input.nextInt();
        System.out.println("开始进行运算，请输入第二个运算数：");
        int b = input.nextInt();
        Computation c = new Computation(a,b);//创建运算类对象
        //输入运算符
        System.out.println("开始进行运算，请输入1-4选择运算符：");
        System.out.println("1:+, 2: -,3:*,4:/");
        int code = input.nextInt();
        switch(code){                         //根据运算符做运算
        case 1:
            System.out.printf("%d + %d = %d\n",c.getNum1(),c.getNum2(),c.add());
            break;
        case 2:
```

```
                    System.out.printf("%d - %d = %d\n",c.getNum1(),c.getNum2(),c.sub());
                    break;
            case 3:
                    System.out.printf("%d*%d=%d",c.getNum1(),c.getNum2(),c.multiply());
                    break;
            case 4:
                    System.out.printf("%d/%d = %d",c.getNum1(),c.getNum2(),c.division());
                    break;
            default:System.out.println("运算符选择错误，不能运算");
            }
    }
}
```

思路一的方式能够实现【例12】的要求，然而却不适合对程序进行扩展，例如题目要求添加一种新运算，如求余的运算，则需要修改 Computation 类，添加一个新的运算方法，这样违反类的设计原则，因此思路一的解决方法并不合适。

思路二：对每一种运算设计一个运算类，例如，加法运算类、减法运算类等，对这些运算类抽象出父类。运算类有两个成员变量：运算数1和运算数2，一个运算方法，该类为抽象类，运算方法为抽象方法，然后在运行类中，输入两个数，选择运算符，使用对应类完成运算，代码如下所示：

```
package computation2;
public abstract class Operation {      //思路二 抽象运算方法类，父类
    private int num1;                  //运算数1
    private int num2;                  //运算数2
    public abstract int operate();//抽象运算方法
    public int getNum1() {
        return num1;
    }
    public void setNum1(int num1) {
        this.num1 = num1;
    }
    public int getNum2() {
        return num2;
    }
    public void setNum2(int num2) {
        this.num2 = num2;
    }
    public Operation() {
        super();
    }
    public Operation(int num1, int num2) {
        super();
        this.num1 = num1;
        this.num2 = num2;
    }
}
package computation2;
public class Add extends Operation {//继承生成加法类
    @Override
    public int operate() {              //重写运算方法

        return getNum1() + getNum2();
    }
    public Add() {
        super(1,1);
    }
    public Add(int num1, int num2) {//构造方法
        super(num1, num2);
    }
}
```

```java
        package computation2;
        public class Sub extends Operation {           //减法类
              @Override
              public int operate() {                    //重写运算方法
                    return getNum1() - getNum2();
              }
              public Sub() {
                    super(1,1);
              }
              public Sub(int num1, int num2) {          //构造方法
                    super(num1, num2);
              }
        }
        package computation2;
        public class Multiple extends Operation {      //乘法类
            @Override
            public int operate() {                      //重写运算方法
                    return getNum1() * getNum2();
            }
              public Multiple() {
                    super(1,1);
              }
              public Multiple(int num1, int num2) {//构造方法
                    super(num1, num2);
              }
        }
        package computation2;
        public class Division extends Operation {       //除法类
              @Override
              public int operate() {                    //重写运算方法
                    return getNum1()/ getNum2();
              }
              public Division() {
                    super(1,1);
              }
              public Division(int num1, int num2) {//构造方法
                    super(num1, num2);
              }
        }
        package computation2;
        import java.util.Scanner;
        public class OperationRun {
              public static void main(String[] args) {//四则运算运行类
                    Scanner input = new Scanner(System.in) ;
                    //输入运算数
                    System.out.println("开始进行运算,请输入第一个运算数: ");
                    int a = input.nextInt();
                    System.out.println("开始进行运算,请输入第二个运算数: ");
                    int b = input.nextInt();
                    //输入运算符
                    System.out.println("开始进行运算,请选择运算符: ");
                    System.out.println("1:+, 2: -,3:*,4:/");
                    int code = input.nextInt();
                    Operation oper;                       //定义父类的引用
                    switch(code){                         //根据运算符做运算
                    case 1:
                        oper = new Add(a,b);              //父类引用指向子类对象。调用重写方法实现多态
                        System.out.printf("%d+%d=%d\n",oper.getNum1(),oper.getNum2(),oper.operate());
                        break;
                    case 2:
```

```
                        oper = new Sub(a,b);
                        System.out.printf("%d-%d=%d\n",oper.getNum1(),oper.getNum2(),oper.
operate());
                        break;
                    case 3:
                        oper = new Multiple(a,b);
                        System.out.printf("%d*%d=%d",oper.getNum1(),oper.getNum2(),oper.
Operate());
                        break;
                    case 4:
                        oper = new Division(a,b);
                        System.out.printf("%d/%d=%d",oper.getNum1(),oper.getNum2(),oper.
operate());
                        break;
                    default:System.out.println("运算符选择错误,不能运算");
                }
            }
        }
```

思路二的优点在于,程序便于扩展,当需要添加一个新的运算时,只需要添加一个类继承 Operation,以及修改 OperationRun 中 main 方法的 switch 语句即可,不需要修改 Operation 类,这种编程思路遵循了对扩展的开放,对修改的封闭类设计原则,适合程序需求的变化,方便测试,思路二还可以继续修改,例如,将运算符定义为枚举、定义运算类的生成工厂等,有兴趣的读者可以继续修改。

9.5.2 动物喂养案例

【例 13】 动物园工作人员小李的工作是喂养动物园的老虎、大象以及熊猫,编写代码描述这个过程。

思路一:根据描述,【例 13】包括工作人员类、老虎类、大象类以及熊猫类。工作人员类包括喂养老虎的方法、喂养大象的方法和喂养熊猫的方法。老虎类和大象类以及熊猫类包括 eat 方法,根据分析,代码如下:

```
package zoo1;
public class Elephant {//大象类
    private String name;
    public void eat(){  //吃
        System.out.println("大象吃肉...");
    }
    public String getName() {
        return name;
    }
    public void setName(String name) {
        this.name = name;
    }
    public Elephant(String name) {
        super();
        this.name = name;
    }
}
package zoo1;
public class Tiger {        //老虎类
    private String name;
    public void eat(){      //吃
        System.out.println("老虎吃肉...");
    }
    public String getName() {
        return name;
    }
```

```java
        public void setName(String name) {
            this.name = name;
        }
        public Tiger(String name) {
            super();
            this.name = name;
        }
}
package zoo1;
public class Worker {                           //工作人员类
    private String name;                        //姓名
    //喂养方法重载
        public void feed(Tiger tiger){          //喂养方法,形参是老虎动物
            tiger.eat();
        }
        public void feed(Elephant ele){         //喂养方法,形参是大象动物
            ele.eat();
        }
        public void feed(Panda panda){          //喂养方法,形参是熊猫
            panda.eat();
        }
        public String getName() {
            return name;
        }
        public void setName(String name) {
            this.name = name;
        }
        public Worker(String name) {
            super();
            this.name = name;
        }
}
package zoo1;
public class Zoo1Test {
    public static void main(String[] args) {//思路一解决问题
        Tiger tiger = new Tiger("跳跳虎");
        Elephant ele = new Elephant("笨笨");
        Worker xiaoli = new Worker("小李");
        xiaoli.feed(tiger);                     //方法重载 喂养动物
        xiaoli.feed(ele);
    }
}
```

以上代码符合【例13】的要求,然而当需求改变时,需要修改大量的代码,例如,当小李的工作增加喂养动物园的猴子时,需要在工作人员类中添加喂养猴子的方法,这样 Worker 就要修改,违反类对修改封闭的原则,增加测试工作量,因此程序的扩展性不好。需要考虑思路二。

思路二:对老虎、大象、熊猫抽象父类 Animal 类,对于工作人员抽象 Worker 类,修改喂养方法,将 Animal 类作为喂养方法的形参,使其可以喂养任意动物,各类之间的关系如图9-2所示。

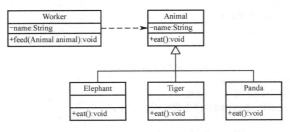

图 9-2 动物喂养类关系图

```
package zoo2;
```

```java
public abstract class Animal {                  //定义抽象类动物
    private String name;
    public abstract void eat();                 //抽象方法吃
    public String getName() {
        return name;
    }
    public void setName(String name) {
        this.name = name;
    }
    public Animal(String name) {
        super();
        this.name = name;
    }
}
package zoo2;
public class Tiger extends Animal {             //继承生成老虎
    public void eat() {
        System.out.println("老虎吃肉....");
    }
    public Tiger() {
        super("老虎");
    }
}
package zoo2;
public class Elephant extends Animal {          //大象类
    public void eat() {
        System.out.println("大象吃水果....");
    }
    public Elephant() {
        super("大象");
    }
}
package zoo2;
public class Worker {
    private String name;                        //姓名
    //喂养方法,形参是喂养动物,可以传递动物类的任意子类对象
    public void feed(Animal animal){
        animal.eat();                           //多态,调用子类对象
    }
    public String getName() {
        return name;
    }
    public void setName(String name) {
        this.name = name;
    }
    public Worker(String name) {
        super();
        this.name = name;
    }
}
package zoo2;
public class ZooTest {                          //喂养测试
    public static void main(String[] args) {
        Tiger tiger = new Tiger();              //生成各种对象
        Elephant ele = new Elephant();
        Worker xiaoli = new Worker("小李");
        xiaoli.feed(tiger);                     //老虎,大象对象传递给Animal形参,多态调用
        xiaoli.feed(ele);
    }
}
```

对于思路二,Worker 类没有定义多个喂养方法,而是完成一个喂养方法,将 Animal 类作

为喂养方法的形参，由于子类对象就是父类对象，因此，可以将子类对象传递给父类引用 animal，从而实现了一个方法喂养多种动物，这种方式方便扩展程序，如果小李需要喂养灰熊，那么只需要编写继承 Animal 类灰熊类即可，而不需要修改 Workder 类，满足类的封闭设计原则。

思路二没有完成熊猫类，读者可以自己完成熊猫类然后运行程序进行测试。

思路二这种以父类引用作为方法的形参，称之为抽象参数。

9.5.3 舒舒租车系统

【例 14】 设计舒舒租车系统，系统提供轿车、皮卡、卡车以及公交车的出租，每种类型的车出租费用不同，系统运行展示所有可租车辆，用户可以选择租哪种车和租车时间，假设每种车用户只可以租一辆，系统计算租车费用，展示租车清单，包括车辆信息、租车天数，以及总价格等，完成租车。

基本的运行过程如下所示：

****
欢迎使用舒舒购车系统
****
1 租车，2 退出
1
****
系统提供如下车辆供您选择
序号：0，carName=奥迪 A4，carType=小轿车，price=500.0，passengerNumber=4.0
序号：1，carName=马自达 6，carType=小轿车，price=400.0，passengerNumber=4.0
序号：2，carName=皮卡雪 6，carType=皮卡，price=450.0，cargoCapacity=4.0，passengerNumber=2.0
序号：3， carName=金龙，carType=大公交，price=600.0，passengerNumber=30.0
序号：4，carName=东方，carType=卡车，price=500.0，cargoCapacity=6.5
序号：5，carName=依维柯，carType=大公交，price=300.0，passengerNumber=20.0
****
请输入要租车的序号
3
请输入租车的时间
4
1 租车，2 退出
1
****
系统提供如下车辆供您选择
序号：0，carName=奥迪 A4，carType=小轿车，price=500.0，passengerNumber=4.0
序号：1，carName=马自达 6，carType=小轿车，price=400.0，passengerNumber=4.0
序号：2，carName=皮卡雪 6，carType=皮卡，price=450.0，cargoCapacity=4.0，passengerNumber=2.0
序号：4，carName=东方，carType=卡车，price=500.0，cargoCapacity=6.5
序号：5，carName=依维柯，carType=大公交，price=300.0，passengerNumber=20.0
****

请输入要租车的序号
2
请输入租车的时间
1
1 租车，2 退出
2
****
您租用了下列车辆：
carName=皮卡雪6，carType=皮卡，price=450.0，cargoCapacity=4.0，passengerNumber=2.0，租车时间：1 天
carName=金龙，carType=大公交，price=600.0，passengerNumber=30.0，租车时间：4 天
您一共租用了 2 辆车，总计金额 2400.00 元
****
欢迎以后光临
****

思路：根据题目要求和以上的运行结果，对项目从业务模型、显示流程、数据模型方面进行分析。

业务模型确定系统的功能，根据系统要求，租车系统需要具备下列功能，显示可租车列表，完成用户租车过程，统计租车的最终信息。

显示流程明确系统的信息提示界面，以及显示信息执行的流程和步骤，根据程序的运行过程，可以看到系统的显示信息包括欢迎信息、租车过程信息以及退出信息。租车流程信息包括显示车辆列表，用户和系统交互租车，以及最终租车信息的统计。

数据模型需确定系统存在的对象和类，根据分析系统应提供小汽车类、大公交类、皮卡类、以及卡车类，另外还有汽车列表类（存放多辆车），汽车系统界面类，以及运行类。小汽车类、大客车类、皮卡类、卡车类可以抽象出汽车类，从而可以便于扩充程序，类之间的关系如图 9-3 所示，具体代码如下所示：

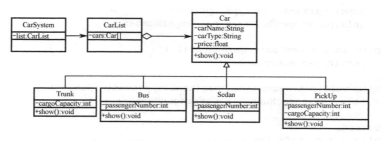

图 9-3　租车系统类图

```java
package rentCar;
public abstract class Car {          //抽象父类，定义车的共性
    private String carName;          // 车名
    private String carType;          // 车型
    private float price;             // 价格
    public abstract void show();     // 显示车辆信息
    public String getCarName() {
        return carName;
    }
    public void setCarName(String carName) {
        this.carName = carName;
```

```java
        }
        public String getCarType() {
            return carType;
        }
        public void setCarType(String carType) {
            this.carType = carType;
        }
        public float getPrice() {
            return price;
        }
        public void setPrice(float price) {
            this.price = price;
        }
        public Car() {
            this("奥迪", "小轿车", 340);
        }
        public Car(String carName, String carType, float price) {
            this.carName = carName;
            this.carType = carType;
            this.price = price;
        }
        @Override
        public String toString() {
            return "carName=" + carName + ", carType=" + carType + ", price="
                + price;
        }
    }
    package rentCar;
    public class Bus extends Car {                      //大客车类
        private double passengerNumber;                 //载客数
        @Override
        public void show() {                            //重写 show 方法
            System.out.println(toString());
        }
        public Bus() {
            super();
        }
        public Bus(String carName, String carType, float price, double passengerNumber)
{
            super(carName, carType, price);
            this.passengerNumber = passengerNumber;
        }
        public double getPassengerNumber() {
            return passengerNumber;
        }
        public void setPassengerNumber(double passengerNumber) {
            this.passengerNumber = passengerNumber;
        }
        @Override
        public String toString() {
            return super.toString()+ ", passengerNumber=" + passengerNumber ;
        }
    }
    package rentCar;
    public class Sedan extends Car {                    //小客车类添加属性载客量
        private double passengerNumber;                 //载客数
        @Override
        public void show() {
            System.out.println(toString() );
        }
        public Sedan() {
            super();
```

```java
        }
        public Sedan(String carName, String carType, float price, double passengerNumber)
{
            super(carName, carType, price);
            this.passengerNumber = passengerNumber;
        }
        public double getPassengerNumber() {
            return passengerNumber;
        }
        public void setPassengerNumber(double passengerNumber) {
            this.passengerNumber = passengerNumber;
        }
        @Override
        public String toString() {
            return super.toString()+ ", passengerNumber=" + passengerNumber ;
        }
    }
    package rentCar;
    public class Trunck extends Car {           //大卡车类，添加载货量
        private double cargoCapacity;           //载货量
        @Override
        public void show() {
            System.out.println(toString());
        }
        public Trunck() {
            super();
        }
        public double getCargoCapacity() {
            return cargoCapacity;
        }
        public void setCargoCapacity(double cargoCapacity) {
            this.cargoCapacity = cargoCapacity;
        }
        public Trunck(String carName, String carType, float price,    double
cargoCapacity) {
            super(carName, carType, price );
            this.cargoCapacity = cargoCapacity;
        }
        @Override
        public String toString() {
            return super.toString() + ", cargoCapacity=" + cargoCapacity;
        }
    }
    package rentCar;
    public class Pickup extends Car {           //载客，载货皮卡
        private double cargoCapacity;           //载货量
        private double passengerNumber;         //载客数
        @Override
        public void show() {
            System.out.println(toString() );
        }
        public Pickup() {
            super();
        }
        public Pickup(String carName, String carType, float price,
                double cargoCapacity, double passengerNumber) {
            super(carName, carType, price);
            this.cargoCapacity = cargoCapacity;
            this.passengerNumber = passengerNumber;
        }
        public double getPassengerNumber() {
            return passengerNumber;
```

```java
    }
    public void setPassengerNumber(double passengerNumber) {
        this.passengerNumber = passengerNumber;
    }
    public double getCargoCapacity() {
        return cargoCapacity;
    }
    public void setCargoCapacity(double cargoCapacity) {
        this.cargoCapacity = cargoCapacity;
    }
    @Override
    public String toString() {
        return super.toString() +", cargoCapacity=" + cargoCapacity
                + ", passengerNumber=" + passengerNumber ;
    }
}
package rentCar;
import java.util.Arrays;
public class CarList {                      //车库中的车列表
    private Car[] cars;                     //系统可以租的车
    public Car[] getCars() {
        return cars;
    }
    public void setCars(Car[] cars) {
        this.cars = cars;
    }
    public CarList(Car[] cars) {
        super();
        this.cars = cars;
    }
    public CarList() {
        super();
        cars = new Car[] { new Sedan("奥迪 A4", "小轿车", 500, 4),
                new Sedan("马自达 6", "小轿车", 400, 4),
                new Pickup("皮卡雪 6", "皮卡", 450, 4, 2),
                new Bus("金龙", "大公交", 600, 30),
                new Trunck("东方", "卡车", 500, 6.5),
                new Bus("依维柯", "大公交", 300, 20) };
    }
    @Override
    public String toString() {
        return "汽车清单：\n" + Arrays.toString(cars) ;
    }
}
package rentCar;
import java.util.Scanner;
public class CarSystem {                    //车辆系统界面
    private CarList list;                   //汽车列表
    private int[] choices;                  //顾客选择，选择那辆车，数组存放租车天数，默认为 0
    Scanner input = new Scanner(System.in);
    public CarSystem() {                    //构造方法
        list = new CarList();
        choices = new int[list.getCars().length];// 顾客选择那几辆车
    }
    public CarSystem(CarList list, int[] choices) {
        super();
        this.list = list;
        this.choices = choices;
    }
    public void run() {                     //系统的完整运行
        welcome();
        choiceCar();                        //租车整个流程
```

```java
            bye();
        }
        public void showCars() {// 显示所有车
            System.out.println("**************");
            System.out.println("系统提供如下车辆供您选择");
            Car[] cars = list.getCars();
            for (int i = 0; i < choices.length; i++)
                if (choices[i] == 0) {
                    System.out.printf("序号：%d, %s\n", i, cars[i].toString());
                }
            System.out.println("**************");
        }
        public void choiceCar() {// 租车的整个流程
            char c;
            do {
                System.out.println("1 租车,2 退出 ");
                c = input.nextLine().charAt(0);
                if (c != '1')
                    break;
                showCars();                     // 显示所有车
                rentOnecar();                   // 开始租车
            } while (true);
            showRentCar();
        }
        public void showRentCar() {      // 计算总账，显示租车的全部信息
            System.out.println("**************");
            System.out.println("您租用了下列车辆：");
            double money = 0;               // 租车费用
            int count = 0;                  // 记录租车的总数
            Car[] cars = list.getCars();
            for (int i = 0; i < choices.length; i++)
                if (choices[i] > 0) {
                    System.out.println(cars[i].toString() + ",租车时间：" + choices[i]
                        + "天");
                    count++;
                    money = choices[i] * cars[i].getPrice();
                }
            if (count > 0)
                System.out.printf("您一共租用了%d 辆车，总计金额%.2f 元\n", count, money);
            else
                System.out.println("您没有租用任何一辆车");
        }
        public void rentOnecar() {      // 租一辆车
            System.out.println("请输入要租车的序号");
            int no = Integer.parseInt(input.nextLine());
            if (no < choices.length && no >= 0 && choices[no] == 0) {
                System.out.println("请输入租车的时间");
                String days = input.nextLine();
                choices[no] = Integer.parseInt(days);
            } else
                System.out.println("你输入的选择无效！");
        }
        public void welcome() {
            System.out.println("**************");
            System.out.println("欢迎使用舒舒购车系统");
            System.out.println("**************");
        }
        public void bye() {
            System.out.println("**************");
            System.out.println("欢迎以后光临");
            System.out.println("**************");
        }
```

```
    }
package rentCar;
public class CarRunDemo {
    public static void main(String[] args) {            //系统的运行类
        //构造车库车辆
        Car [] cars = new Car[] { new Sedan("奥迪A4", "小轿车", 500, 4),
            new Sedan("马自达6", "小轿车", 400, 4),
            new Pickup("皮卡雪6", "皮卡", 450, 4, 2),
            new Bus("金龙", "大公交", 600, 30),
            new Trunck("东方", "卡车", 500, 6.5),
            new Bus("依维柯", "大公交", 300, 20),
            new Bus("解放", "卡车", 400, 20.5)};
        int []choice =new int[cars.length];             //构造用户选择数组
        CarSystem sys = new CarSystem(new CarList(cars),choice);//构造车辆系统
        sys.run();                                       //系统运行
    }
}
```

【例14】提供租车系统的解决方案,该方案仅考虑到车辆的类关系,对于生成的租车信息,并没有形成完整的租车信息对象进行处理,有兴趣的读者,可以对此程序进行修改,使其更加完善。

通过【例12】,【例13】,【例14】中都利用到继承设计 abstract 父类,定义子类的共性,然后设计类中重要数据时,定义父类的引用,利用父类引用指向子类对象,从而可以使用多态调用子类重写的方法,这种编程方式,可以方便程序的扩展,适应需求的变化。

关 键 术 语

继承 inheritance　　　基类 base class　　　父类 super class　　　子类 child class
派生类 derived class　　方法重写 method override　　抽象类 abstract class
抽象方法 abstract method　　最终类 final class　　最终方法 final method
多态 polymorphism　　动态绑定 dynamic binding

本 章 小 结

继承是类与类之间的泛化关系,体现父类和子类的 is-a 关系,其中父类为共性、一般,子类为扩展、特别。

Java 实现继承的关键字是 extends,Java 继承为单继承,子类继承父类的公有和受保护成员,并可以添加新的成员。

子类可重写父类的方法,称为方法重写,方法重写仅能重写方法体,不能修改方法首部。

子类重写父类方法,只能提升重写方法的权限,不能降低。

子类和父类方法,或成员变量重名时,父类的成员变量和方法被隐藏,如果需要访问父类的方法和成员变量,需要使用关键字 super。

子类构造方法中的第一句为父类构造方法的调用,父类构造方法显示调用使用 super()或者 super(实参表),如果父类构造方法没有显示调用,编译器会自动在子类构造方法上调用父类无参构造方法。

Object 类是其他 Java 类的父类,自定义的 Java 类如果没有指定父类,默认继承 Object 类。

当类中一个方法无法抽象出方法体,该方法可定义为抽象方法,抽象方法使用关键字 abstract。

一个类包含抽象方法，则该类为抽象类，抽象类使用关键字 abstract 修饰。

抽象类中可以定义抽象方法，也可以定义非抽象方法。

抽象类只能作为父类被继承，不能用 new 关键字创建对象。

一个类不需要被继承，只能是类层次结构的最底层，则为最终类，最终类使用关键字 final 修饰。

一个方法不能被子类修改，需要定义为最终方法，最终方法使用 final 修饰。

多态是不同对象对同一个消息有不同的行为体现。

多态实现的 3 个前提条件：继承、子类重写父类方法、父类引用指向子类对象。

父类引用指向子类对象时，调用重写方法时，调用子类重写的方法。

父类引用指向子类对象，不能调用子类新加的方法。

面向抽象的编程，编程不能使用具体的子类引用变量，而是使用父类引用指向子类对象，有利于编程的扩展。

复 习 题

一、简答题

1. 简述 this 和 super 的区别。
2. final 修饰符都能用来修饰程序中哪些成员？
3. 方法重载和方法重写的区别是什么？
4. Object 类有什么特点？

二、选择题

1. 下列选项中，用于定义子类时声明父类名的关键字是（　　）。
   A．interface　　　　B．package　　　　C．extends　　　　D．class
2. 为了调用超类的方法，可以使用（　　）关键字。
   A．superclass　　　B．superconstructor　C．super　　　　　D．以上答案都不对
3. 方法的重载指多个方法可以使用相同的名字，但是参数的数量或类型必须不完全相同，即方法体有所不同，它实现了 Java 编译时的（　　）。
   A．多态性　　　　　B．接口　　　　　　C．封装性　　　　　D．继承性
4. 下列说法正确的是（　　）。
   A．用 final 修饰一个类表明这个类不可以派生子类
   B．用 final 修饰一个方法表明这个方法不能被覆盖
   C．用 final 修饰一个变量会变成一个常量
   D．用 final 修饰的类可以被继承
5. 关于抽象类，下列（　　）描述正确。
   A．抽象类不能包含抽象方法　　　　　　B．接口和抽象类是一回事
   C．抽象类不能实例化，即不能生成对象　D．抽象类可以实例化对象
6. 如果子类中的方法 mymethod()覆盖了父类中的方法 mymethod()，假设父类方法头部定义如下：void mymethod（int a），则子类方法的定义不合法的是（　　）。
   A．public void mymethod（int a）　　　B．protected void mymethod（int a）
   C．private void mymethod（int a）　　　D．void mymethod（int a）
7. 下列关于修饰符混用的说法，错误的是（　　）。

A. abstract 不能与 final 并列修饰同一个类
B. abstract 类中不可以有 private 的成员
C. abstract 方法必须在 abstract 类中
D. static 方法中能处理非 static 的属性

8. 已知类关系如下：
```
class Employee{…},
class Manager extends Employee{…}
```
则以下有关创建对象的语句不正确的是（　　）。

A. Employee e=new Manager();　　　　B. Employee m=new Employee ();
C. Manager c=new Manager();　　　　D. Manager d=new Employee();

9. 在（　　）关系中，子类的对象也可看作是其超类的一个对象。

A. is-a　　　　B. like-a　　　　C. has-a　　　　D. 以上答案都不对

10. 多态能够让开发人员（　　）进行编程。

A. 以抽象的形式　　B. 以全局的形式　　C. 以特定的形式　　D. A 和 B

11. 在 Java 中，Object 类是所有类的父亲，用户自定义类默认扩展自 Object 类，下列选项中的（　　）方法不属于 Object 类的方法。

A. equals(Object obj)　　B. getClass()　　C. toString()　　D. trim()

三、应用题

1. 查找下列代码的错误并修改。

（1）
```java
package exercise;
public class Super {
  public void Hello(){
  System.out.println("Hello");
  }
}
package exercise;
public class Father {
    public void speak(){
        System.out.println("Haha");
    }
}
package exercise;
public class Sub extends Super,Father{
}
```

（2）
```java
package exercise;
public class Super {
  private int a;
  int b;
  protected int c;
  public int d;
  public void Hello(){
      System.out.println("Hello");
  }
}
package test;
public class SubClass extends Super{
    public void visitVariable(){
        a = 3;
        b = 4;
        c = 34;
```

```
            d = 44;
            System.out.printf("a =%d,b =%d,c=%d,d=%d",a,b,c,d);
        }
    }
```

(3)
```
    package exercise;
    public class Father {
        private int a;
        public Father(int a) {
            this.a = a;
        }
    }
    package exercise;
    public class SubClass extends Father{
        private int b;
        public SubClass(int a,int b){
            super(a);
            this.b= b;
        }
        public SubClass(){
            b = 15;
        }
    }
```

(4)
```
    package exercise;
    public class Super {
      public void  Hello(){
          System.out.println("Hello");
      }
    }
    package exercise;
    public class SubClass extends Super{
        @Override
        public void Hello(String str){
            System.out.println("Hi,HI,HI" + str);
        }
    }
```

(5)
```
    package exercise;
    public  class Father {
        private int a;
        public Father(int a) {
            this.a = a;
        }
       public abstract void speak(){
            System.out.println("Haha");
        }
    }
```

(6)
```
    package exercise;
    public class Super {
      public void  Hello(){
          System.out.println("Hello");
      }
    }
    package exercise;
    class SubClass extends Super{
        @Override
        public void Hello(){
            System.out.println("Hi,HI,HI" );
        }
```

```
    }
    package exercise;
    public class Test {
        public static void main(String[] args) {
            Super sub = new SubClass();
            SubClass sub1 = new SubClass();
            SubClass sub2= new Super();
        }
    }
```

2. 运行下列程序,给出运行结果。

(1)
```
    package exercise;
    public class Super {
      private int a;
      int b;
      protected int c;
      public int d=1;
      public void Hello(){
          System.out.println("Hello");
      }
    }
    package exercise;
    public class SubClass extends Super{
        public int d =2;
        protected int c = 3;
        public void visitVariable(){
            b = 4;
            c = 34;
            d = 44;
        }
        public void showVariable(){
            System.out.printf("b =%d,c=%d,d=%d\n",b,c,d);
        }
        public void changeVariable(){
            b = 4;
            super.c = 31;
            d = 23;
        }
    }
    package exercise;
    public class Test {
        public static void main(String[] args) {
            SubClass sub = new SubClass();
            sub.visitVariable();
            sub.showVariable();
            sub.changeVariable();
            sub.showVariable();
        }
    }
```

(2)
```
    package exercise;
    public class Father {
        private int a;
        public Father(int a) {
            this.a = a;
            System.out.println("父类带参构造方法被调用...");
        }
        public Father() {
            this.a = 1;
            System.out.println("父类无参构造方法被调用...");
        }
```

```
    }
    package exercise;
    public class Sub extends Father{
        private int b;
        public Sub(int b,int a){
            super(a);
            System.out.println("子类带参构造方法被调用");
            this.b = b;
        }
        public Sub() {
            System.out.println("子类无参构造方法被调用");
        }
    }
    package exercise;
    public class Test {
        public static void main(String[] args) {
            Sub sub = new Sub();
            Sub sub1 = new Sub(1,3);
        }
    }
```

（3）
```
    package exercise;
    public class Super {
      public void Hello(){
          System.out.println("Hello");
      }
    }
    package exercise;
    class SubClass extends Super{
        @Override
        public void Hello(){
            System.out.println("Hi,HI,HI" );
        }
    }
    package exercise;
    public class Test {
        public static void main(String[] args) {
            Super sub = new SubClass();
            SubClass sub1 = new SubClass();
            sub1.Hello();
            sub.Hello();
        }
    }
```

3. 设计一个形状类 Shape，该类有方法 getArea()和 getName()。然后利用继承机制设计出 Shape 类的子类 Circle，并且重写方法 getArea()和 getName()。在主程序中调用该类，并提示用户输入半径，然后显示该圆的面积。

4. 定义一个人类（Person），它包含属性姓名（name）、性别（sex）、带两个参数的构造方法、属性的访问器方法。定义上面人类的子类学生类（Student），包括属性学号（ID）、带参数的构造方法、属性的访问器方法、在主程序中调用两个类，进行测试。

5. 设计一个抽象类 Shape，该类有抽象方法 getArea()和 getName()。然后利用继承机制设计出 Shape 类的子类 Circle，并且重写方法 getArea()和 getName()，同时设计另一个子类长方形类 Rectangle。在主程序中调用该类，并提示用户输入半径，然后显示该圆的面积。

6. 创建一个 Vehicle 类并将它声明为抽象类。在 Vehicle 类中声明一个 showWheels 方法，使它返回一个字符串值。创建两个类 Car 和 Motor 从 Vehicle 类继承，并在这两个类中实现 showWheels 方法。在 Car 类中，应当显示"四轮车"信息；而在 Motor 类中，应当显示"双轮车"信息。创建另一个带 main 方法的类，在该类中创建 Car 和 Motor 的实例，并在控制台中显示消息。

7. 声明一个包括各种车辆的抽象类，通过继承机制定义公共汽车和自行车两个类，构造对应的方法区分公共汽车和自行车，并统计各自的数量，完成公共汽车和自行车的实例化。

8. 定义一个体育运动类（Sports）作为基类，该类包括一个进行活动的方法 play，足球（Football）和排球（Volleyball）都是体育活动类的子类，请在测试类（Test）中编写一个方法 whichPlay（Sports sp），该方法要求传递一个 Sports 类型的参数。该方法的功能是：当传入的实例类型为 Football 时，输出足球是用脚踢的，当传入的实例类型为 Basketball 时，输出排球是用手打的，在 main 方法中调用 whichPlay()验证代码的正确性。

9. 目前常见的乐器（Instrument）有吉他（guitar）、小提琴（Violin）等，每种乐器都可以弹奏（play），不过弹奏的方法各不相同，乐手张三可以弹奏这两个乐器，编写程序，完成张三对这两种乐器的弹奏。

10. 以电话 Phone 为父类，包含本机号码、打电话、接电话等属性和功能，该父类派生智能电话 SmartPhone 和固定电话 Fixedphone 为两个子类，在测试类中声明 Phone 类的数组，将 Smartphone 对象和 Fixedphone 对象存入数组，并调用某个方法实现多态。

11. 有个"绿野"自行车商店，商店售卖电动自行车和普通自行车，商店里有 3 个销售人员，当顾客进入商店后，选择一个销售人员为其服务，顾客决定是否买车，买车则交款、提车离开，模拟商店的一天的工作流程，并最终统计该天的销售车辆的总数和金额。

第 10 章　接口

引言

抽象类是对一种事物的抽象，即对类抽象，而接口是对行为的抽象，是一种协议规范，本章对接口的定义和实现进行介绍，同时对 Java 8 修改的接口新特性进行介绍，强调接口编程。

10.1　接口

10.1.1　接口的定义

接口（interface）是 Java 中一种特殊的引用类型，Java 定义接口使用关键字 interface，语法格式为：

```
访问权限修饰符 interface 接口名{
    // 接口体
}
```

其中，访问修饰符为 public 或者没有，接口名命名规范同标识符的命名规范，而且接口名常以大写字母"I"开头，表示这是一个接口，接口名由多个单词组成，每个单词首字母大写。

接口体被嵌入到花括号中，在接口体里面可以定义常量和方法，但是每一个常量会默认被关键字 public、static、final 修饰（以上关键字可以省略），即接口中定义的常量都为公有的静态常量，接口中定义的方法都是抽象方法，并默认被 public、abstract 关键字修饰（以上关键字可以省略）。总之，接口体仅包括公有的静态常量和公有的抽象方法。

【例 1】　查看接口 IDrawable，体会接口的定义

```
package myinterface;
//演示接口的定义，定义接口，文件名 IDrawable.java
public interface IDrawable {
    //省略 public static final，编译器自动添加
    int MAX =100;                               //定义常量 MAX
    public static final int MIN = 0;            //定义常量 MIN
    public abstract void draw(int x,int y);     //定义抽象方法 draw
    //省略 public abstract，默认，编译器自动添加
    boolean compare(int x,int y);               //定义抽象方法 compare
}
interface IPaintable extends IDrawable{         //接口可以继承
}
```

【例 1】可以看出，接口里面包含抽象方法和静态常量，接口可以被其他接口继承，子接口继承父接口的抽象方法和静态常量，接口继承使用关键字 extends，一个接口可以继承多个接口。接口可以是公有的，也可以是默认访问权限，默认访问权限的接口只能被包中的其他类访问，公有接口的主文件名必须和公有的接口名相同。

10.1.2　接口的实现

定义好的接口，需要用类（implement）去实现接口，类实现接口的语法格式为：

```
访问修饰符 class 类名 implements 接口1,接口2,……,接口n　 {
    //类体
```

```
        //实现接口的抽象方法
    }
```

根据语法格式，一个类可以实现多个接口，多个接口之间用逗号隔开，在类体中，必须将接口定义的抽象方法实现。例如：假设有接口 IRunnable，IComparable，假设类 A 要实现这两个接口，则应写成：

```
class A implements IRunnable,IComparable{
//实现接口的方法
......
}
```

【例2】 定义接口 IFly，并使用类 Bird，Airplane 实现 IFly 接口。

思路：定义接口 IFly，在接口中定义 fly 方法，并定义类 Bird，Airplane 去实现接口，代码如下：

```
package myinterface;
public interface IFly {                //IFly 定义飞接口
    public void fly();                 //抽象方法飞
}
package myinterface;
public class Airplane implements IFly {//飞机类，实现接口
    public void fly() {                //实现接口 IFly 的方法 fly
        System.out.println("飞机利用空气学原理飞....");
    }
}
package myinterface;
public class Bird implements IFly {    //鸟类，实现接口
    public void fly() {                //实现接口 IFly 的方法 fly
        System.out.println("小鸟原来就会飞....");
    }
}
```

10.1.3 接口和抽象类的关系

从定义来看，接口里面只包括常量和抽象方法，而且只能被类实现，因此接口和抽象类相似，对接口定义理解的最简单的方式是把接口理解成一个非常抽象的抽象类，这个抽象类只有抽象方法，只能被类实现，方便 Java 完成多继承。

然而这种理解是非常狭隘的，接口和抽象类是不同，首先在语法上是有区别的：

①抽象类使用关键字 class 定义，接口使用关键字 interface 定义；

②抽象类可以有抽象方法，也可以有非抽象方法，而接口中只能存在 public abstract 方法；

③抽象类中的成员变量可以是各种类型的，如私有变量、受保护变量等，而接口中的成员变量只能是公有静态常量（public static final）；

接口中不能含有静态代码块以及静态方法，而抽象类可以有静态代码块和静态方法；

一个类只能继承一个抽象类，而一个类却可以实现多个接口。

其次，从设计层面上看，抽象类可以看成是多个对象共同抽象出的共性，是对行为和属性的抽象，是"类模板"，使用一个抽象类派生的子类，是具有共性的，都是抽象类的对象，抽象类和子类之间是 is-a 关系，例如，用抽象父类 Animal 生成的子类对象，都是 Animal 类的对象，而对于接口，是对方法的抽象，不是对一类事物的抽象，属于"协议规范"，例如，飞行接口不能看做一个类，然而不同的类都可以实现接口，完成抽象方法，具备方法提供的功能，这些类可以是不相关的类，因此非常灵活。例如，【例2】中的飞机类和鸟类，是两个无关的类，都可以实现 IFly 接口，具备飞的能力，可以看出接口是使类"拥有"或者"具备"某种能力。

10.1.4 接口的 UML 表示

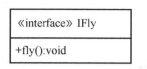

图 10-1 IFly 接口 UML 表示图

接口在 UML 中表示形式与类在 UML 的表示形式相似，接口在 UML 中使用矩形表示，矩形第一行表示接口名称，在接口名上面使用《interface》标识此为接口。矩形第二行为接口的方法列表，方法表示形式与在类中表示一致，第三层为变量层，没有变量定义则可以省略。图 10-1 使用 UML 表示【例 2】实现的 IFly 接口。

一个类实现接口的功能，体现类之间的实现关系，在 Java 中使用关键字 implements 明确表示，在 UML 类图设计中，实现接口使用一条带空心三角箭头的虚线，从类指向实现的接口，如图 10-2 所示。

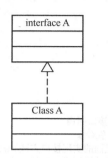

图 10-2 类实现接口的示意图

10.2 接口与多态

第九章通过继承、方法重写、父类引用指向子类对象实现了多态，此外，接口也可以实现多态，接口实现多态通过接口变量指向实现接口的类的对象，然后调用重写的接口方法执行的。

10.2.1 接口实现多态

接口实现多态前提为：有接口，有实现接口的类，在此基础上，完成：
①接口变量指向实现接口的类的对象；
②接口变量调用类中重写的接口方法。

【例 3】 使用【例 2】已定义的接口 IFly，实现 IFly 接口的类 Bird，Airplane，测试接口多态。

思路：接口多态就是使用接口变量指向实现接口的对象，然后调用接口方法，代码如下：

```java
package myinterface;
public class IFlyTest {
    public static void main(String[] args) {          //接口多态
        IFly f1 = new Bird();                         //接口变量指向实现接口的类的对象
        IFly f2 = new Airplane();
        f1.fly();                                     //调用接口方法
        f2.fly();
    }
}
```

【例 3】定义接口变量 f1 指向鸟类对象，然后通过 f1 调用 fly 方法，调用的为 Bird 重写的 fly 方法，从而实现了多态。

接口变量指向实现接口的类的对象，然后调用类中实现的接口方法称之为**接口回调**，注意，接口回调只能调用实现接口类中的重写的接口方法，而不能调用类中的非接口方法。

【例 4】 定义接口 ISwim，然后使用 Fish、Duck 类实现该接口，体会接口回调。

```java
package myinterface;
public interface ISwim {                //接口 ISwim 测试接口回调
    public void swim();
}
package myinterface;
public class Fish implements ISwim {    //Fish 实现 ISwim
    @Override                           //实现 ISwim 接口的方法 swim
    public void swim() {
```

```java
            System.out.println("鱼天天在水里游来游去");
        }
        public void playPao(){                    //鱼自身的方法
            System.out.println("鱼喜欢吐泡泡");
        }
    }
    package myinterface;
    public class Duck implements ISwim {         //鸭子实现ISwim
        @Override                                //实现接口方法
        public void swim() {
            System.out.println("鱼天天在水里游来游去");
        }
        public void walk(){
            System.out.println("鸭子天天摇摇摆摆的走");
        }
    }
    package myinterface;
    public class ISwimTest {
        public static void main(String[] args)  {//ISwim接口测试接口回调
            ISwim s1 = new Fish();               //接口变量s1指向鱼对象
            s1.swim();                           //接口变量调用类里面的实现接口方法swim
            //s1.playPao();                      //错误,接口变量不能调用类自身的方法

            ISwim s2 = new Duck();               //接口变量s2指向鸭子对象
            s2.swim();                           //接口变量s2调用类里面的实现接口方法swim
            //s2.walk();                         //错误,接口变量不能调用类自身的方法

            //鸭子引用指向鸭子变量,可以调用所有鸭子类方法
            Duck d1 = new Duck();
            d1.swim();
            d1.walk();
        }
    }
```

10.2.2 面向接口的编程

面向接口的编程是指当设计某些具体的类时,不让类面向具体类对象,而是面向接口,即所设计的类中的重要数据是接口引用的对象,而不是具体类声明的对象。具体类只要实现接口即可,通过接口变量指向具体类的对象,通过接口回调调用具体类的接口实现方法。

【例5】 计算机包含 USB 接口,可以通过其连接不同的外设如 U 盘,移动硬盘,手机等进行读/写,编写程序模拟这个过程。

思路:首先要定义一个计算机类,计算机可以通过接口连接不同的外设,因此包含一个成员属性 USB 接口,然后定义外设类如手机类,U 盘类和移动硬盘类。问题在于 USB 接口是什么类型的变量,与外设类的关系如何。

方案一:分别定义 FlashDisk、MobileHardDisk、Phone 三个类,实现各自的 Read 和 Write 方法。然后在 Computer 类中包含上述三个类的对象为属性,为每个类分别写读、写方法。例如,为 FlashDisk 写 ReadFromFlashDisk、WriteToFlashDisk 两个方法。总共六个方法。

方案二:定义抽象类 MobileDevice,在里面写抽象方法 Read 和 Write,三个存储设备继承此抽象类,并重写 Read 和 Write 方法。Computer 类中包含一个类型为 MobileDevice 的成员变量,并为其编写 getter、setter,这样 Computer 中只需要两个方法:ReadData 和 WriteData,并通过多态性实现不同移动设备的读/写。

方案三:与方案二基本相同,只是不定义抽象类,而是定义接口 IMobileDevice,移动设备类实现此接口。Computer 中通过依赖接口 IMobileDevice 实现多态性。

显然方案一最为简单,但其可扩展性最差,若添加新的移动设备,例如,可读/写光驱,则需要修改 Computer 类,添加新的成员变量和方法,代码越来越冗余,而且不符合类的"开闭原则"。所以应选择方案二或者方案三。

方案二和方案三比较类似,计算机类中有一个 MobileDevice 或者 IMobileDevice 的成员变量,这个成员变量到底是 U 盘还是移动硬盘并不清楚,取决于运行中给其赋值,并且只要是抽象类 MobileDevice 的子类对象或者实现 IMobileDevice 接口类的对象即可。因此可以动态添加和替换移动设备,而且移动设备只有实现 read 和 write 即可,所以代码简洁。

由于手机、移动硬盘、U 盘等移动设备不是同一类型的设备不同抽象出同一父类,并且这个程序主要考虑接口的扩展性,因此选择方案三,代码如下:

```java
package interfaceprogramming;
public interface IMobileDevice {        //移动设备接口,虚拟方法读、写
    public void read();                 //读数据方法
    public void write();                //写数据方法
}
package interfaceprogramming;
public class Computer {                 //模拟计算机读取移动设备,体会面向接口的编程
    IMobileDevice device;               //定义接口引用 device
    public void readData() {            //读取外设数据
        device.read();                  //多态
    }
    public void writeData() {           //写外设写数据
        device.read();                  //多态
    }
    
    public void setDevice(IMobileDevice device) {//接口引用的 setter getter
        this.device = device;
    }
    public IMobileDevice getDevice() {
        return device;
    }
    public Computer(IMobileDevice device) {
        super();
        this.device = device;
    }
    public Computer() {                 //构造方法重载
        super();
    }
}
package interfaceprogramming;
public class UDisk implements IMobileDevice {
    public void read() {                //实现接口读/写方法
        System.out.println("从U盘读数据到计算机内存");
    }
    public void write() {
        System.out.println("计算机内存数据写入U盘");
    }
}
package interfaceprogramming;
public class Phone implements IMobileDevice {
    public void read() {                //实现接口读/写方法
        System.out.println("从手机读数据到计算机内存");
        }
        public void write() {
            System.out.println("计算机内存数据写入手机");
        }
    }
}
package interfaceprogramming;
```

```
    public class MobileHarddisk  implements IMobileDevice {
        public void read() {                    //实现接口读/写方法
            System.out.println("从移动硬盘读数据到计算机内存");
        }
        public void write() {
            System.out.println("计算机内存数据写入移动硬盘");
        }
    }
    package interfaceprogramming;
    public class ComputerRun {
        public static void main(String[] args) {//测试，计算机插拔移动设备
            Computer com = new Computer();
            MobileHarddisk disk = new MobileHarddisk();
            com.setDevice(disk);//插入一个移动硬盘
            com.writeData();//读/写移动硬盘数据
            com.readData();
        }
    }
```

【例 5】在 ComputerRun 类 main 方法中为计算机对象 com 添加移动硬盘，并读/写数据，当然也非常方便在 main 中修改代码为 com 对象添加 U 盘，而不需要修改计算机类，对于添加新的移动设备也非常方便，只需要添加实现接口 IMobileDevice 的新类即可，所以程序的可扩展性强，利用多态性和接口，【例 5】实现了"依赖接口，而不是依赖与具体类"的编程。

10.3 匿名内部类

匿名类（anonymous class）顾名思义是没有类名的内部类，由于没有名字，所以匿名类只能使用一次，它一般专用于处理某个任务，简化代码编写。

使用匿名类有一个前提条件，匿名类必须继承一个类，或者实现一个接口，生成匿名类对象的语法为：

```
new 类名(){
// 类体
}
或者：
new 接口名(){
//类体
}
```

第一种语法中的类名为匿名类要继承的父类，类体为匿名类的类体，如果要重写父类的方法，在类体中实现，也可以加入新的方法。

第二种语法的接口名为匿名类要实现的接口，类体为匿名类的类体，在类体中必须实现接口的方法，也可以加入新的方法。

【例 6】 定义父类 Animal，然后定义一匿名类子类，测试其使用，体会代码。

```
package anonymousclass;
public abstract class Animal {                    //抽象父类 Animal
    public abstract void eat();                   //定义抽象方法 eat
}
package anonymousclass;
public class AnimalTest {
    public static void main(String[] args) {//利用 Animal 父类，生成匿名类对象
        //某类只用一次，定义为匿名类，父类引用指向匿名类对象
        Animal a1 = new Animal(){
            @Override                            //重写父类的抽象方法
            public void eat() {
                System.out.println("某种动物吃啥来...");
            }
```

```
        };
        a1.eat();                          //调用匿名类重写的 eat 方法
    }
}
```

【例6】在测试类中定义并生成一个匿名类对象,并用父类 Animal 的引用 a1 指向匿名类对象,然后调用 eat 方法,引用 a1 调用匿名类重写的 eat 方法,这样省略一个子类的定义,但是该类只能使用一次。

【例7】定义接口 IMove,创建接口的匿名类对象,查看代码,体会匿名类的使用。

```
package anonymousclass;
public interface IMove {//定义接口
    public void move();
}
package anonymousclass;
public class IMoveTest {
    public static void main(String[] args) {    //接口生成匿名类测试
        IMove m = new IMove(){                  //生成匿名类对象,接口 m 指向匿名类对象
            @Override
            public void move() {
                System.out.println("不知名物体在移动");
            }
        };
        m.move();                               //调用匿名类的实现 move 方法
    }
}
```

【例7】在测试类中,使用接口 IMove 生成匿名类对象,然后使用接口引用 m 指向匿名类对象,并调用匿名类对象实现的 move 方法,这个过程演示接口匿名类的生成过程。

匿名类一般专用于某种功能,并且仅使用一次,在 Java 创建线程和创建监听器对象的时候,经常使用匿名类。

10.4 Java 常用接口

Java API 中提供一系列的接口,下面对常用的接口进行简单介绍:

1. Cloneable 接口

克隆接口 Cloneable,是一个空接口,里面没有任何方法,但当某类使用后者重写 Object 类的克隆方法 clone,目的是创建对象的备份时,需要实现克隆接口,以达到标记的作用,否则会导致 CloneNotSupportedException。

2. Runnable 接口

Java 在创建线程时有两种方式,一种是继承线程 Thread 类,另一种是使用 Runnable 接口,即 Runnable 接口可以用来创建线程类对象,利用 Runnable 接口来创建线程类对象,需要实现 Runnable 接口中的 run 方法。

3. Serializable 接口

序列化接口 Serializable 用于 Java 对象序列化,**序列化**(Serialization)是一种将对象以一连串的字节描述的过程,在某些情况下如需要把内存中的对象保存到一个文件中或者数据库中的时候,需要序列化。需要序列化的类必须实现 Serializable 接口,Serializable 接口中没有任何方法,可以理解为一个标记,即表明此类可以序列化。

4. Comparable 接口

Java 的基本类型的值可以比较大小、排序，对于 Java 类，如果需要按照某个对象属性值使对象可以比较大小或者排序，需要实现 Comparable 接口，Comparable 接口包括 compare 方法，其方法首部为：

```
public int compareTo(Object o)
```

【例 8】 定义学生类 Student，使学生可以通过学号实现排列，学号值小的在前，学号大的在后。

思路：要对学生对象进行排列，即需要比较学生对象，因此定义 Student 类，并实现 Comparable 接口，在实现 compareTo 方法中，根据学号进行比较对象大小。

```java
package myinterface;
@SuppressWarnings("rawtypes")
public class Student implements Comparable{
    private String sno;
    private String name;
    private String sex;
    private int age;
    @Override//实现比较方法，根据学号比较
    public int compareTo(Object o) {
        if(o ==null)
            return -1;
        if(o == this)
            return 0;
        if(o instanceof Student){
            String no =((Student) o).getsno();
            return this.sno.compareTo(no);
        }
        return -1;
    }
    public Student(String sno, String name, String sex, int age) {
        super();
        this.sno = sno;
        this.name = name;
        this.sex = sex;
        this.age = age;
    }
    public Student() {
        this("000","未知","男",8);
    }
    public String getsno() {
        return sno;
    }
    public void setsno(String sno) {
        this.sno = sno;
    }
    public String getName() {
        return name;
    }
    public void setName(String name) {
        this.name = name;
    }
    public String getSex() {
        return sex;
    }
    public void setSex(String sex) {
        this.sex = sex;
    }
    public int getAge() {
        return age;
```

```
        }
        public void setAge(int age) {
            this.age = age;
        }
}
package myinterface;
public class StudentDemo {
    public static void main(String[] args) {        //测试比较接口
        Student s1 = new Student();                   //创建学生对象，比较大小
        Student s2 = new Student();
        Student s3 = new Student("001","tom","男",8);
        System.out.println(s1.compareTo(s2));//输出两个对象比较大小的结果
        System.out.println(s1.compareTo(s3));
    }
}
```

10.5 接口的新特性

为了支持函数式编程，Java 8 对接口添加了一些新特性，如默认方法、函数式接口等，本节在 Java 8 的基础上介绍接口的新特性。

10.5.1 默认方法

在 Java 8 中，允许在接口中定义默认方法（default method），默认方法是指在接口中将方法具体实现。默认方法需要在方法定义的前面添加关键字 default，语法格式为：

```
default 返回类型 方法名(形式参数)
{
    //方法体
}
```

接口中默认方法的定义方式和普通方法类似，区别在于需要在方法声明中添加关键字 default。对于接口中定义的默认方法，实现该接口的类可以直接调用。

【例9】 查看在接口 IA 中默认方法的定义并使用。

```
public interface IA {
    default void fo( ){                           //定义默认方法
        System.out.println("this is a default method");
    }
}
public class ClassA  implements IA {              //类 CllassA 实现接口 IA
}
public class DefaultTest1 {
 public static void main(String args[]) {         //测试类测试默认方法的调用
        ClassA  one = new ClassA ();
            one.fo();                             //调用缺省方法
    }
}
```

【例9】可以看出，在 IA 中定义默认方法 fo，类 ClassA 实现接口 IA，那么类 ClassA 的对象 one 可以直接调用默认方法 fo，调用的是接口中定义的默认方法。

引入默认方法可以为接口添加新的方法，而不会破坏接口的实现，即不需要修改实现接口的类。对于在接口中引入默认方法而导致的方法冲突问题，按照下列的规则解决冲突：

①如果两个接口中有相同方法首部的默认方法，实现这两个接口的子类必须重新实现冲突的默认方法，可以在方法体中指定使用哪个父接口的默认实现；

②如果父类里面有一个方法和接口中定义的默认方法有相同的方法首部，那么子类优先使用由父类里面定义的方法；

③实现接口的子类可以重写接口中的默认方法,并且子类优先调用重写的方法;
④接口中的默认方法不能重写 Object 类中定义的 equals,toString 等方法。

【例 10】 查看下列代码,了解两个接口具有相同的默认方法,如何解决方法冲突。

```
interface IB {
  default void do() {
    System.out.println("inside IB");
  }
}
interface IC {
  default void do() {
    System.out.println("inside IC");
  }
}
class App implements IB, IC {
  public void do() {        //重写子类冲突的默认方法
    IB.super.do();          //调用 IB 接口的默认方法 注意使用关键字 super
  }
  public static void main(String[] args) {
    new App().do();         //调用子类重写的 do 方法
  }
}
```

接口 IB,IC 存在相同的默认方法,子类 App 实现接口 IB、IC,则需要重写冲突的默认方法 do,注意在重写的 do 方法中,若调用接口中的默认方法,方式为接口名.super.默认方法()。

【例 11】 查看代码,了解接口默认方法签名与父类方法签名冲突的解决方式。

【例 11】中接口 ID 中和父类 SuperApp 存在相同方法 do,子类 MyApp 继承父类 SuperApp 并且实现接口 ID,对于子类对象 one,调用方法 do,优先调用父类定义的 do 方法。

```
interface ID {
  default void do() {
    System.out.println("inside interface ID");
  }
}
class SuperApp {
  public void do() {
    System.out.println("inside super class");
  }
}
class MyApp extend SuperApp implements ID{
}
public class DefaultTest2 {
  public static void main(String args[]) {
      MyApp one = new MyApp ();
        one.do();//调用父类的 do 方法
   }
}
```

10.5.2 接口的静态方法

在 Java 8 中,可以为接口添加静态方法。

【例 12】 查看代码,了解接口中静态方法的定义方式。

```
interface ID {
    public static void so(){    //接口中添加静态方法
        System.out.println("static method in interface id");
    }
}
class StaticDemo implements ID{
}
public class Staticest3 {
```

```
        public static void main(String args[]) {
            StaticDemo.so();         //通过类名调用静态方法
        }
    }
```

10.5.3 函数式接口

函数式接口（Functional Interface）是 Java 8 引入的核心概念之一。函数式接口是指如果某个接口中只定义了一个抽象的方法，那么该接口就是函数式接口。例如，下列接口 IF，就是函数式接口。

【例 13】 查看代码，体会函数式接口的定义。

```
interfece IF{
  public abstract void run();        //只有一个抽象方法
  public default void fo(){          //默认方法
    System.out.println("This is a default method");
  }
  public default void so(){          //默认方法
    System.out.println("so --- default method");
  }
}
```

在接口 IF 中，虽然包含三个方法，但只有方法 run 为抽象方法，其他两个方法 fo、so 都为默认方法，所以 IF 接口为函数式接口。

对于函数式接口，Java 8 引入新注解：@FunctionalInterface，该注解可以放在函数式接口定义之前。此注解可以帮助编译器检查该接口是否是一个函数式接口。即如果对某个接口加上注解@FunctionalInterface，那么在此接口如果定义了多个抽象方法，则编译器拒绝编译。

例如，接口 IF，可以对其加上注解@FunctionalInterface。如果在 IF 中继续添加抽象方法，则编译器给出提示，无法通过编译。

```
@FunctionalInterface
interfece IF{
  public abstract void run();
  public default void fo(){
    System.out.println("This is a default method");
  }
  public default void so(){
    System.out.println("so --- default method");
  }
}
```

注意，函数式接口可以不使用注解@FunctionalInterface，该注解只是帮助编译器进行检查接口是否是函数式接口。

在 Java 8 中增加了一个新的包：java.util.function，它里面包含了常用的函数式接口，例如：

```
Predicate<T>——接收 T 对象并返回 boolean
Consumer<T>——接收 T 对象，不返回值
Function<T, R>——接收 T 对象，返回 R 对象
Supplier<T>——提供 T 对象（例如，工厂），不接收值
UnaryOperator<T>——接收 T 对象，返回 T 对象
BinaryOperator<T>——接收两个 T 对象，返回 T 对象
```

10.6 lambda 表达式

lambda 表达式是 Java 8 中一个重要的新特性，lambda 表达式允许通过表达式来代替方法。lambda 表达式如同方法一样，提供了一个正常的参数列表和一个使用这些参数的主体，主体可以是一个表达式或一个代码块。

10.6.1 lambda 表达式的语法

lambda 表达式的语法由参数列表、箭头符号→和函数体组成。函数体既可以是一个表达式，也可以是一个语句块。lambda 表达式基本语法格式为：

```
(parameters) -> expression 或 (parameters) ->{ statements; }
```

例如：

（1）不需要参数，返回值为 7：
```
() -> 7
```

（2）接收一个数字类型参数，返回其 2 倍的值：
```
x -> 2 * x
```

（3）接收一个整型参数 x，返回其是否大于 0：
```
(int x) -> x>0
```

（4）接收 2 个数字参数，并返回它们的差值：
```
(x, y) -> x - y
```

（5）接收 2 个 int 型整数，返回两个整数的乘积：
```
(int x, int y) -> x * y
```

（6）接收一个 string 对象，并在控制台打印，不返回任何值：
```
(String s) -> System.out.print(s)
```

（7）接收 3 个整型参数，返回最大值：
```
(int x,int y,int z)->{
    int max =x ;
    if (max > y) max=y;
    if(max >z ) max = z;
    return max;
}
```

从以上例子可以看出，lambda 表达式类似于方法，可以看成匿名方法定义，对于其基本格式，给出下列解释：

关于参数列表，从以上例子可以看出：
①如果没有参数，直接使用括号()表示，括号()不能省略；
②参数可以定义为数据类型 参数名，也可以仅写出参数名；
③如果只有一个参数，并且对参数定义类型，参数外面一定加括号()；
④如果有两个或者多个参数，不论是否定义参数类型，都要在参数外边加()；
⑤如果参数要加修饰符或者标签，参数一定要加上完整的类型。

对于表达式，有下列规则：
①如果表达式只有一行，则直接书写，不需要添加{}；
②如果表达式有多行，则需要添加{}成为代码块；
③如果表达式有多行，并且需要返回值，则需要在代码块中使用 return 语句返回值；
④如果表达式为单行，则不需要使用 return 语句返回值，编译器会自动返回表达式的值。

10.6.2 lambda 表达式与函数式接口

函数式接口也是 Java 8 引入的概念，它表示接口中只有一个显示声明的抽象方法，一般用 @FunctionalInterface 标注出来，例如下列接口是函数式接口：

```
@FunctionalInterface
public interface Runnable {
   void run();
}
 public interface ActionListener {
    void actionPerformed(ActionEvent e);
}
```

对于函数式接口，在 Java 8 以前的代码中，为了实现带函数接口，往往需要定义一个匿名类并重写接口方法，代码显得很臃肿，例如：

```
Runnable oldRunnable = new Runnable() {
    @Override
    public void run() {
        System.out.println( "This is a Old Runnable");
    }
};
button.addActionListener(new ActionListener(){
  public void actionPerformed(ActionEvent e) {
ShowDialog(e.tostring());
}
});
```

在 Java 8 中，可以用 lambda 表达式实现这种函数式接口，例如：

```
Runnable newRunnable = () -> {
        System.out.println(":New Lambda Runnable");
    };
button.addActionListener((ActionEvent e) -> ShowDialog(e.tostring()));
```

可以看出，利用 lambda 表达式实现函数式接口比较简洁，Lambda 表达式对接口中的抽象方法进行实现，编译器会负责推导这个 lambda 表达式具体是对应哪个函数式接口类型。本质上 lambda 表达式最终也被编译为一个实现类，不过语法上做了简化。

对于使用 lambda 表达式来完成函数式接口的实现，需要注意下列事情：
① lambda 表达式的参数和函数式接口的抽象方法参数在数量和类型上一一对应；
② lambda 表达式的返回值和函数接口的抽象方法返回值相兼容（compatible）；
③ lambda 表达式内所抛出的异常和函数接口的抽象方法抛出类型相兼容。

【例 14】 利用 lambda 表达式实现 Runnable 函数接口。

```
public class LambdaTest2{
public static void main(String[] args) {
    Runnable oldRunnable = new Runnable() {// 匿名类实现
        @Override
        public void run() {
            System.out.println(Thread.currentThread().getName() + ": Old Runnable");
        }
    };
    Runnable newRunnable = () -> {                    //lambda 表达式实现
        System.out.println(Thread.currentThread().getName() + ": New Lambda Runnable");
    };
    new Thread(oldRunnable).start();
    new Thread(newRunnable).start();
  }
}
```

从代码来看，lambda 表达式简化匿名类的实现方式，使代码简洁，不仅如此 lambda 表达式还增强了集合库，Java 8 添加了 2 个对集合数据进行批量操作的包 java.util.function、java.util.stream，而且 lambda 表达式是 Java 向函数式编程的转变的开始。

10.7 接口的应用示例

【例 15】 设计甜甜营养水生产线，该生产线的生产流程是从某个地方把水取出来，然后经过缓冲、过滤、放糖的步骤，生产营养水，请编写代码完成这个过程。

思路：生产线从原材料水开始，最终生成营养水，因此需要定义类水、营养水类以及生产线类，另外原材料经过滤、加热、放糖的工序才能变成营养水，每个工序是对功能的抽象，因此定义为接口。所以整个营养水应继承水类，生产线应实现过滤、加热、放糖接口，代码如下所示。

```java
package water.change;
public abstract class Water {                              //原材料抽象水
    private int volumn;                                    //体积
    public Water(int volumn) {
        super();
        this.volumn = volumn;
    }
    public int getVolumn() {
        return volumn;
    }
    public void setVolumn(int volumn) {
        this.volumn = volumn;
    }
}
package water.change;
public interface IFilter {                                 //过滤接口
    public void filterf(Water water);
}
package water.change;
public interface IHeating {                                //加热接口
  public void heat(Water water);
}
package water.change;
public interface IPutSuger {                               //放糖接口
  void putSuger(Water water);
}
package water.change;
public class Beltline implements IHeating, IPutSuger, IFilter {
    public NutrientWater produce(Water water){   //生产线生成方法
        filter(water);
        heat(water);
        return putSuger(water);
    }
    public void filter(Water water) {                      //实现接口方法
        System.out.println("water 过滤 ");
    }
    public NutrientWater putSuger(Water water) {
        System.out.println("water 放糖 ");
        return new NutrientWater(water.getVolumn());       //生成营养水
    }
    public void heat(Water water) {
        System.out.println("water 加热 ");
    }
}
package water.change;
public class NutrientWater extends Water {                 //营养水
    public NutrientWater(int volumn) {
        super(volumn);
    }
}
package water.change;
public class WaterDemo {
    public static void main(String[] args) {               //生产线生产营养水
        Water w = new Water(500);
        Beltline line = new Beltline();
        NutrientWater nw =line.produce(w);                 //生产线生产水
    }
}
```

关 键 术 语

接口 interface　　实现 implements　　匿名类 anonymous class　　序列化 serialization
默认方法 default method　　函数式接口 functional interface

本 章 小 结

接口是对某些行为的抽象，是"协议规范"，定义接口使用 interface 关键字。

接口中只能包含公有的静态常量成员和公有的抽象方法。

一个类可以实现多个接口，实现接口需要在类中实现接口的所有方法，类实现接口使用关键字 implements，多个接口之间使用逗号隔开。

利用接口引用指向实现接口的类对象，可以调用接口中的方法，实现多态。

利用接口引用指向实现接口的类对象，不能调用类中定义的非接口方法。

匿名内部类是在方法里定义的类，此类没有名字，需要以父类或者要实现的接口为名，直接使用 new 创建匿名类对象，该对象只能在定义类的方法中使用。

Java 8 后，接口中可以定义默认方法，即非抽象方法，并且可以定义静态方法。

Java 8 后，接口中只有一个抽象方法，该接口为函数式接口。

面向接口的编程，即使用接口变量指向实现接口的类，可以扩展编程，降低类的耦合性。

lambda 表达式定义类似于匿名方法的定义，语法由参数列表、箭头符号->和函数体组成。

复 习 题

一、简答题

1. 接口中方法的修饰符都有哪些？变量的修饰符有哪些？
2. 接口的作用是什么？简述接口与类的关系。
3. 接口和抽象类的区别是什么？
4. 内部匿名类的特点是什么？
5. 什么是接口的默认方法？
6. 什么是函数式接口？

二、选择题

1. 下列有关 Java 中接口的说法哪个是正确的？（　　）
   A．接口中含有具体方法的实现代码
   B．若一个类要实现一个接口，则用到"implements"关键字
   C．若一个类要实现一个接口，则用到"extends"关键字
   D．接口可以被继承
2. 下面选项正确的是（　　）。
   A．抽象类可以有构造方法　　　　　　B．接口可以有构造方法
   C．可以用 new 操作符操作一个接口　　D．可以用 new 操作符操作一个抽象类
3. 匿名内部类（　　）。
   A．没有名字　　　　　　　　　　　　B．在另一个类的内部定义

C. 在定义外将创建一个实例　　　　D. 以上答案都对

4. 一个类在实现接口时，必须（　　）。
   A. 额外定义一个实例变量　　　　B. 实现接口中的所有方法
   C. 扩展该接口　　　　　　　　　D. 以上答案都不对

5. 接口 A 的定义如下，下列（　　）类实现了该接口？
   ```
   interface A {
     int method1(int i);
     int method2(int j);
   }
   ```
   A.
   ```
   class B implements A {
       int method1() { }
       int method2() { }
   }
   ```
   B.
   ```
   class B {
       int method1(int i) { }
       int method2(int j) { }
   }
   ```
   C.
   ```
   class B implements A {
       int method1(int i) { }
       int method2(int j) { }
   }
   ```
   D.
   ```
   class B extends A {
       int method1(int i) { }
       int method2(int j) { }
   }
   ```

6. 虽然接口和抽象类不能创建对象，但它们的对象引用仍可指向该类型的对象，这种说法（　　）。
   A. 正确　　　B. 不正确　　　C. 不能确定　　　D. 接口和抽象类不能声明其对象引用

7. 下列关于默认方法的说法，不正确的是（　　）。
   A. 默认方法使用 default 关键字定义在接口中
   B. 默认方法需定义方法体
   C. 实现接口的子类可以直接调用默认方法
   D. 一个接口只能有一个默认方法

8. 下列（　　）是函数式接口。
   A.
   ```
   public interface A{
       void soo( );
       void foo( );
   }
   ```
   B.
   ```
   public interface A{
       default void soo( ){ System.out.println("soo");}
       default void foo( ){ System.out.println("foo");}
   }
   ```
   C.
   ```
   public interface A{
       default void soo( ){ System.out.println("soo");}
       static void foo( ){ System.out.println("foo");}
   }
   ```

D.
```
public interface A{
    default void soo( ){ System.out.println("soo");}
    void foo();
}
```

9. 下列定义的 lambda 表达式，错误的是（   ）。

A. ()-> 3>7   B. （x,y) ->x +y   C. （int x,y) ->x*y   D. （a,b,c) ->a+b-c

三、应用题

1. 请写出下列代码的输出结果。

(1)
```java
interface A {
    int x = 3;
     void showX();
}
interface B {
    int y = 1;
   void showY();
}
class MyClass implements A,B {
    int z = 2;
    public void showX() {
        System.out.println("x=" + x);
     }
    public void showY() {
        System.out.println("y=" + y);
    }
    public void showMy() {
        System.out.println("z=" + (z + x + y));
    }
 }
public class Test1 {
   public static void main(String[] args) {
      MyClass my = new MyClass ();
       my.showX();
       my.showY();
       my.showMy();
   }
  }
```

(2)
```java
public interface Moveable {
    public void move();
}
public class Person implements Moveable{
    public void move(){
        System.out.println("Person is walk");
    }
}
public class Plane implements Moveable{
    public void move(){
        System.out.println("Plane is fly");
    }
}
public class Test2 {
     public static void main(String[] args) {
        Moveable my = new Person();
       Plane p1 = new Plane ();
      my.move();
      p1.move();
```

（3）
```
    interface IA {
        void show();
        void eat();
    }
    public class AnonymousClass {
        public String display(IA a){
            System.out.println("display方法显示...");
            a.show();
            a.eat();
            return "display返回的值";
        }
        public String testDislay() {
            return display(new IA(){
                public void show() {
                    System.out.println("调用匿名内显示...");
                }
                public void eat() {
                    System.out.println("今天要多吃点...");
                }
            }) ;
        }
    }
    public class Test{
        public static void main(String[] args) {
            AnonymousClass one= new AnonymousClass();
            System.out.println(one.testDislay());
        }
    }
```

2. 查找并修改下列代码的错误。

（1）
```
    package exercise;
    interface IA{
        void display(){
            System.out.println("show me");
        }
    }
    public class Father extends IA{
        void display(){
            System.out.println("modify me");
        }
    }
```

（2）
```
    package exercise;
    interface IB{
        void show();
    }
    public class Father implements IB{
        public void show(){
            System.out.println("show me");
        }
        public void display(){
            System.out.println("display me");
        }
    }
    package exercise;
    public class Test {
        public static void main(String[] args) {
```

```
            IB b= new Father();
            b.show();
            b.display();
        }
    }
```

(3)
```
    package exercise;
    interface IB{
        void show();
    }
    class MyClass{
            public void showMe(){
                System.out.println("show me show me");
                IB b=new IB(){
                    public void show() {
                        showMe();
                    }
                };
                b.showMe();
            }
    }
```

(4) 定义一个函数式接口。
```
    interface IF{
    void speak();
    void wait();
    }
```

3. 编写程序，完成要求：

(1) 所有的可以拨号的设备都应该有拨号功能 （Dailup）；

(2) 所有的播放设备都可以有播放功能（Play）；

(3) 所有的照相设备都有拍照功能（takePhoto）；

(4) 定义一个电话类 Telephone，有拨号功能；

(5) 定义一个 MP3 类有播放功能；

(6) 定义一个照相机类 Camera，有照相功能；

(7) 定义一个智能手机类 SmartPhone，有拨号、拍照、播放功能；

(8) 定义一个人类 Person，有如下方法：

ⓐ使用拨号设备；ⓑ使用拍照设备；ⓒ使用播放设备；ⓓ使用拨号播放拍照设备。

(9) 编写测试类 Test，分别创建人、固定电话、VCD、照相机、智能手机对象，让人使用这些对象。

4. 创建两个 Student 类的对象，根据学生的年龄，实现两个对象比较，输出其中年龄大的学生的姓名。

5. 设计超强安全门，首先要设计一张抽象的门 Door，那么对于这张门来说，就应该拥有所有门的共性，开门 openDoor()和关门 closeDoor()；然后对门进行另外的功能设计，防盗 theftproof()、防水 waterproof()、防弹 bulletproof()、防火、防锈……请利用继承、抽象类、接口的知识完成超强安全门的实现过程。

第 11 章 异常处理

引言

在编写程序时,不仅需要考虑程序正常执行的情况,还需要考虑程序运行出现异常的状况,例如,编写访问数据库的代码,如果只编写能够正常连接数据库的代码,如果出现数据库没有启动、网络连接异常等情况,访问数据库的代码就会出现问题,因此,编程要考虑异常机制。

异常机制是指当程序出现错误后,程序如何处理。具体来说,异常机制提供了程序退出的安全通道。当出现错误后,程序执行的流程发生改变,程序的控制权转移到异常处理,对出现的问题进行处理。本章对异常处理机制进行介绍,包括异常的分类和定义,如何处理异常,编写自己程序的异常类等。

11.1 异常概述

异常(Exception)发生在程序执行期间,表现为程序出现了一个非法运行的情况。许多 JDK 的方法在检测到非法情况时,都会抛出一个异常对象。

【例 1】 查看下列程序的运行,体会程序异常。

```
public class ExceptionShowDemo {
    public static void main(String[] args) {//演示程序异常的出现
        int i=1,j=0,k;
        k=i/j;
        System.out.println("k=" + k);
    }
}
```

这个程序段运行的结果如下所示:

```
Exception in thread "main" java.lang.ArithmeticException: / by zero
    at chapter11.ExceptionShowDemo.main(ExceptionShowDemo.java:10)
```

以上程序输出可以看出,在运行函数 main 时,程序没有完全执行完成,由于被除数 j 为 0,从而无法进行整除运算,因此在运行程序的时候,出现一个 AtrithmeticException 异常对象,中断程序的执行。在程序的运行过程中,由于程序的运行环境或者编码问题,可能会出现如【例1】的异常现象,对这种异常如何进行处理,也是在编码中要考虑的一个问题。

异常处理是根据实际情况对异常提供不同的错误应对策略和手段,从而使程序更加稳定、安全。同时异常处理可以提供准确的错误信息,解释失败的原因,位置和错误类型等,同时提供一定的恢复能力,尽可能保证数据完整性不被破坏,并让程序能继续运行。

如果需要在程序运行中能够处理出现的异常,可以在编程时使用 **try-catch-finally** 的语句来处理异常,语句格式如下:

```
try{
//可能发生错误的代码
}
catch(异常类型 异常对象引用)
{
//处理异常的代码
}
finally{
```

```
        //用于"善后"的代码
    }
```

【例2】 对【例1】使用两个数相除,利用异常处理语句处理异常,并查看输出结果。

思路:对于【例1】的代码段,可能会出现除数 j 为零的情况,因此将该代码段放到 try 中,然后用 catch 捕获可能出现的算数异常。

```java
import java.util.Scanner;
public class ExceptionWithTryDemo {
    public static void main(String[] args) {
        Scanner input = new Scanner(System.in);
        System.out.println("请输入i,j的值: ");
        int i = input.nextInt();
        int j = input.nextInt();
        int k;
        try {
            k = i / j; // Causes division-by-zero exception
            System.out.println("k=" + k);
        } catch (ArithmeticException e) {
            System.out.println("被0除异常 " + e.getMessage());
        } finally {
            System.out.println("程序结束");
        }
    }
}
```

【例2】的运行和用户输入的数据有关。例如,某次程序运行,用户输入 i=5,j=2,则程序的运行结果如下所示:

```
请输入i,j的值:
5
2
k=2
程序结束
```

【例2】再次运行,若用户输入 i=5,j=0,则程序的运行结果如下所示:

```
请输入i,j的值:
5
0
被0除异常 / by zero
程序结束
```

通过【例2】的运行,总结下 try-catch-finally 语句的使用方式:

①把可能会发生错误的代码放进 try 语句块中;

②当程序运行出现一个错误时会抛出一个异常对象,异常处理代码会捕获并处理这个错误,异常语句中 catch 语句块中的代码用于处理错误;

③当异常发生时,程序控制流程中断 try 语句块的执行跳转到 catch 语句块,执行处理异常代码;当没有异常发生时,程序控制流程完成 try 语句块后,跳过 catch 语句块,向下执行;

④不管是否有异常发生,finally 语句块的语句始终被执行;

⑤如果没有提供合适的异常处理代码,JVM 将结束整个应用程序。

11.2 异常类型

Java 为可能出现的异常情况定义了相关的异常类,在 Java 程序中可以处理的异常类都是 Throwable 类的子类,异常类之间继承关系如图 11-1 所示。

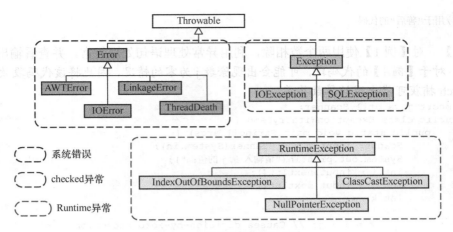

图 11-1　异常类继承关系图

从图 11-1 可以看出 Throwable 类有两个直接子类：Error 类和 Exception 类。

11.2.1　Error 类

Error 类主要包括一些严重的程序不能处理的系统错误类，如内存溢出、虚拟机错误、栈溢出等。这类错误一般与程序本身无关，通常由系统 JVM 进行处理，程序本身无法捕获和处理。Error 类的常见子类由表 11-1 所示。

表 11-1　Error 类的常见子类

异常类名	说　　明
AbstractMethodError	调用抽象方法错误
ClassFormatError	类文件格式错误
IllegalAccessError	非法访问错误
IncompatibleClassChangeError	非法改变一个类产生的错误
InternalError	Java 内部错误
LinkageError	连接失败所产生的错误
NoClassDefFoundError	类定义未找到产生的错误
OutOfMemoryError	内存溢出错误
StackOverflowError	堆栈溢出错误
VerifyError	检验失败产生的错误
VirtualMachineError	虚拟机错误

11.2.2　Exception 类

Exception 即**异常类**，Exception 是所有异常类的直接或间接的父类，异常是程序执行期间，打乱程序指令流出现的异常事件，异常是编程者能处理的，为了保证程序的健壮性，Java 要求程序必须对这些可能出现的异常进行捕获，并对其进行处理。

异常类又被分成两类。异常类的一类子类为**运行时异常**（Runtime Exception），这类异常派生于 RuntimeException 类，RuntimeException 类的常见的子类如表 11-2 所示。【例 1】所出现的异常即为运行时异常，当程序运行出现这种异常，JVM 会中断程序运行，抛出异常对象，这种异常的出现一般为程序代码存在编码问题，需要去对代码进行检查修改，而不是 try-catch 语句去捕获。

表 11-2 RuntimeException 类型的异常子类

异常类名	说明
ArithmeticException	除数为零的算术异常
ArrayIndexOutOfBoundException	访问数组元素下标越界异常
ArrayStoreException	由于数组存储空间不够引起的数组存储异常
ClassCaseException	类强制转换异常
IllegalArgumentException	非法参数异常
IllegalThreadStateIllegal	非常线程状态异常
IndexOutOfBoundsIllegal	索引越界异常
NegaticeArraySizeException	负值数组异常
NullPointerException	空指针异常
NumberFormatException	数值格式异常
SecurityException	安全异常
StringIndexOutofBoundsException	字符串下标越界异常

异常类另一类是**受控异常**（Checked Exception），这类异常直接派生自 Exception 的异常类，这些异常一般和程序运行时的环境相关，如中断异常、文件异常等。为了保证程序的健壮性，Java 要求必须对这些可能出现的异常进行捕获，或者再次声明抛出，受控类型异常如表 11-3 所示。

表 11-3 Checked Exception 类异常

异常类名	说明
ClassNotFoundException	指定类或接口不存在异常
DataFormatException	数据格式异常
IllegalAccessException	非法访问异常
InstantiationException	实例化异常
InterruptedException	中断范围异常
IOException	输入/输出异常
FildNotFoundException	找不到指定文件异常
NoSuchMethodException	调用不存在方法产生的异常
ProtocolException	网络协议异常
SocketException	Socket 操作异常
MalformedURLException	URL 格式不正确产生的异常

11.3 try–catch–finally 语句

对于程序可能产生的异常，一般需要进行处理的是 Checked Exception 的这一类异常，处理这类异常可以使用 try-catch 进行的异常捕获，或者使用 throw 语句进行异常抛出。

try-catch 语句的基本用法在 11.1 节进行介绍，在此，对其用法进一步探讨。

11.3.1 多 catch 语句段的 try-catch 语句

try-catch 语句一次可以对多种异常进行捕获，即可以在 try-catch 中包含多个 catch 语句段。

【例3】 查看代码，体会多个 catch 语句段的用法。

```java
import java.io.BufferedReader;
import java.io.IOException;
import java.io.InputStreamReader;
public class MulExceptionDemo {
    public static void main(String[] args) {         //多个 catch 语句捕获多种异常对象
        try {
            BufferedReader buf=new BufferedReader(new InputStreamReader(System.in));         // 抛出受控的异常
            System.out.print("请输入整数: ");
            int input = Integer.parseInt(buf.readLine()); //可能引发运行时异常
            System.out.println("input x 10 = " + (input * 10));
        } catch (IOException e) {                     // 异常处理语句块是必须的，捕获输入，输出异常
            System.out.println("I/O 错误");
        } catch (NumberFormatException e) {           //捕获数字格式异常
            // 异常处理语句块可以省略，不影响编译，但在运行时出错
            System.out.println("输入必须为整数");
        } catch (Exception e) {                       //捕获其他异常
            e.printStackTrace();                      //打印异常产生的过程信息
        }
    }
}
```

【例3】可以看出 try-catch 语句的更多特点：

①在 try 语句段后面可以有多个 catch，每个 catch 代码块捕获不同类型的异常；

②catch 语句只能捕获 Exception 类及其子类的异常，一个捕获 Exception 语句块的 catch 语句块可以捕获所有"可捕获"的异常；

③在 catch 里面若需追踪产生的异常的过程信息，可以对异常对象使用 printStackTrace 方法；

④若需要捕获多个异常，需要将 catch（Exception）语句块放到所有 catch 语句块的最后面，否则该语句块会捕获所有出现的异常；

⑤finally 语句块在 catch 语句块的后面，finally 语句块可以存在，可以不存在，finally 主要用来解决在 try 中申请资源的资源释放问题。

11.3.2 try-catch-finally 与 return 语句

一般情况下，对于 try-catch-finally 语句，当程序没有异常对象产生时，首先执行 try 内的语句然后执行 finally 语句块，若有异常对象产生时，程序跳出 try 内语句，执行 catch 语句段然后再执行 finally 语句块。

在某些情况下，若 try 语句段中存在 return 语句或者 catch 语句段中存在 return 语句，那么 finally 语句块能否被执行呢？

【例4】 下列代码中 try 语句段中包括 return 语句，查看代码，体会程序运行结果。

```java
package chapter11;
import java.util.Scanner;
public class TryAndReturn {
    // try 语句中包含 return, 是否执行 finally 程序段
    public static void main(String[] args) {
        Scanner input = new Scanner(System.in);
        System.out.println("请输入 i 的值: ");
        int i = input.nextInt();
        System.out.println("请输入 j 的值: ");
        int j = input.nextInt();
        int k;
        try {
            k = i / j; // 有可能除 0 异常
```

```
                System.out.println("k=" + k);
                System.out.println("try 程序段输出完成");
                return;
            } catch (ArithmeticException e) {
                System.out.println("被 0 除异常 " + e.getMessage());
                return;
            } finally {
                System.out.println("finally 程序段输出");
            }
        }
```

当输入 j 的值不为 0 时,【例 4】的运行结果如下所示:

```
请输入 i 的值:
6
请输入 j 的值:
5
k=1
try 程序段输出完成
finally 程序段输出
```

当输入 j 的值为 0 时,【例 4】的运行结果如下所示:

```
请输入 i 的值:
5
请输入 j 的值:
0
被 0 除异常 / by zero
finally 程序段输出
```

从【例 4】的运行结果可以看出,当 try 语句段或 catch 语句段中包含 return 语句时,程序在执行到 try 或者 catch 语句中的 return 时,会跳过 return 语句,去执行 finally 中的语句段,finally 执行完成后,返回执行 try 或者 catch 内的 return 语句。

另外某些情况,若在 try、finally 语句段中都包含 return 语句,语句的执行过程如【例 5】所示。

【例 5】 try,finally 语句段中都包含 return 语句,查看代码,体会运行结果。

```java
package chapter11;
public class FinallyReturn {
    public static void main(String[] args) {// try, finally 都包含 return
        int a = test();
        System.out.println("a =" +a);
    }
    public static int test(){
        try{
            int a = 1;
            return a;
        }
        catch(Exception e){
            System.out.println("test");
        }
        finally{
            int b = 2;
            return b;
        }
    }
}
```

【例 5】程序的运行结果如下所示:

```
a =2
```

【例 5】的运行结果可以看出,方法 test 返回的是 finally 语句段中 b 的值,由此可知若 try 和 finally 语句段中都包含 return 语句,程序执行到 try 中的 return 时,跳转执行 finally 语句段的内容，当遇到 finally 中的 return 时，程序执行结束，不再返回 try 语句段。

由【例4】和【例5】可知，当 try-catch-finally 语句中包含 return 语句时，程序的执行过程为：

①无论 try 里面有没有 return 语句，finally 语句一定都会执行；

②如果 finally 中没有 return 语句，try 里面又包含 return 语句，那么在执行 try 中的 return 语句之前会先去执行 finally 中的代码，然后返回执行 try 中的 return 语句，结束程序执行；

③如果 finally 中也包含 return 语句，将会直接结束程序执行，不再去执行 try 中的 return 语句。

11.3.3 try-catch 语句的嵌套

正如 if 语句、循环语句可以嵌套，try 语句也可以嵌套，可以将 try-catch-finally 语句嵌套到 try 或者 catch 语句块中，但是 try 嵌套不能交叉。

【例6】 查看代码，理解 try-catch 语句的嵌套。

```java
package chapter11;
public class TryNested {
    public static void main(String[] args) {//try 语句的嵌套
        int[] number = { 4, 8, 16, 32, 64, 128, 256, 512 };
        int[] denom = { 2, 0, 4, 4, 0, 8 };
        try {      //外层 try
            for(int i=0; i < number.length; i++) {
                try { // 嵌套 try
                    System.out.printf("%d/%d=%d\n",number[i],denom[i],number[i]/denom[i]);
                }
                catch(ArithmeticException e){
                    e.printStackTrace();
                    System.out.println("内层除 0 异常 被捕获");
                }
                finally{
                    System.out.println("内层 finally");
                }
            }//endfor
        }
        catch(ArrayIndexOutOfBoundsException e){
         e.printStackTrace();
            System.out.println("外层数组过界异常被捕获");
        }
        finally{
         System.out.println("外部 finally");
        }
    }
}
```

【例6】代码运行结果如下所示：

```
4 /2 =2
内层 finally
java.lang.ArithmeticException: / by zero
内层除 0 异常 被捕获
内层 finally
    at chapter11.TryNested.main(TryNested.java:14)
16 /4 =4
内层 finally
32 /4 =8
内层 finally
java.lang.ArithmeticException: / by zero
    at chapter11.TryNested.main(TryNested.java:14)
内层除 0 异常 被捕获
```

```
内层 finally
128 /8 =16
内层 finally
内层 finally
java.lang.ArrayIndexOutOfBoundsException: 6
    at chapter11.TryNested.main(TryNested.java:14)
外层数组过界异常被捕获
外部 finally
```

【例 6】可以看出，除零异常被内部 try 捕获并处理，然后允许程序继续执行。然而，数组边界错误被外部 try 捕获，从而导致程序终止。

从【例 6】可以看出，嵌套 try 块经常用来以不同的方式处理不同类型的异常。可以使用外部 try 块来捕获最严重的错误，允许内部 try 块处理不太严重的错误。也可以使用外部 try 块作为"捕获所有异常"的块，以此来捕获内部 try 块没有处理的错误。

11.3.4　try 语句块中自动释放资源

在 Java 7.0 版本后，可以在 try 语句块中进行对资源对象的声明，这样资源对象在 try 语句结束后自动释放资源，从而替代 finally 中释放资源的功能。

若需要在 try 中自动释放资源，try 语句块格式为：

```
try(资源对象的声明和创建){
//可能出现异常语句块
}
```

【例 7】　查看代码，体会 try 释放资源。

```java
public class TryWithResource {
    public static void main(String[] args) {//try 语句内释放资源
        try (PrintWriter out2 = new PrintWriter(new BufferedWriter(
                new FileWriter("out.txt", true)))) {
            out2.println("the text");
        } catch (IOException e) {
            e.printStackTrace();
        }
    }
}
```

【例 7】中，利用 try 语句的新形式为

```
try (PrintWriter out2 = new PrintWriter( new BufferedWriter(new FileWriter("out.txt", true))))
```

在 try 的括号内定义文件对象 out2，然后利用文件对象 out，对文件操作，当 try 语句块执行完成后，out 对象自动释放，因此可以不需要在 finally 语句中释放 out 对象，从而省略了 finally 语句段。

11.3.5　一个 catch 语句块捕获多种类型异常对象

Java 7 及以后的版本，允许在一个 catch 块中捕获多种类型异常对象。catch 语句块格式如下所示：

```
catch( 异常类1|异常类2|……|异常类N 异常对象)
{
//异常处理语句
}
```

【例 8】　修改例 4，使用一个 catch 语句块捕获多种类型异常对象。

```java
import java.io.BufferedReader;
import java.io.IOException;
import java.io.InputStreamReader;
public class OneCatchMoreException {
    public static void main(String[] args) {          //一个 catch 捕获多种类型异常对象
```

```java
            try {                                          // 有可能产生受控的异常
                BufferedReader buf = new BufferedReader(new InputStreamReader (System.in));
                System.out.print("请输入整数: ");
                int input = Integer.parseInt(buf.readLine());    // 有可能引发运行时异常
                System.out.println("input x 10 = " + (input * 10));
            } catch (IOException|NumberFormatException e) {    // 一次处理两种异常对象
                System.out.println("I/O 错误或者数字格式错误");
            } catch (Exception e) {                            //捕获其他异常
                e.printStackTrace();
            }
```

【例 8】中，第一个 catch 语句块一次可以捕获 IOException 类型或者 NumberFormatException 类型的异常对象，其他类型的异常对象由第二个 catch 语句捕获。

注意，利用一个 catch 语句块捕获多种异常类型对象，该异常对象不能是 Exception 异常类型的对象。

由于 Java 早期版本仍在广泛使用，为保证代码的兼容性与可维护性，在开发中不建议使用此特性。

11.4 throw 异常的抛出

11.4.1 throw 抛出异常

在编写 Java 的代码过程中，编程者认为正确的代码，有时候会出现问题，例如下列代码：

```java
public class TestThrows
{
 public static void main(String[] args) {
 FileInputStream fis = new FileInputStream("a.txt");
 }
}
```

对以上代码，编译器会报错，要求对语句添加 try-catch 语句块，或者抛出异常。出现这种问题，是因为 FileInputStream 在创建文件输入流对象的过程中，编译器认为这个过程有可能产生受控异常，所以要求在编码中对异常进行处理，处理这种异常的方法一种方法是 try-catch 语句，另外一种方法就是异常抛出。

异常抛出是指对于出现的异常对象抛出给调用者，其一般格式为：

```
throw 异常对象;
```

【例 9】 throw 语句的使用。

```java
public class ThrowDemo {
    public static void main(String[] args) {
        try {
            double data = 100 / 0.0;
            System.out.println("浮点数除以零: " + data);
            if(String.valueOf(data).equals("Infinity"))
            {
                System.out.println("In Here" );
                 throw new ArithmeticException("除零异常");
            }
         }
        catch(ArithmeticException e) {
           System.out.println(e);
        }
    }
}
```

【例9】中使用 throw 语句抛出算术异常，被抛出的异常可以使用 try-catch 语句进行捕获处理。

11.4.2 throws 子句

定义某个方法时，当方法中的语句有可能产出受控异常，而此异常需要调用者去处理时，需要在方法内将异常抛出，这时候，除了需要使用 throw 语句抛出异常对象，还需要在方法首部添加 throws 关键字来进行声明。

throws 关键字在方法首部中说明方法可能抛出异常，后面跟异常类的名字，这个方法本身不处理异常，是把异常对象交给调用这个方法的上一级方法处理。这种抛出异常的一般格式为：

```
访问权限 返回类型 方法名（形参表）throws 异常类1,异常类2,……,异常类N
{
    ……
    //抛出异常对象
    throw 异常对象;
}
```

throws 语句表明某方法中可能出现某种（或多种）异常，这些异常方法本身不处理，而是将这些异常方法抛出给调用者，由调用者来处理。

【例10】 查看代码，体会 throws 异常抛出。

```java
import java.io.IOException;
public class ThrowMultiExceptionsDemo {
    public static void main(String[] args) {//throws 定义抛出异常，main 中处理抛出异常
        try {
            throwsTest();                     //有可能抛出异常，try-catch 处理
        } catch (IOException e) {
            System.out.println("捕捉异常");
        }
    }
    private static void throwsTest() throws ArithmeticException, IOException {
        System.out.println("这只是一个异常抛出测试");
        throw new IOException();              //程序处理过程假设发生异常，throw 抛出异常
    }
}
```

【例10】定义方法 throwsTest，由于这个方法在方法体内使用 throw 抛出异常对象，所以在方法首部使用关键字 throws 来声明可能抛出的异常对象的类型，在 main 中调用 throwsTest 方法，由于该方法抛出异常，在 main 方法中使用 try-catch 语句捕获处理异常对象。

【例 10】可以看到，当一个方法包含 throws 子句时，需要在调用此方法的代码中使用 try-catch-finally 进行捕获，或者是重新对其进行异常抛出，否则编译时报错。

【例11】 修改 TestThrow，将有可能产生的异常对象抛出处理。

```java
import java.io.FileInputStream;
import java.io.FileNotFoundException;
public class TestThrowsChange {//异常对象的抛出
    public static void main(String[] args) throws FileNotFoundException {
        FileInputStream fis = new FileInputStream("a.txt");
    }
}
```

【例11】中在创建 FileInputStream 对象时，由于可能会产生 FileNotFoundException 异常对象，因此可以使用 try-catch 捕获异常对象，或者在方法首部声明 throws 抛出异常，【例11】在 main 方法首部 throws 异常。

需要注意的是，throws 语句中声明的异常类只能为受控异常，而且可以声明抛出多个异常。

11.4.3 异常抛出和子类

一个子类某个方法利用 throws 抛出的异常,不能是其父类同名方法抛出的异常对象的父类。

【例 12】 查看代码,体会子类异常抛出。

```java
import java.io.FileNotFoundException;
import java.io.IOException;
    public class SuperThrows {                         //子类和异常抛出
    public void test() throws IOException {//抛出 IOException
        FileInputStream fis = new FileInputStream("b.txt");
    }
}
class Sub extends SuperThrows {
    // 如果 test 方法声明抛出了比父类方法更大的异常,比如 Exception
    // 则代码将无法编译……
    public void test() throws FileNotFoundException {
        // ...
    }
}
```

11.5 自定义异常

在实际开发中,经常需要将特定的"过于专业"的异常转换为一个自定义的"业务"异常,然后在调用者处进行捕获与处理。自定义异常即自己写异常,自定义异常一般继承类 Exception。

【例 13】 查看代码,了解自定义异常类。

```java
public class MyException  extends Exception{
    public MyException(){                            //用来创建无参数对象
    }
    public MyException (String message){             //用来创建指定参数对象
        super(message);
    }
}
```

【例 13】中 MyException 继承 Excpeiton 类,它的无参数构造器用来创建缺省参数异常对象,带参构造器需要一个 message 参数,这个参数是用来描述异常信息的字符串,通过调用父类构造器向上传递给父类,对父类中的 toString()方法中返回的原有信息进行覆盖。下面对【例 13】中自定义的异常类进行使用。

【例 14】 自定义异常类的使用。

```java
public class MyClass {
    public static void throwExceptionMethod() throws MyException {
        System.out.println("Method throwException");
        // 产生了一个特定的异常
        throw new MyException("在方法执行时出现异常抛出");
    }
}
```

11.6 异常应用示例

【例 15】 完成一个菜单系统,菜单系统 1 表示计算 0 表示退出系统,若输入错误选择如字母等,则要求重新输入,菜单运行界面如下所示:

欢迎进入****系统
1 选择计算 0 选择退出
请输入数字 1 或者 0 进行选择:

```
1
计算部分还需要开发.....
1 选择计算  0 选择退出
请输入数字 1 或者 0 进行选择:
c
请输入数字 1 或者 0 进行选择:
0
选择 0 退出系统, 再见
```

思路:【例 15】的核心点实际是需要对用户输入的数据进行验证, 如果输入非法数据如字母等, 系统不会异常中断, 而是继续向下执行。该例题需要一个菜单类 Menu 显示菜单、接收用户的输入, 对于用户输入的验证, 使用接口 IVerify 和实现该接口类 VerifyData 实现, 接口定义验证方法, VerifyData 类具体实现验证。具体代码如下:

```java
package menuException;
public interface IVerify {                          //校验接口
   boolean  checkData(String str);                  //验证输入字符串是否符合要求
}
package menuException;
//校验类, 校验输入的字符串是否是数字类型的字符串
public class VerifyData implements IVerify {
     @Override                                      //校验输入的字符串是否是数字类型的字符串, 使用 try catch
     public boolean checkData(String str) {
         try{
             Integer.parseInt(str);                 //数据转换字符串到数字正常
             return true;
         }
         catch(NumberFormatException e){
             return false;                          //数据转为出现错误
         }
     }
}
package menuException;
import java.util.Scanner;
public class MENU {                                 //菜单类
    public void showMenu() {                        //显示菜单
        System.out.println("1 选择计算 0 选择退出");
    }
    public int getInput() {                         //得到用户输入
        Scanner input = new Scanner(System.in);
        String answer;
        VerifyData verify = new VerifyData();
        do {                                        // 输入非数字重新输入
            System.out.println("请输入数字 1 或者 0 进行选择:");
            answer = input.nextLine();
        } while (!verify.checkData(answer));
        return Integer.parseInt(answer);            // 返回用户的选择
    }
    public void run(){                              //整体运行
        int answer ;
        System.out.println("欢迎进入****系统");
        do{
            showMenu();                             //显示菜单
            answer = getInput();                    //得到用户的输入
            if(answer ==1)
                System.out.println("计算部分还需要开发.....");
        }while(answer != 0);
```

```
            System.out.println("选择0退出系统,再见");
        }
    }
package menuException;
public class MENURun {//菜单运行类
    public static void main(String[] args) {
        MENU menu = new MENU();
        menu.run();
    }
}
```

关 键 术 语

异常 Exception　　　错误 error　　　运行时异常 runtime exception
受控异常 checked Exception　　　异常抛出 throw Exception

本 章 小 结

异常是在程序执行期间,出现的一个非法运行的情况。

Throwable 是 Java 中所有异常类的父类。

Throwable 有两种子类,一种是错误 Error 类,表示是无法处理的异常,由 JVM 处理,一种是异常 Exception 类,表示是程序员可以处理的异常。

异常类 Excepiton 有两种子类,一种是运行时异常,这种异常一般是程序编写出现逻辑错误,这种异常处理与否由程序员决定;另一种异常是受控异常,Java 编译器强制必须进行捕获处理。

try-catch-finally 语句处理异常,try 语句块内放入可能出现异常的语句,catch 语句块捕获异常,finally 语句块回收资源。

try-catch-finally 语句中如有 return 语句,finally 内语句段仍然被执行,若 return 在 finally 中则执行结束,若 return 语句在 try 中,则跳回 try 语句执行 return 语句。

try-catch-finally 语句可以嵌套,嵌套不可以交叉。

JDK7.0 后,可以在 try()中定义资源对象,退出 try,资源对象会自动释放。

JDK7.0 后,可以在 catch()中依次定义多个异常对象。

try-catch-finally 语句中可以存在多个 catch 语句块,用来捕获多个异常,若存在 catch(Exception)语句块,则需要放到 catch 语句块最后面。

如果对方法中存在的异常需要方法的调用者处理,则需要抛出异常。

抛出异常使用的语句为 throws 异常对象,抛出的异常类需要在方法首部声明。

在开发中经常需要自定义异常,自定义异常需要继承 Exception 类。

复 习 题

一、简答题

1. 什么是异常?异常处理语句包括哪些?
2. Error 和 Exception 有什么区别?

二、选择题

1. 所有属于（　　）子类的异常都是非受控型异常。
   A. RuntimeException　　B. Exception　　C. Error　　D. 以上答案都不对

2. （　　）是所有 Exception 和 Error 类的共同超类。
   A. Throwable　　B. CheckedException　　C. Catchable　　D. RuntimeException

3. 如果试图捕获多个错误，可在（　　）语句块的后面使用多个（　　）语句块。
   A. try；catch　　B. catch；try　　C. finally；try　　D. 以上答案都不对

4. 如要抛出异常，应用下列（　　）子句。
   A. catch　　B. throw　　C. try　　D. finally

5. 对于 catch 子句的排列，（　　）是正确的。
   A. 父类在先，子类在后
   B. 子类在先，父类在后
   C. 有继承关系的异常不能在同一个 try 程序段内
   D. 先有子类，其他如何排列都无关

6. 假定一个方法会产生非 RuntimeException 异常，如果希望把异常交给调用该方法的方法处理，正确的声明方式是什么？（　　）
   A. throw Exception　　B. throws Exception　　C. new Exception　　D. 不需要指明什么

7. 无论是否发生异常，都需要执行（　　）。
   A. try 语句块　　B. catch 语句块　　C. finally 语句块　　D. return 语句

三、应用题

1. 写出下列程序的运行结果。

```
public class ExceptionTest1{
    public static void main(String []args){
    int []b={1,3,3,4,5};
    try{
       for(int i=0;i<=5;i++)
           System.out.println(b[i]);
    }catch(Exception e){
       System.out.println("出现异常");
    }finally{
       System.out.println("程序结束");
    }
  }
}
```

2. 修改下列代码的错误。

```
   public class ThrowException{
public void testMethod(){
int a =1;
if(a==1)
 throws new IOExcpetion();
 }
 }
```

3. 阅读下面代码，写出运行结果。

```
    public class MultiNest {
     static void procedure() {
    try {
      int a = 0;
      int b = 42/a;
 } catch(java.lang.ArithmeticException e) {
   System.out.println("in procedure, catch ArithmeticException: " + e);
 }
}
public static void main(String args[]) {
```

```
        try {
            procedure();
        } catch(java.lang.Exception e) {
            System.out.println("in main, catch Exception: " + e);
        }
    }
}
```

4. 写一个方法 testException，在该方法中抛出 FileNotFound 异常，并对其调用测试。

5. 创建一个 Exception 类的子类 DivideByZeroEx，代表除数为 0 异常，编写一个 DivideByZeroTest 类，该类包括一个方法 div（double a，double b），实现两个参数的相除操作，如果 b 为 0，则生成并抛出异常对象，否则得到 a/b 的结果。然后在 main 函数中调用 div 方法，处理异常。

第 12 章　Java 常用类

引言

Java 提供一系列的类、接口来方便用户完成编程，本章对常用的字符串类、日期类、日期格式类、大数类以及集合框架类等进行介绍，读者需掌握类的具体用法。

12.1　String 类和 StringBuffer 类

字符串处理是程序设计经常涉及的部分，Java 提供字符串处理的类 String，String 位于 java.lang 包中，而此包的类被默认导入，因此程序可以直接使用 String 类。

12.1.1　构造字符串对象

1. 常量对象

字符串（String）常量对象是用双引号括起来的字符序列，如"abc"、"12.53"、"你好"。声明并定义变量指向字符串常量对象，其语法如下所示：

```
String 字符串变量 ="字符序列"
```

或者

```
String 字符串变量;
字符串变量 = "字符序列"
```

例如：

```
String str="abc";
```

2. 字符串对象

字符串是一个类，可以通过 new 关键字创建字符串对象，其语法格式为：

```
new String(实参);
```

其中，实参可以是字符串常量对象，例如：

```
String str2 = new String("1234");
```

或者实参为另一个字符串对象，例如：

```
String str3 = new String(str2);
```

或者实参可以为字符数组，例如：

```
char []c ={'j','a','v','a'};
String str4=new String(c); //等价于 String str4=new String("java");
```

注意，字符串对象也是对象，因此，声明并创建字符串对象的过程，也是将创建的字符串对象的地址存放到对象引用的过程。

例如：

```
String str1= new String ("abc");
String str5 = str1;
```

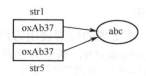

图 12-1　字符串存放示意图

图 12-1 中，str1 存放字符串对象"abc"的地址，str5=str1，str1 也存放字符串的地址，所以，str1 和 str5 指向同一个字符串。

12.1.2 字符串特性

1．字符串加法运算符

字符串对象可以做"+"运算，字符串的加法运算，表示两个字符串进行连接，生成一个新字符串。例如：

```
String s1= "abc";
String s2 =" 123";
String s3 = s1 + s2;// "abc 123"
System.out.println(s3);
```

2．字符串大小写转换方法

将字符串所有字符全部转为大写字符使用方法 toUpperCase，将字符串所有字符全部转为小写字符使用方法 toLowerCase，两个方法首部为：

```
public String toLowerCase()//将字符串转换成小写
public String toUpperCase()//将字符串转换成大写
```

例如：

```
String s1 = "Hello";
String s2 = s1.toLowerCase();
System.out.println(s2);                //hello
System.out.println(s1.toUpperCase());  //HELLO
```

3．判断字符串的前缀、后缀方法

判断字符串是否以指定的前缀开始使用方法 startsWith，判断字符串是否以指定的后缀结束使用方法 endWith，两个方法首部如下所示：

```
//测试此字符串是否以指定的前缀开始
public boolean startsWith(String prefix)
//测试此字符串是否以指定的后缀结束
public boolean endsWith(String suffix)
```

例如：

```
String s1 = "Hi, Baby" ;
String s2 = "how are you" ;
boolean flag = s1.startsWith("Hi") // 判断是否以"Hi"开头
if(flag)
System.out.println(s1+"以 Hi 开头") ;
if(s2.endsWith("you"))                   // 判断是否以"you"结尾
    System.out.println(str2+"以**结尾") ;
```

4．获取字符串中的某个字符

根据位置获取字符串在该位置上的字符使用方法 charAt，方法首部如下所示：

```
    public char charAt(int index) // 根据位置获取字符串在该位置上的字符
```

例如：

```
String s1 = "java" ;  // 定义 String 对象
char c= s1.charAt(3); // 取出字符串中第四个字符'a'赋值给字符变量 c
System.out.println(c) ;
```

5．返回指定字符（字符串）索引

得到指定字符串在此字符串第一次出现的位置使用方法 indexOf，得到指定字符串在此字符串最后一次出现的位置使用方法 lastIndexOf，两个方法首部如下所示：

```
// 返回指定字符(字符串)在此字符串中第一次出现处的索引
public int indexOf(char ch||String str)
//返回在此字符串中第一次出现指定字符(字符串)处的索引,从指定的索引开始搜索
```

```
public int indexOf(char ch||String str, int fromIndex)
//返回指定字符(字符串)在此字符串中最后一次出现处的索引
public int lastIndexOf(char ch||String str)
/*返回指定字符(字符串)在此字符串中最后一次出现处的索引,从指定的索引处开始进行反向搜索*/
public int lastIndexOf(char ch||String str,int fromIndex)
```

例如：

```
String s = "abcbade";
int n1=s.indexOf('a');          //n1=0
int n2=s.lastIndexOf('a');      //n2=4
System.out.println("n1="+n1+",n2="+n2);
int m1=s.indexOf("bc");         //m1=1
int m2=s.lastIndexOf("ab");     //m2=4
System.out.println("m1="+m1+",m2="+m2);
```

6. 取字符串的部分内容

根据指定位置，取得字符串部分子串使用方法 substring，方法首部如下所示：

```
//返回该字符串从 beginIndex 开始到结尾的子字符串
public String substring(int beginIndex)
//返回该字符串从 beginIndex 开始到 endsIndex 结尾的子字符串
public String substring(int beginIndex,int endIndex)
```

例如：

```
String s="java word";
System.out.println(s.substring(1));    //返回"ava word"
System.out.println(s.substring(1,6));  //返回"ava w"
```

7. 字符串拆分

若需要对字符串按照给定的正则表达式进行拆分，使用方法 split，该方法返回拆分后形成的字符串数组，方法首部如下所示：

```
public String[] split(String regex)  //表达式的匹配拆分此字符串
```

例如：

```
String s1="hello,how,are you";
String[] s2=s1.split(",);
for(int i=0;i<s2.length;i++)
    System.out.println("s["+i+"]="+s2[i]);
```

8. 字符串转为字符数组

字符串转为字符数组使用方法 toCharArray，方法首部如下所示：

```
public char[] toCharArray()  //字符串转为字符数组
```

例如：

```
String s1 = "This is a bird";
char[] c = s1.toCharArray();
```

9. 基本类型数据转成字符串

使用 Java 基本类型定义的变量，可以利用 valueOf 方法转化成字符串形式，注意这个方法是 static 方法，所以可以通过类名 String 调用。

```
//返回基本数据类型定义参数的字符串表示形式
public static String valueOf(基本数据类型 b)
```

例如：

```
char c='a';
int n=2011;
String s1=String.valueOf(c);       //字符或字符数组均可转换
String s2=String.valueOf(n);       //只有单个整型可转换,整型数组不行
System.out.println(s1);            //a
System.out.println(s2);            //2011
```

12.1.3 字符串对象不可变性

对于字符串对象,有一个非常重要的特性是:一个已经定义的字符串常量对象,其值是不可变的,例如,字符串"abcd",当此字符串已经定义后,其值是不能变的。

例如:
```
String s1= "abcd";
String s2 ="abcd";
```

如图 12-2 所示,代码段在字符串内存池中生成一个 String 对象"abcd",对象引用 s1 指向它,然后 s2 指向的是同一个 String 对象"abcd"。

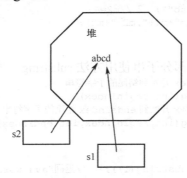

图 12-2 字符串 s1、s2 存储图

若代码段:
```
String s1= "abcd";
s1 = "abcd"+"ef";
```

那么,s1 指向字符串为"abcdef",怎么说字符串是不可变的呢?

这个问题需要区分字符串对象和字符对象的引用,对于"abcd"是字符串对象,而 s1 是字符对象的引用,s1 指向字符对象。字符串对象"abcd"是不可变的,然后连接"ef",生成新的字符串对象"abcdef",字符对象引用 s1 指向新字符对象"abcdef",所以变的是字符对象的引用,而不是字符对象,s1 在内存中的存储变化如图 12-3 所示。

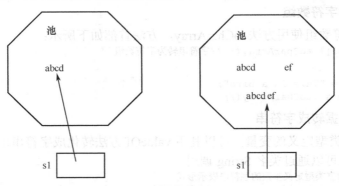

12-3 字符对象不可变性的内存存储示意图

对于下列代码段:
```
String s1= "abcd";
String s2 = new String(s1);
```

对象引用 s1、s2 不指向同一个对象,因为 s1 指向字符串常量对象"abcd",对于对象引用 s2,由于 new String(s1),则在内存中新建了一个字符串对象,然后对象引用 s2 指向它。所以 s1、s2 指向的不是同一个对象,但是两个对象的内容是相同的,都是"abcd",如图 12-4 所示。

也就是说：s1==s2 为 false，s1.equals（s2）为 true。

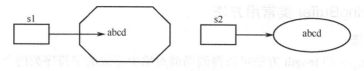

图 12-4　字符串 s1、s2 存储示意图

12.2　StringBuffer 类

String 类创建的字符串对象是不可修改的，StringBuffer 类则可以创建可修改的字符串序列，即该类的对象在内存中可以自动地改变大小，便于存放一个可变的字符序列。例如：

```
StringBuffer s =new StringBuffer("Hello");
s.append("Java");
```

上述代码段定义对象引用 s，对象引用 s 指向的 StringBuffer 对象首先存放字符序列"Hello"，然后执行 append 方法后，在对象中追加字符序列 Java，对象引用 s 指向 StringBuffer 对象存放字符序列"Hello Java"。过程如图 12-5 所示。

如果字符串经常需要做修改，可以先将其定义成 StringBuffer 对象，最终转成 String 对象。

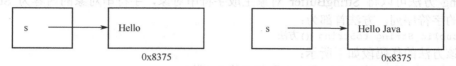

图 12-5　StringBuffer 中的存储变化图

12.2.1　StringBuffer 类创建对象

1. 使用无参构造方法创建对象

使用无参构造方法创建 StringBuffer 类的对象，则分配给该对象的初始内存空间可以容纳 16 个字符。若该对象存放的字符序列长度大于 16 时，该对象内存空间的容量自动增加。使用无参构造方法创建对象如下所示：

```
StringBuffer s1 = new StringBuffer();
```

2. 使用字符串对象创建对象

使用字符串对象创建对象，则分配给该对象的初始内存空间容量为字符串的长度再加上 16 个字符。若该对象存放的字符序列长度大于初始容量时，该对象内存空间的容量自动增加。使用字符串对象创建对象的语法格式为：

```
new StringBuffer();
```

例如：

```
StringBuffer s2 = new StringBuffer("abcd");
String str ="abc";
StringBuffer s3 = new StringBuffer(str);
```

3. 使用整数创建对象

使用整数创建对象，则分配给该对象的初始内存空间容量为此数字的大小。若该对象存放的字符序列长度大于初始容量时，该对象内存空间的容量自动增加。使用整数创建对象语法格式为：

```
new StringBuffer(整数);
```

例如：

```
StringBuffer s4= new StringBuffer(7);
```

12.2.2 StringBuffer 类常用方法

1．length 方法

StringBuferlength 的 length 方法可以得到当前对象中存放的字符序列的个数。方法首部为
```
public int length();
```
使用该方法的代码段如下所示：
```
StringBuffer s2 = new StringBuffer("abcd");
int len = s2.length();//len = 4;
System.out.println(len);
```

2．capcity 方法

capacity 方法可以取得对象在内存分配的实际容量，方法首部为：
```
public int capacity ();
```
使用该方法的代码段如下所示：
```
StringBuffer s1 = new StringBuffer();
int cap = s1.capcity();//cap = 16;
System.out.println(cap);
```

3．toString 方法

toString 方法可以将 StringBuffer 对象生成字符串对象，字符串对象的内容为 StringBuffer 对象存放的字符序列。方法首部为：
```
public String toString ()方法
```
使用该方法的代码段如下所示：
```
StringBuffer s2 = new StringBuffer("abcd");
String str = s2.toString();
```
注：可以使用 String 类构造方法 String（StringBuffer bufString）创建一个 String 对象。

4．append 方法

append 方法可以将 Java 类型的数据转换为字符串后，再追加到 StringBuffer 对象中，方法首部为：
```
public StringBuffer append(数据类型 s);
使用该方法的代码段如下所示：
int a = 5;
StringBuffer sb =new StringBuffer("abc");
sb.append(a);                          // abc5
double d = 100.5;
sb.append(d);                          // abc5100.5
sb.append("java");//abc5100.5java
System.out.println(sb.toString()); //输出 abc5100.5java
```

5．insert 方法

insert 方法可以将字符串对象插入到指定位置的 StringBuffer 对象中，并返回 StringBuffer 的引用，方法首部如下所示：
```
public StringBuffer insert( int index,String str)
```
使用该方法的代码段如下所示：
```
StringBuffer s2 = new StringBuffer("Hello Java");
s2.insert(5,"hi"); //Hello hi Java
System.out.println(s2);
```

6．delete 方法

delete 方法可以将 StringBuffer 对象内的指定位置段的字符序列删除，方法首部如下所示：
```
//删除 startIndex 到 endIndex 的字符序列
```

```
public StringBuffer delete( int startIndex,int endIndex)
```
使用该方法的代码段如下所示:
```
StringBuffer s2 = new StringBuffer("Hello Java");
s2.delete(1,7);
System.out.println(s2);//ava
```

12.3 大数类

科学计算经常要处理一些基本数据类型无法表示的大数,对于大数,Java 提供对大数处理类,即 BigInteger 类和 BigDecimal 类,其中 BigInteger 类是对大整数进行处理的类,而 BigDecimal 类则是针对大浮点数的处理类。这两个类均处于 java.math 包中,使用前需导入此包。

12.3.1 BigInteger 类

BigInteger 类包括三个静态常量:
①BigInteger.ONE:代表数字 1;
②BigInteger.ZERO:代表数字 0;
③BigInteger.TEN:代表数字 10。
生成 BigInteger 对象的方式有三种:
第一种,使用 new 关键字去创建 BigInteger 对象,例如:
```
BigInteger bi = new BigInteger("150");//将字符串"150"转换成大整数对象bi
//将二进制类型的字符串"100"转换成大整数对象bi2
BigInteger bi2 = new BigInteger("100",2);
```
第二种,利用 valueOf()方法生成 BigInteger 对象,例如:
```
BigInteger bi3=BigInteger.valueOf(300);//生成对象bi3,里面值为300
BigInteger bi4=BigInteger.valueOf("250");
```
第三种,利用 Scanner 从键盘读入对象数据,例如:
```
Scanner sc = new Scanner(System.in);
BigInteger bi4 = sc.nextBigInteger();     //从键盘读入大整数
System.out.println(bi4.toString());       //输出大整数
```
BigInteger 类提供对大整数进行数学处理的方法,常用方法有:
①绝对值方法,方法首部为:
```
public BigInteger abs()
```
该方法返回此 BigInteger 对象的值的绝对值的 BigInteger 对象。
②大整数相加方法,方法首部为:
```
public BigInteger add(BigInteger val)
```
方法返回其为该对象与 val 对象之和的 BigInteger 对象。
③比较方法,方法首部为:
```
public int compareTo(BigInteger val)
```
该方法返回将此 BigInteger 与指定的 BigInteger 进行比较的结果。
④整除方法,方法首部为:
```
public BigInteger divide(BigInteger val)
```
方法返回其值为该对象与 val 对象整除的结果对象。
⑤转换对象的 double 值方法,方法首部为:
```
public double doubleValue()
```
该方法将此 BigInteger 对象转换为 double 值。
⑥转换对象的 int 值方法,方法首部为:
```
public int intValue()
```

该方法将此 BigInteger 对象转换为 int 值。
⑦大数乘法方法，方法首部为：
```
public BigInteger multiply(BigInteger val)
```
方法返回值为该整数与 val 的乘积的 BigInteger 对象。
⑧大数取余方法，方法首部为：
```
public BigInteger remainder(BigInteger val)
```
方法返回值为该整数与 val 的余数的 BigInteger 对象。
⑨大数减法方法，方法首部为：
```
public BigInteger subtract(BigInteger val)
```
方法返回值为该整数与 val 的加法结果的 BigInteger 对象。
⑩大数字符串转换方法，方法首部为：
```
public String toString()
```
方法返回此 BigInteger 的十进制字符串表示形式。
⑪整数转成大数对象，方法首部为：
```
public BigInteger valueOf(int i);
```
方法返回整型 i 值的 BigInteger 对象。

【例1】 利用大数类求两个大数之和。
```
package bignumber;
import java.math.BigInteger;
import java.util.Scanner;
public class BigIntegerAdd {
    public static void main(String[] args) {            // 测试两个大整数相加
        System.out.println("输入一个大整数");
        Scanner cin = new Scanner(System.in);
        BigInteger num1 = cin.nextBigInteger();          //输入大整数
        BigInteger  num2 = new BigInteger("300");
        System.out.println(num1.add(num2));              //大整数相加
    }
}
```

【例2】 利用大数类求阶乘。

思路：整数求阶乘的结果可能整型和长整变量无法存放，因此定义大整数对象存放求阶乘的结果。

```
package bignumber;
import java.math.BigInteger;
import java.util.Scanner;
public class BigIntegerTest {
    public static void main(String[] args) {//大整数求阶乘
        Scanner cin = new Scanner(System.in);
        int n = cin.nextInt();
        BigInteger ans = BigInteger.ONE;
        for(int i = 1; i <= n; ++i)
            ans = ans.multiply(BigInteger.valueOf(i));
        System.out.println(ans);
    }
}
```

12.3.2 BigDecimal 类

BigDecimal 类可以描述任何精度的浮点数，比 float 类型和 double 类型的精度都高，当计算精度要求非常高的时候，可以用它来完成精确计算。

BigDecimal 包括多个常量，分为四舍五入有关的常量和 3 个数字常量，3 个数字常量为：
①BigDecimal.ONE：代表数字 1；

②BigDecimal.ZERO：代表数字 0；
③BigDecimal.TEN：代表数字 10。
生成 BigDecimal 对象的方式有三种：
第一种，使用 new 去创建 BigDecimal 对象，例如：
```
BigDecimal bd = new BigDecimal("200.5");//将字符串"205.5"转换成对象 bd
//将数值 100.5 转换成大整数对象 bd2
BigDecimal bd2 = new BigDecimal(100.5); //将数值 100.5 转换成对象 bd2
BigDecimal bd3 = new BigDecimal(new BigInteger("100"));
```
第二种，利用 valueOf()方法生成 BigDecimal 对象，例如：
```
BigDecimal bd4=BigDecimal.valueOf(300.5);//生成对象 bd4，里面值为 300.5
```
第三种，利用 Scanner 从键盘读入对象数据，生成大浮点数对象，例如：
```
Scanner sc = new Scanner(System.in);
BigDecimal bi4 = sc.nextBigDecimal();     //从键盘读入大浮点数
System.out.println(bi4.toString());       //输出大浮点数
```
BigDecimal 类提供大量科学计算方法，部分常用方法为：
①求和方法，方法首部为：
```
public BigDecimal add(BigDecimal augend)
```
方法返回该对象与 augend 对象的和的 BigDecimal 对象。
②比较方法，方法首部为：
```
public int compareTo(BigDecimal val)
```
方法返回该对象与 val 对象比较的值。
③除法方法，方法首部为：
```
public BigDecimal divide(BigDecimal divisor)
```
方法返回一个该对象与 divisor 对象的除法值的 BigDecimal 对象。
④得到对象内的 double 值，方法首部为：
```
public double doubleValue()
```
该方法将此 BigDecimal 对象转换为 double 值。
⑤乘法方法，方法首部为：
```
public BigDecimal multiply(BigDecimal multiplicand)
```
方法返回该对象与 multiplicand 对象的乘积的 BigDecimal 对象。
⑥减法方法，方法首部为：
```
public BigDecimal subtract(BigDecimal subtrahend)
```
方法返回该对象与 subtrahend 对象的减法结果的 BigDecimal 对象。
⑦转换大整数对象方法，方法首部为：
```
public BigInteger toBigInteger()
```
方法将此 BigDecimal 对象转换为对应的 BigInteger 对象。
⑧转换为字符串方法，方法首部为：
```
public String toString()
```
方法返回此 BigDecimal 对象的字符串表示形式，如果需要指数，则使用科学记数法。
⑨double 值转 BigDecimal 方法，方法首部为：
```
public static BigDecimal valueOf(double val)
```
方法将 double 值转换为对应的 BigDecimal 对象。

【例 3】 查看代码，体会 BigDecimal 类使用。
```
package bignumber;
import java.math.BigDecimal;
import java.util.Scanner;
public class BigDecimalTest {
    public static void main(String[] args) {// 浮点数对象介绍
        Scanner cin = new Scanner(System.in);
```

```
            BigDecimal A = BigDecimal.ONE;           // BigDecimal 类型的常量
            System.out.println("BigDecimal.ONE 的结果为 " + A);// 1
            BigDecimal B = BigDecimal.TEN;
            System.out.println("BigDecimal.TEN 的结果为 " + B);// 10
            BigDecimal C = BigDecimal.ZERO;
            System.out.println("BigDecimal.ZERO 的结果为 " + C);// 0
            // 初始化
            BigDecimal c = new BigDecimal("89.1234567890123456789");
            BigDecimal d = new BigDecimal(100);
            // 运算
            System.out.println("请输入大整数 a, b");
            BigDecimal a = cin.nextBigDecimal();
            BigDecimal b = cin.nextBigDecimal();
            BigDecimal c1 = a.add(b);                 // 大数加法
            System.out.println("加的结果为 " + c1);
            BigDecimal c2 = a.subtract(b);            // 大数减法
            System.out.println("减的结果为 " + c2);
            BigDecimal c3 = c.multiply(d);            // 大数乘法
            System.out.println("乘的结果为 " + c3);
            // 注意，这里如果不能除尽，就会抛出一个 ArithmeticException 错误
            BigDecimal c4 = a.divide(b);              // 大数除法
            System.out.println("除的结果为 " + c4);
            BigDecimal cc5 = a.remainder(b);
            System.out.println("余的结果为 " + cc5);
            if (a.equals(b))                          // 判断是否相等
                System.out.println("相等");
            else
                System.out.println("不相等");
        }
    }
```

【例4】 李白无事街上走，提壶去买酒。遇店加一倍，见花喝一斗，五遇花和店，喝光壶中酒，试问李白壶中原有多少斗酒？

思路：这道题应该是从后往前推——逆运算，最后得出原有酒的体积。最后李白喝完酒，所以最后一次是见花，应该喝一斗，说明李白壶中酒喝完之前是一斗，然后前推则应该遇店，遇店要加一倍，所以遇店前应该一斗去除2，反复前推5次至开始。

```
        package bignumber;
        import java.math.BigDecimal;
        public class LiBaiDrink {
            public static void main(String[] args) {        //李白喝酒
                BigDecimal volumn = new BigDecimal("0");    //最后没酒了
                for (int i=0; i<5; i++){                    //五次循环花和店
                    volumn = volumn.add(new BigDecimal("1"));      //遇见花，逆推加1斗
                    volumn = volumn.divide(new BigDecimal("2"));   //遇见店，逆推除2
                }
                System.out.print(volumn);
            }
        }
```

12.4 Java 常用日期处理类

日期处理在 Java 中是一块非常复杂的内容，包含日期的国际化，日期和时间之间的转换，日期的加减运算，日期的展示格式等问题。

在 Java 中，操作日期主要涉及以下几个类：

1. java.util.Date

Date 表示特定的瞬间，精确到毫秒。从 JDK 1.1 开始，使用 Calendar 类实现日期和时间字段之间转换，使用 DateFormat 类来格式化和分析日期字符串。Date 中的把日期解释为年、月、日、小时、分钟和秒值的方法已废弃。

2. java.text.DateFormat

DateFormat 是对日期/时间格式化并解析的抽象类，它以与语言无关的方式格式化和解析日期或时间，进而将日期和时间与字符串之间相互转换。

3. java.text.SimpleDateFormat

SimpleDateFormat 是 DataFormat 的子类，该类是一个以与语言环境相关的方式来格式化和解析日期的具体类。它可以将日期和时间与字符串之间进行相互转换。

SimpleDateFormat 使得可以选择任何用户定义的日期-时间格式的模式。但是，仍然建议通过 DateFormat 中的 getTimeInstance、getDateInstance 或 getDateTimeInstance 来新创建日期-时间格式化程序。

4. java.util.Calendar

Calendar 类是一个抽象类，与其他语言环境敏感类一样，Calendar 提供了一个类方法 getInstance，以获得此类型的一个通用的对象。Calendar 的 getInstance 方法返回一个 Calendar 对象，其日历字段已由当前日期和时间初始化。

5. java.util.GregorianCalendar

GregorianCalendar 是 Calendar 的一个具体子类，提供了世界上大多数国家使用的标准日历系统。GregorianCalendar 是一种混合日历，它同时支持儒略历和格里高利历系统，在默认情况下，它对应格里高利日历创立时的格里高利历日期。

对于上面各类，下面主要对常用的 Date、Calendar 类和 DateFormat 类使用方式进行介绍，其他类的使用方法，请查阅参考 API。

12.4.1 Date 类

Java 中的日期类用来处理日期和时间，该类可以描述一个具体的时刻。Date 类中提供相应的方法，可以将日期分解为年、月、日、时、分、秒，同时可以将一个日期对象格式化为一个字符串，另外还可以执行将字符串解析成日期对象的反向的操作。但是从 JDK1.1 开始，Calendar 类和 DateFormat 类也可以执行这两类的功能，按照 Java 的官方文件，相应的在 Date 类中的方法不再推荐使用，因此在此不再介绍，仅介绍日期对象的创建。

创建一个描述当前时间的日期对象可以使用下列方式：
```
Date d1 = new Date();//创建一个表示当前时间的 Date 对象
```
创建一个指定时间的日期对象可以使用下列方式：
```
Date d2 =new Date(30000);
```
上面语句创建一个 Date 对象，该日期对象描述了距离 GMT 1970 年 1 月 1 日 00:00:00 的毫秒数为 30000 的日期时间，在日期类中经常可以看到名词 UTC 和 GMT，它们都是指的格林尼治标准时间。

创建日期对象时也可以通过指定年、月、日来创建指定的日期对象，例如：
```
Date d3 = new Date(1974,3,5);
```

12.4.2 Calendar 类

Calendar 类是一个抽象类，存在包 java.util 中，它为特定时间与一组诸如 YEAR、MONTH、DAY_OF_MONTH、HOUR 等日期字段之间的转换提供了一些方法，并为操作日期字段提供了一些方法。

1. 获取 Calendar 类的通用对象

Calendar 提供了一个类方法 getInstance，以获得此类型的一个通用对象。这个方法返回一个 Calendar 对象，其日历字段已由当前日期和时间初始化，例如：

```
Calendar now = Calendar.getInstance();
```

2. Calendar 类的部分字段

Calendar 提供了一些静态字段来描述日历和时间，如 Year，Month 等，这些字段都是整型值，部分常用字段如下所示：

DAY_OF_MONTH：表示日历对象在一个月中的某天。
DAY_OF_WEEK：表示日历对象在一个星期中的某天。
DAY_OF_WEEK_IN_MONTH：表示日历对象在当前月中的第几个星期。
DAY_OF_YEAR：表示日历对象在当前年中的天数。
HOUR：表示日历对象在上午或下午的小时。
HOUR_OF_DAY：表示日历对象在一天中的小时。
MINUTE：表示日历对象在一小时中的分钟。
MONTH：表示日历对象中当年的月份。
SECOND：表示一分钟中的秒。
WEEK_OF_MONTH：表示日历对象在当前月中的星期数。
WEEK_OF_YEAR：表示日历对象在当前年中的星期数。
YEAR：表示日历对象中的年份。
protected long time：日历的当前设置时间，以毫秒为单位，表示自格林尼治标准时间 1970 年 1 月 1 日 0:00:00 后经过的时间。

3. 获得并设置日历字段值的方法

Calendar 可以通过调用 set 等方法来设置日历字段值，调用 get、getTimeInMillis、getTime、等方法设置日历字段值。部分常用方法如下所示：

①得到日历对象静态方法，方法首部如下所示：

```
public static Calendar    getInstance()
```

该方法返回使用默认时区和语言环境获得一个日历对象。

②比较方法，方法首部如下所示：

```
public int compareTo(Calendar anotherCalendar)
```

该方法返回两个 Calendar 对象时间值的比较的结果。

③得到当前日历对象的时间值，方法首部如下所示：

```
public Date getTime()
```

该方法返回一个表示此 Calendar 对象的时间值的 Date 对象。

④得到当前日历对象的时间值，方法首部如下所示：

```
public long getTimeInMillis()
```

该方法返回当前对象的时间值，该时间值以毫秒为单位。

⑤得到当前日历对象中给定日历字段的值，方法首部如下所示：

```
public int    get(int field)
```

该方法返回给定日历字段的值。

⑥得到一星期的第一天，方法首部如下所示：
```
public int getFirstDayOfWeek()
```
该方法获取一星期的第一天。例如，在美国，这一天是 SUNDAY，而在法国，这一天是 MONDAY。

⑦设置当前日历对象中各字段的值，使用 set 方法，该方法重载，方法首部为：
```
public void set(int field, int value)
```
该方法将给定的日历字段设置为给定值。
```
public void set(int year, int month, int date)
```
该方法设置日历字段 YEAR、MONTH 和 DAY_OF_MONTH 的值。
```
public void set(int year, int month, int date, int hourOfDay, int minute)
```
该方法设置日历字段 YEAR、MONTH、DAY_OF_MONTH、HOUR_OF_DAY 和 MINUTE 的值。
```
public void set(int year, int month, int date, int hourOfDay, int minute, int second)
```
该方法设置字段 YEAR、MONTH、DAY_OF_MONTH、HOUR、MINUTE 和 SECOND 的值。

⑧时间设置方法，方法首部如下所示：
```
public void setTime(Date date)
```
该方法使用给定的 Date 对象设置此 Calendar 的时间。

⑨时间设置方法，方法首部如下所示：
```
public void setTimeInMillis(long millis)
```
该方法用给定的 long 类型的毫秒值设置此 Calendar 的当前时间值。

【例5】 查看代码，体会 Calendar 类的使用方式。
```
package calendardemo;
import java.util.Calendar;
import java.util.Date;
public class CalendarTest {
    public static void main(String[] args) {                    //日历类的使用方式
        Calendar cal = Calendar.getInstance();                  //得到日历类对象
        cal.setTime(new Date());
        int year = cal.get(Calendar.YEAR);                      //取得当前年
        int month = (cal.get(Calendar.MONTH))+1;                //取得当前月，需要加一
        //取得当前月的第几天：即当前日
        int day_of_month = cal.get(Calendar.DAY_OF_MONTH);
        //取得当前小时，HOUR_OF_DAY 表示 24 小时制；HOUR-12 小时制
        int hour = cal.get(Calendar.HOUR_OF_DAY);
        int minute = cal.get(Calendar.MINUTE);                  //当前分
        int second = cal.get(Calendar.SECOND);                  //取得当前秒
        int ampm = cal.get(Calendar.AM_PM);//0-上午；1-下午
        int week_of_year = cal.get(Calendar.WEEK_OF_YEAR);      //取得当前年的第几周
        //取得当前月的第几周
         int week_of_month = cal.get(Calendar.WEEK_OF_MONTH);
        int day_of_year = cal.get(Calendar.DAY_OF_YEAR);        //取得当前年的第几天
        System.out.println("当前年==/t"+year);
        System.out.println("当前月==/t"+month);
        System.out.println("当前月的第几天：即当前日===/t"+day_of_month);
        System.out.println("当前时 HOUR_OF_DAY-24 小时制：HOUR-12 小时制===/t"+hour);
        System.out.println("当前分===/t"+minute);
        System.out.println("当前分===/t"+second);
        System.out.println("0-上午；1-下午==/t"+ampm);
        System.out.println("当前年的第几周/t"+week_of_year);
        System.out.println("当前月的第几周/t"+week_of_month);
        System.out.println("当前年的第几天/t"+day_of_year);
        Calendar cal1 = Calendar.getInstance();
```

```
            Date date=new Date();
            cal1.setTime(date);
            Calendar cal2 = Calendar.getInstance();
            cal2.setTime(date);
        System.out.println(cal1.get(Calendar.YEAR)-cal2.get(Calendar.YEAR));
          System.out.println(cal1.get(Calendar.MONTH)-cal2.get(Calendar.MONTH));
          System.out.println(cal1.get(Calendar.MONTH));
          System.out.println(cal1.get(Calendar.YEAR));
        System.out.println(cal1.get(Calendar.MONTH)-cal2.get(Calendar.YEAR));
            cal1.add(Calendar.YEAR,1);//修改 ca1 的日期值,把年加一
    }
}
```

【例 6】 黑色星期五源于西方的宗教信仰与迷信:耶稣基督死在星期五,而 13 是不吉利的数字。两者的结合令人相信当天会发生不幸的事情。星期五和数字 13 都代表着坏运气,两个不幸的个体最后结合成超级不幸的一天。所以,不管哪个月的 13 日又恰逢星期五就叫"黑色星期五"。找出某年中哪些天是"黑色星期五"。

思路:这个问题是一个很经典的逻辑判断的题目。"黑色星期五"要满足两个条件,一是当天是 13 号,二是当天还是星期五。因此需要判断一年中每月 13 号是不是星期五,这就要循环遍历一年每月,判断每一个月的 13 号是不是周五,所以需要使用 Calendar 提供的方法。

```
package calendardemo;
import java.text.DateFormat;
import java.text.SimpleDateFormat;
import java.util.Calendar;
import java.util.Scanner;
public class BlackFriday {
    public static void main(String[] args)  {判断13号是不是周五
        Scanner input = new Scanner(System.in);              // 获取控制台输入对象
        DateFormat sdf = new SimpleDateFormat("yyyy-MM-dd"); // 设置日期格式
        System.out.print("请输入要判断的年份: ");
        int year = input.nextInt();
        Calendar cal = Calendar.getInstance();               // 获得日历对象
        for (int i = 0; i < 12; i++) {                       // 循环控制月份,月份取值从 0~11
            cal.set(year, i, 13);                            // 设置日期
            if (5 == (cal.get(Calendar.DAY_OF_WEEK) - 1))// 判断是否是星期五
            // 输出格式化日期
                System.out.println("黑色星期五: " + sdf.format(cal.getTime()));
        }
    }
}
```

12.4.3 DateFormat 类

DateFormat 是对日期/时间格式化的抽象类,它可以格式化或解析日期或时间,即允许将日期对象和字符串对象进行相互的转换。DateFormat 提供了很多方法,以多种风格处理日期对象。

1. 获取 DataFormat 对象实例

DataFormat 是抽象类,不能创建该类的对象,需要使用静态方法 getDateInstance、getTimeInstance、GetDateTimeInstance,得到日期时间格式对象。例如:

```
DateFormat df= DateFormat.getDateInstance();
```

如果设置格式化不同语言环境的日期,在 getDateInstance() 的调用中指定它。

```
DateFormat df1 = DateFormat.getDateInstance(DateFormat.LONG, Locale.FRANCE);
```

2. 日期格式化字符串

将日期/时间格式化为字符串,主要使用 format 方法,例如:

```
DateFormat df= DateFormat.getDateInstance();
String dateStr =df.format(new Date());
```

3．字符串解析为日期

将字符串解析为日期，主要使用 parse 方法，例如：
```
DateFormat df= DateFormat.getDateInstance();
Date d1=df.parse("2010-1-1");
```

【例7】 查看代码，体会日期格式类的用法。
```
package calendardemo;
import java.text.DateFormat;
import java.util.Date;
public class DateFormatDemo {
    public static void main(String[] args) {//日期格式类demo
        //DateFormat 是抽象类，通过 getInstance 得到一个日期格式类对象
        DateFormat df = DateFormat.getInstance();
        String str = df.format(new Date());//对当前日期对象用 df 转成字符串表示
        System.out.println(str);
    }
}
```

12.4.4 SimpleDateFormat 类

SimpleDateFormat 是 DateFormat 的子类，该类在包 java.text 中，该类允许用户自定义的日期-时间格式的模式，并利用此模式来显示日期和时间。

1．SimpleDateFormat 对象的创建

创建 SimpleDateFormat 类对象，使用 new 关键字，例如：
```
SimpleDateFormat fmt1=new SimpleDateFormat();
SimpleDateFormat fmt2=new SimpleDateFormat("yyyy-MM-dd HH:mm:ss");
SimpleDateFormat fmt3=new SimpleDateFormat("yyyy年MM月dd日 HH时mm分ss秒 E ");
```
对于 fmt1 可以使用 Java 环境默认的对象对日期和时间进行格式化。

对于 fmt2 使用构造方法中定义的"yyyy-MM-dd HH:mm:ss"格式来格式化日期和时间，其中"yyyy-MM-dd HH:mm:ss"表示年-月-日 时：分：秒的格式。

对于对于 fmt3 使用构造方法中定义的"yyyy 年 MM 月 dd 日 HH 时 mm 分 ss 秒 E"格式来格式化日期和时间，其中"yyyy 年 MM 月 dd 日 HH 时 mm 分 ss 秒 E"表示4位年2位月2位日2位小时2位分2位秒 星期的日期时间显示格式。

2．使用 SimpleDateFormate 对象格式化日期时间对象

```
SimpleDateFormate 类提供 format 方法来格式化日期和时间对象，例如：
Date now=new Date();
String str1 = fm1.format(now);
```
【例8】 使用 SimpleDateFormat 类格式化日期对象。
```
package calendardemo;
import java.text.SimpleDateFormat;
import java.util.Date;
public class SimpleDateFormatDemo {
    public static void main(String[] args) {//SimpleDateFormat 格式化日期对象
        //使用不同日期时间方式初始化对象
        SimpleDateFormat fmt1 = new SimpleDateFormat();
        SimpleDateFormat fmt2 = new SimpleDateFormat("yyyy-MM-dd HH:mm:ss");//
        SimpleDateFormat fmt3 = new SimpleDateFormat("yyyy年MM月dd日 HH时mm分ss秒 E ");
        Date now = new Date();
        //利用 format 将时间日期对象用不同形式显示出来
        System.out.println(fmt1.format(now));
        System.out.println(fmt2.format(now));
```

```
            System.out.println(fmt3.format(now));
    }
}
```

从【例 8】输出效果可以看出来，使用不同的格式化对象，对于日期和时间的格式化效果不同。

3. SimpleDateFormate 解析字符串为日期对象

SimpleDateFormate 类提供 parse 方法来解析字符串为日期和时间对象，返回 Date 对象。例如：

```
Date d1= fmt1.parse("2001-01-01");
```

4. 常用的模式字符串

在用户自定义日期时间的格式的时候，需要使用一些模式字符串来指定日期和时间格式，例如"yyyy-MM-dd HH:mm:ss"。在日期和时间模式字符串中，用字母 'A' 到 'Z' 和 'a' 到 'z' 来表示日期或时间字符串元素。常用字母的含义如下所示：

Y：年 Year
M：年中的月份
w：年中的周数
W：月份中的周数
D：年中的天数
d：月份中的天数
F：月份中的星期
E：星期中的天数
a：Am/pm 标记
H：一天中的小时数（0～23）
k：一天中的小时数（1～24）
K：am/pm 中的小时数（0～11）
h：am/pm 中的小时数（1～12）
m：小时中的分钟数
s：分钟中的秒数
S：毫秒数

12.5 Java 集合框架

Java 集合框架 Collection 包括一组接口和类，这些接口和类包含很多抽象数据类型操作的 API，如 Map，Set，List 等。这些 API 在数据结构中经常使用，而 Java 用面向对象的设计对这些数据结构和算法进行了封装，方便了编程。Java 集合框架 Collection 中接口和类之间的关系如图 12-6 所示，在这些类和接口中，其关键接口主要是 Collection、List、Set 和 Map。

Collection 位于集合框架的顶层，是集合框架的基础，声明了所有集合都将拥有的核心方法。一个 Collection 包含一组 Object 类的对象，即 Collection 的元素（element）需要为对象。Java 不提供直接继承 Collection 的类，Java 提供的类都是继承自 Collection 的"子接口"，如 List、Set。

Collection 提供的方法主要有：

```
    public int size();//集合框架中包含的元素数
    public boolean isEmpty();//判断集合框架是否包含元素,无元素为返回 true
    public boolean contains(Object element);//判断集合框架是否包含某元素
    public boolean add(E element);//向集合框架中添加元素
```

```
public boolean remove(Object element);//删除集合框架中的一个元素
public Iterator<E> iterator();//得到遍历器
// 判断 collection 包含指定 collection 中的所有元素
public boolean containsAll(Collection<?> c)
//向集合框架中添加指定集合框架的所有元素
;public boolean addAll(Collection<? extends E> c);
public boolean removeAll(Collection<?> c);//移走集合框架中的指定集合框架的所有元素
/移除 collection 中未包含在指定 collection 中的所有元素
public boolean retainAll(Collection<?> c);
public void clear();          //移除集合框架的所有元素
public Object[] toArray();//返回一个数组,这个数组包含了 collection 集合里的元素
//返回一个数据类型为 T 的数组,这个数组包含了 collection 集合里的数据类型 T 元素
public <T> T[] toArray(T[] a);
```

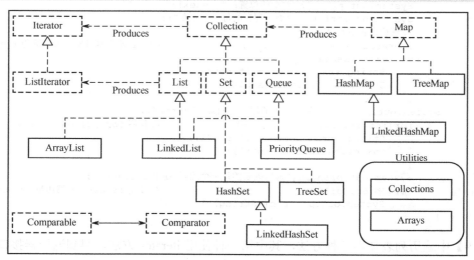

图 12-6 Collection 框架类的层次关系

12.5.1 List 列表接口

List 接口继承 Collection 的集合框架,是有序的 Collection,可以包含重复的集合元素,访问 List 集合中的元素可以根据元素的索引来访问,这与 Java 的数组类似。除了从 Collection 接口继承过来的方法,List 也提供了如下操作方法。

```
public E get(int index);               // 通过索引 index 得到列表中的元素
public E set(int index, E element);//修改列表中索引 index 的元素为 element
public boolean add(E element);          //为列表添加元素
public E remove(int index);            //在列表中删除位置 index 上的元素
//在列表 index 位置插入一个集合
public boolean addAll(int index, Collection<? extends E> c);
//得到指定元素在列表中第一个匹配项的索引,如果此列表中不包含该元素返回-1
public int indexOf(Object o);
//得到指定元素在列表中最后一个匹配项的索引,如果此列表中不包含该元素返回-1
public int lastIndexOf(Object o);
//得到可以遍历列表的迭代器对象
public Iterator<E> iterator();
// 截取索引 from 和 to 之间的 List
public List<E> subList(int from, int to);
```

实现 List 接口的类有 ArrayList、Vector 和 LinkedList,在通常情况下,若搜索频繁,选择使用 ArrayList;若插入删除频繁,选择使用 LinkedList。

【例 9】   查看代码,体会 List 的用法。
```
package collection.demo;
```

```java
import java.util.Iterator;
import java.util.List;
import java.util.ArrayList;
public class ListDemo {
    public static void main(String[] args) {           //列表的使用方法的测试
        List l1 = new ArrayList();
        l1.add("tom");                                 //向列表添加数据，字符串
        l1.add("MM");
        l1.add("TT");
        l1.add("TT");
        String str =(String)l1.get(1);                 //取列表的 index 为 1 的元素
        System.out.println(str);
        int index = l1.indexOf("TT");                  //判断 TT 是否在列表中，在列表的位置
        System.out.println("TT 的位置: "+index);
        System.out.println("遍历列表的每一个元素");
        //遍历列表中的每一个元素
        Iterator it = l1.iterator();                   //得到遍历器对象，用来遍历每个列表元素
        while(it.hasNext()){
            String str1 =(String)it.next();
            System.out.println(str1);
        }
        System.out.println("遍历列表的每一个元素 使用 for");
        for(int i=0;i<l1.size();i++){                  //使用 for 来遍历每一个元素
            String str1 =(String)l1.get(i);
            System.out.println(str1);
        }
        System.out.println("遍历列表的每一个元素 使用 foreach");
        for(Object o:l1)                               //使用 foreach 来遍历每一个元素
            System.out.println((String)o);
    }
}
```

【例 9】中遍历列表使用三种方法，其中第一种使用 iterator 方法，得到遍历器接口 Iterator 的对象。

Iterator 是单列集合 Collection 中取出容器中元素的通用方式，对于已定义的 List、Set、Map，若需要遍历这些集合框架中的每一个元素，经常需要使用迭代器 Iterator。

Iterator 接口包括下列方法：

```
public boolean hasNext();   //判断列表或者集合是否存在下一个对象元素
public E next();            //得到遍历器中的下一个元素
public void remove();       //删除遍历器指向的列表的元素
```

Iterator 接口的使用方法【例 9】已经详细给出，在此不再进一步说明。

12.5.2 Set 集合接口

Set 接口是一个不包含重复元素的 Collection，Set 中若访问集合中的元素，只能根据元素本身来访问，其方法与 List 类似，只是没有索引访问方式，有兴趣请查阅 API 文档。实现 Set 接口的类有 HashSet、TreeSet 和 LinkedHashSet。下面以 HashSet 为例，介绍 Set 的使用方式。

【例 10】 查看代码，体会 Set 集合的使用方法。

```java
package collection.demo;
import java.util.HashSet;
import java.util.Iterator;
import java.util.Set;
public class SetDemo {
    @SuppressWarnings("unchecked")//Set 使用介绍
    public static void main(String[] args) {
        //创建 set 集合对象，使用泛型概念，只能存放 String 类型对象
        Set<String>set = new HashSet<String>();
        set.add("1");
```

```java
        set.add("2");
        set.add("3");
        set.add("3");
        //set 没有 indexof 方法,因为没有下标概念
        //遍历 set
        System.out.println("使用 for 遍历 Set");
        Object [] o = set.toArray();//将集合对象转到数组中
        for(int i =0;i<o.length;i++)
            System.out.println((String)o[i]);
        System.out.println("使用 foreach 遍历 Set");
        //注意使用泛型,因此,知道 set 中存放 String,所以,直接用 String 即可
        for(String str:set)
        System.out.println(str);
        System.out.println("使用 iteratorr 遍历 Set");
        Iterator it = set.iterator();
        while(it.hasNext())
          System.out.println(it.next());
    }
}
```

【例 10】中对 set 集合使用泛型的概念,规定 set 只能存放 String 字符串,因此在取 set 的元素的时候,取出即为 String 对象,而不是【例 9】一样为 Object 对象,这种方式可以规范集合框架存储对象类型。

12.5.3　Map 映射接口

Map 是包含一组元素的集合框架,与 List 和 Map 不同,Map 以键-值对(key-value)形式保存元素,访问时只能根据每项元素的 key 来访问其 value。key 必须唯一,value 的值可以重复。Map 类提供了以下的常用方法:

```
        public boolean isEmpty();                           //判断 Map 是否为空
        public boolean containsKey(Object key);             //判断 Map 中是不包括键对象 key
        public boolean containsValue(Object value);         //判断 Map 中是不包括值对象 value
        public V get(Object key);                           //通过 key 得到 Map 对象中的存储的值
        public V put(K key, V value);                       //将一对 key 和 value 存入 Map 对象
        public V remove(Object key);                        //根据 key 将存入的 key,value 从 Map 对
象中移除
        public void clear();                                //清掉 Map 对象
        public Set keySet();                                // 由于 Map 集合的 key 不能重复,key 之
间无顺序,所以 Map 集合中的所有 key 就可以组成一个 Set 集合
        public Collection values();                         //由 Map 对象中的所有 value 得到 value
的集合
```

Map 有两种比较常用的实现类:HashMap 和 TreeMap,下面以 HashMap 为例,介绍 Map 类的基本用法。

【例 11】　以学号为键,存学生对象到 Map 中,阅读下列代码,体会 Map 的用法。

```java
package collection.demo;
import java.util.HashMap;
import java.util.Iterator;
import java.util.Map;
import java.util.Set;
public class MapDemo {
    //Map 用法示例,存放学生对象,以学号为 key 存放学生对象
    public static void main(String[] args) {
        Map<String,Student> map = new HashMap<String,Student>();
        Student sd = new Student("001","tom",25);
        Student sd1 = new Student("002","jerry",34);
        Student sd2 = new Student("003","mary",34);
        map.put("001", sd);//将学生对象以学号为 key ,存入学生对象
        map.put("002", sd1);
```

```
            map.put("003", sd2);
        //通过 key 学号, 得到学生对象
        System.out.println("通过学生学号 001, 得到学生为: ");
        //注意定义时, 使用泛型, 规范 key-value 类型, 所以可以直接取出
        Student s1 = map.get("001");
        System.out.println(s1);
        //遍历学生对象
        System.out.println("遍历学生的对象的方法: ");
        Set<String> set = map.keySet();          //得到 key 的 Set 集合,也是泛型
        Iterator<String> it = set.iterator();    //取 set 的遍历器
        while(it.hasNext()){
            String sno =it.next();               //取集合中的学号
            Student st=map.get(sno);             //得到学号对应的学生对象
            System.out.println(st);
        }
        //方法二  遍历学生学号, 得到学生对象
        for(String  sno : set){
            System.out.println(map.get(sno));
        }
    }
}
```

【例 11】的例子不仅演示了 Map 的基本用法, 而且在 Map 中用泛型类去规范 key 和 value 的具体类型, 因此在取 key 值和 value 值时不需要类型转换, 如果 Map 中不用泛型, 取出的 key 和 value 的值为 Object 类型的对象, 需要做类型转换后才能使用。

12.6　Collections 类

java.util.Collections 类是一个包装类, 它提供各种有关集合操作的静态方法。此类不能实例化, 可以看成一个工具类, 服务于 Java 的 Collection 框架。

Collections 类提供的方法可以使编程者快捷完成对集合的操作, 常用的方法包括:

1. sort 方法

sort 方法可以根据元素的自然顺序对指定列表按升序进行排序。使用 sort 方法要求列表中的所有元素都必须实现 Comparable 接口, 即此列表内的所有元素都必须是使用指定比较器可相互比较的。方法的首部为:

```
static void sort (List<T> list)//根据元素的自然顺序对指定列表按升序进行排序
```

【例 12】　利用 sort 方法对列表 list 进行排序。

```
package collection.demo;
import java.util.ArrayList;
import java.util.Collections;
import java.util.List;
public class SortDemo {
    public static void main(String[] args) {           //利用Collections.sort 进行排序
        double array[] = {112, 111, 23, 456, 231 };
        List<Double> list = new ArrayList<Double>();//该列表只能放 Double 对象
        for (int i = 0; i < array.length; i++) {
            list.add(new Double(array[i]));            //只能加入对象
        }
        Collections.sort(list);                        //对 list 进行升序排序
        for (int i = 0; i < list.size(); i++)
            System.out.println(list.get(i));
    }
}
```

2. max 方法

max 方法返回给定列表或者集合 collection 的最大元素,前提要求 collection 中的所有元素都必须是可相互比较的。方法首部为:

```
//根据元素的自然顺序,返回给定 collection 的最大元素
static T max(Collection<? extends T> collection)
```

3. min 方法

min 方法返回给定集合框架 collection 的最小元素,这个方法要求 collection 中的所有元素都必须是可相互比较的。方法首部为:

```
//根据元素的自然顺序,返回给定 collection 的最大元素
static T min(Collection<? extends T> collection)
```

【例 13】 求列表 list 的最大值和最小值。

```
package collection.demo;
import java.util.ArrayList;
import java.util.Collections;
import java.util.List;
public class MaxDemo {
    public static void main(String[] args) {              // Collections.max 求最大
值最小值
        List<Double> list = new ArrayList<Double>();      //该列表只能放 Double 对象
        List list = new ArrayList();
        for (int i = 0; i < array.length; i++) {
            list.add(new Double(array[i]));               //只能加入对象
        }
        Double max = Collections.max(list);               //调用max方法求list最大值,
放到max对象中
        System.out.println(max.toString());
        Double min = Collections.min(list);               //调用min方法求list最小值
放到min对象中
        System.out.println(min.toString());
    }
}
```

4. reverse

reverse 方法可以对列表中的元素的排列顺序反转,方法首部如下所示:

```
static void reverse (List<?> list) //反转指定列表中元素的顺序。
```

【例 14】 对列表 list 进行逆转后输出。

```
package collection.demo;
import java.util.ArrayList;
import java.util.Collections;
import java.util.List;
public class reverseDemo {
    public static void main(String[] args) {//Collections.reverse 用法
        double array[] = {112, 111, 23, 456, 231 };
        List list = new ArrayList();
        for (int i = 0; i < array.length; i++) {
            list.add(new Double(array[i]));//只能加入对象
        }
        Collections.reverse(list);//对 list 进行元素的排列反转排序
        for (int i = 0; i < array.length; i++)
            System.out.println(list.get(i));
    }
}
```

5. shuffling 方法

shuffling 方法对列表 list 中的元素进行随机排列,方法首部如下所示:

```
static void shuffling (List<?> list)
```

【例 15】 对列表 list 进行随机排列后输出。

```java
package collection.demo;
import java.util.ArrayList;
import java.util.Collections;
import java.util.List;
public class ShuffleDemo {
    public static void main(String[] args) {//随机排列list元素,Collection.shuffle
        double array[] = {112, 111, 23, 456, 231 };
        List list = new ArrayList();
        for (int i = 0; i < array.length; i++) {
            list.add(new Double(array[i]));//只能加入对象
        }
        Collections.shuffle(list);              //对list元素随机排列
        for (int i = 0; i <list.size(); i++)
            System.out.println(list.get(i));
    }
}
```

12.7 Class 类

Class 类是 java.lang 包中的类，Class 类是 Java 反射机制的基础，通过 Class 类可以获得某个类的实例或者一个类的相关信息。

1. 利用 Class 实例化一个对象

除了使用 new 运算符来创建对象，Class 类提供相关方法可以得到某个类的实例，相关方法首部如下：

```java
        public static Class forName(string className) throws ClassNotFoundException
        public Object newInstance() throw InstantiationException,illegalAcessException
```

forName 方法根据参数 className 到指定类的 Class 对象，如果类在某个包中，className 必须带有包名，由于该方法抛出异常，所以需要进行异常处理。

利用 forName 对象得到的 Class 对象，使用 newInstance 方法可以得到参数 className 类的对象。

【例 16】 创建点类 Point，然后使用 Class 类创建 Point 对象。

```java
package classdemo;
public class Point {                                //创建点类，包括x、y坐标
    private int x,y;
    public int getX() {
        return x;
    }
    public void setX(int x) {
        this.x = x;
    }
    public int getY() {
        return y;
    }
    public void setY(int y) {
        this.y = y;
    }
    public Point(int x, int y) {
        super();
        this.x = x;
        this.y = y;
    }
    public Point() {
        super();
    }
}
```

```
            public String toString() {
                return "Point [x=" + x + ", y=" + y + "]";
            }
    }
    package classdemo;
    public class ClassForObject {
        public static void main(String[] args) {// Class 创建 Point 对象的方法
            try {
                //生成 classdemo.Point 的运行类对象,加载 Point 类
                    Class c1 = Class.forName("classdemo.Point");
                /*利用 c1 创建 Point 类对象,生成 Object 类对象,因此强制转为 Point 对象*/
                    System.out.println((Point)(c1.newInstance()));
            } catch (Exception e) {
                e.printStackTrace();
            }
        }
    }
```

2. 使用 Class 类获取类的有关信息

当一个类被加载并且创建对象时,和该类相关的一个类型为 Class 的对象就会被自动创建,任何对象都可以通过 getClass()方法可以获取和该创建此对象的类对应的 Class 的对象,这个 Class 对象可以调用 Class 提供的下列方法获取该类和对象的相关信息。Class 类提供的常用方法如下:

```
public String getName()                          //返回类的名字
public Constructor getDeclaredConstructor()      //返回类的全部构造方法
public Field[] getDeclaredFields()               //返回类的全部成员变量
Mpublic ethod[] getDeclaredMethods()             //返回类的全部方法
```

上面方法中出现的 Constructor、Field、Method 是 Java 中的类,这些类也和反射机制有关,如需使用请参考 Java API。

【例 17】 使用 Class 类取得 Point 类的信息,体会 Class 类用法。

```
    package classdemo;
    import java.lang.reflect.Constructor;
    import java.lang.reflect.Field;
    import java.lang.reflect.Method;
    public class ClassMessage {
        public static void main(String[] args) {//利用 Class,得到 Point 类的所有信息
            Point p1= new Point();
            //取得 p1 对象的 Class 类的 Point 类型信息
            Class<Point> point =(Class<Point>) p1.getClass();
            //取得 Point 类的所有 method,然后遍历,显示每个方法的方法首部
            System.out.println("输出 Point 的所有方法: ");
            Method [] methods = point.getMethods();
            for(Method m :methods)
                System.out.println(m);
            //取得 Point 类的所有字段信息,遍历显示
            System.out.println("输出 Point 的所有字段: ");
            Field[] fields = point.getDeclaredFields();
            for(Field f:fields)
                System.out.println(f.toString());
            //输出 Point 类所有构造方法
            System.out.println("输出 Point 的所有构造方法: ");
            Constructor<?>[] cons = point.getDeclaredConstructors();
            for(Constructor c:cons)
                System.out.println(c.toString());
        }
    }
```

【例 17】展示使用 Class 类得到 Point 类信息的具体用法,如果对反射机制有兴趣,请参考

Class、Method、Field 类的 Java API。

12.8 集合应用示例

【例 18】 第 7 章【例 15】完成词典程序，仅可以存储固定数量的单词，修改程序，使其对单词的数量不限制，以提升词典功能。

思路：第 7 章的词典程序包括单词类（Word）、词典类（Dictionary），以及词典界面类（LookUpDirectory）和运行类（DictionaryRun），单词数量不限制，则需要修改词典类，使其可以存储大量单词，可以采用 List，或者 Map，进行修改。由于界面与词典分离，所以界面类不需要修改，单词类以及运行类都不需要变化，在此仅列出修改后词典类的代码：

```java
package dictionary;
import java.util.ArrayList;
import java.util.List;
public class Directory {                            //词典类
    private List<Word> wordList;                    //单词列表，存放单词
    public Directory() {
        wordList = new ArrayList<Word>();
    }
    public void listAllWord() {                     //显示所有单词
        for (int i = 0; i < wordList.size(); i++)
            System.out.println(wordList.get(i));
    }
    public boolean add(Word word) {                 //加单词的程序
        wordList.add(word);
        return true;
    }
    public Word searchWord(String str) {            //传入要查询的单词，返回单词对象
        for (int i = 0; i < wordList.size(); i++)
            if (((Word) wordList.get(i)).getCWord().equals(str)
                    || ((Word) wordList.get(i)).getEWord()
                            .equalsIgnoreCase(str))
                return (Word) wordList.get(i);
        return null;
    }
    public boolean updateWord(Word w) {             //更新单词
        int location = indexOf(w.getCWord());       //查找单词在列表中的位置
        if (location < 0)
            return false;
        else {
            del(location);
            wordList.add(location, w);
            return true;
        }
    }
    public boolean delWord(String str) {            //删除单词
        int location = indexOf(str);                //查找单词在列表中的位置
        return del(location);
    }
    public boolean del(int i) {                     //删除列表中第几个单词
        if (i >= 0)
            wordList.remove(i);
        else
            return false;
        return true;
    }
    public int indexOf(String str) {                //判断单词的中文，显示在列表中具体位置
        if (str == null)
```

```
                return -1;
        for (int i = 0; i < wordList.size(); i++)
            if (wordList.get(i).getCWord().equals(str))
                return i;
        return -1;
    }
    public void setWordList(List list) {
        wordList = list;
    }
    public List getWordList() {
        return wordList;
    }
}
```

关 键 术 语

字符串 String 大整数 BigInterger 大浮点数 BigDecimal 集合框架 Collection
列表 List 集合 Set 映射 Map 日历 Calendar 日期格式 DateFormat

本 章 小 结

字符串常量是用双引号引起的字符序列。

字符串可以通过 new 关键字创建，也可以将字符串常量赋值给字符串引用变量。

字符串具有不可变性，是指存放在堆的字符串是不变的，不是字符串的引用的值不变。

StringBuffer 类可以存放可变的字符序列，因此如果字符序列经常被修改，可以先存储到该类的对象，最后转为 String 类对象。

在现实若需要存储大整数或者大浮点数，需要使用 BigInterger 和 BigDecimal 类，该类提供大量的计算方法。

Java 集合框架 Collection，包含 List、Set、Map 接口，提供对不同对象的不同存储方式。

List 列表可以有序存储不同类型的对象，并且其主要实现类为 ArrayList 和 LinkedList，对列表数据经常查找，适用于使用 ArrayList 类，对列表数据经常删除，适用于使用 LinkedList 类。

Set 集合存储不同类型的对象，Set 集合存储无序对象，而且对象不能重复。

Map 映射以 key-value 形式存储对象，要求 key 不重复。

Java 提供日期和日期格式化的一组类，其中 Calendar 类提供日期操作的具体方法，SimpleDateFormat 提供日期格式化的一组方法。

Class 是反射机制的一个基础类，通过这个类可以提供动态创建对象的方式。

复 习 题

一、简答题

1. 对于 String 对象，可以使用 "=" 赋值，也可以使用 new 关键字赋值，两种方式有什么区别？
2. String 类和 StringBuffer 类有什么区别？
3. Collection 接口和 Map 接口分别定义了什么集合类型？有什么区别？
4. Date 和 Calender 类有什么区别和联系？
5. DateFormart 类有什么作用？用简单代码展示其使用方法。

6. SimpleDateFormat 类有什么作用？用简单代码展示其使用方法。

二、选择题

1. 在 Java 中，存放字符串常量的对象属于（　　）类对象。
   A．Character　　　　B．String　　　　C．StringBuffer　　　　D．Vector
2. 定义字符串 s：String s="Micrsoft 公司"；执行下面的语句，char c=s.charAt(9); c 的值为（　　）。
   A．null　　　　B．司　　　　C．产生数组下标越界异常　　D．公
3. 利用 Iterator 的 next 方法所返回的引用类型为（　　）。
   A．int　　　　B．Object　　　　C．ArrayList　　　　D．以上答案都不对
4. Calendar 类位于（　　）包内。
   A．java.util　　　　B．java.awt　　　　C．javax.swing　　　　D．java.awt.event
5. 为删除 ArrayList 中的一个特定索引所对应的元素，应使用（　　）方法。
   A．remove　　　　B．removeAt　　　　C．delete　　　　D．eteAt
6. 在 Java 中，以下（　　）对象以键-值的方式存储对象。
   A．java.util.List　　　　　　　　B．java.util.ArrayList
   C．java.util.HashMap　　　　　　D．java.util.LinkedList

三、应用题

1. 使用代码，创建一个长度为 10 的 String 型数组，并使用增强 for 循环迭代数组打印出数组中的元素。
2. String 类的 public char charAt(int index. 方法可以得到当前字符串 index 位置上的一个字符，编写程序使用该方法得到一个字符串中的第一个和最后一个字符。
3. 计算某年、月、日和某年、月、日之间的天数间隔，要求年、月、日通过方法的参数传递到程序中。
4. 对第 9 章的应用题第 11 题目"绿野"自行车商店的运行系统进行修改，使用 List 或者 Map 存储车辆或者销售人员，使系统更加完善。

第 13 章 图形用户界面

图形用户界面（Graphic User Interface，GUI）是用图形的方式，借助菜单、按钮等标准界面元素和鼠标操作，帮助用户方便地向计算机系统发出指令、启动操作，并将系统的运行结果同样以图形方式显示给用户的技术。图形用户界面与字符界面相比，操作简单，画面生动，深受广大用户的欢迎，已经成为目前几乎所有应用软件的既成标准。本章对图形用户界面的实现进行具体讲解，包括 AWT 和 Swing，Java 常用组件、布局管理以及事件处理等内容。

13.1 AWT 和 Swing

13.1.1 AWT 介绍

AWT（Abstract Windowing Toolkit，抽象窗口工具包），是 SUN 公司在发布 JDK 1.0 时的一个重要组成部分，是 Java 提供的用来建立和设置 Java 图形用户界面的基本工具。AWT 中的所有工具类都保存在 java.awt 包中，此包中的所有操作类可用来建立与平台无关的图形用户界面（GUI）的类，这些类又被称为**组件**（components）。

在整个 AWT 包中提供的所有工具类，主要分为以下三种：组件（Component）、容器（Container）和布局管理器（LayoutManager）。

在图形用户界面中，按钮、标签、菜单等都是组件，这些组件都会在一个窗体上显示。在整个 AWT 包中，所有的组件类都是从 Component 和 MenuComponent 扩展而来的，这些类会继承这两个类的公共操作，组件类层次关系如图 13-1 所示。

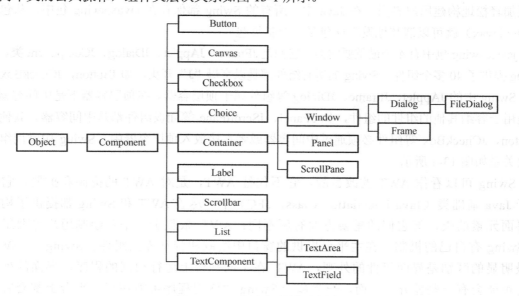

图 13-1　AWT 包组件类层次图

所有的 AWT 组件都应该放到容器之中，如图 13-2 所示，所有的容器都是 Component 的子类，AWT 包含窗体、对话框、面板等容器。容器中的所有组件都需要设置在容器中的位置、大小等。

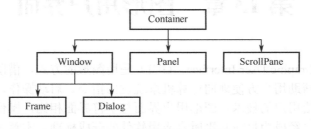

图 13-2　容器类层次关系图

布局管理器对容器内的组件的布局进行管理，可以使容器中的组件按照指定的位置进行摆放，即使容器改变了大小，布局管理器也可以准确地把组件放到指定的位置，这样就可以有效的保证版面不会混乱。如图 13-3 所示，AWT 中所有的布局管理器都是 LayoutManager 的子类。

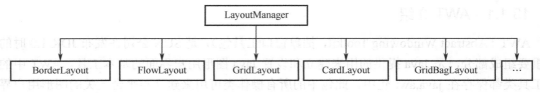

图 13-3　布局管理器类层次图

13.1.2　Swing 介绍

AWT 大量地引入了 Windows 函数，所以经常被称为重量级组件，在 Java 2 中提供了轻量级的图形界面组件——Swing。Swing 是对 AWT 的扩展，它是 Java 2 中的一个标准包。

Swing 使用 Java 语言实现，是以 AWT 平台为基础构建起来的新组件，直接使用 Swing 可以更加轻松地构建用户界面。在 Java 中，所有的 Swing 都保存在 javax.swing 包中，从包的名称中（javax）就可以清楚地发现此包是一个扩展包。

javax.swing 包中有 4 个最重要的类，它们是 JFrame、JApplet、JDialog、JComponent 类。同时 Swing 提供了 40 多个组件，Swing 的所有组件都是以字母"J"开头，如 JButton，JCheckBox 等。

Swing 中的 JApplet、JFrame、JDialog 等组件属于顶层容器。在顶层容器下是中间容器，它们是用于容纳其他的组件的组件，如 JPanel、JScrollPane 等面板组件都是中间容器。其他组件 JButton、JCheckBox 等组件必须通过中间容器或者直接放入顶层容器中，Swing 中常用组件类层次关系如图 13-4 所示。

Swing 可以看作 AWT 的改良版，它不代替 AWT，是对 AWT 的提高和扩展。它们共存于 Java 基础类（Java Foundation Class，JFC）中。尽管 AWT 和 Swing 都提供了构造图形界面元素的类，但它们的重要方面有所不同：AWT 依赖于主平台绘制用户界面组件；而 Swing 有自己的机制，在主平台提供的窗口中绘制和管理界面组件。Swing 与 AWT 之间最明显的区别是界面组件的外观，AWT 在不同平台上运行相同的程序，界面的外观和风格可能会有一些差异。然而，一个基于 Swing 的应用程序可能在任何平台上都会有相同的外观和风格。

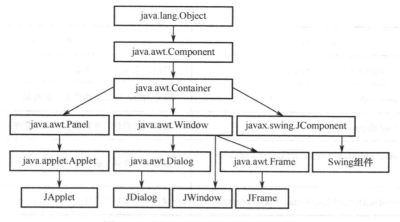

图 13-4 图形界面常用组件类层次图

13.2 窗体

框架 JFrame 类是创建带有标题栏和边框的顶层容器，也称为**窗体**。Swing 组件不能直接添加到顶层容器中，它必须通过与 Swing 顶层容器相关联的内容窗格（content pane）来添加组件。

对 JFrame 添加组件有两种方式：

①用 getContentPane()方法获得 JFrame 的内容窗格，再对其加入组件。

②通过 JPanel 等中间容器，先把组件添加到中间容器中，再把该中间容器添加到 JFrame 的内容窗格，或直接把中间容器添加到 JFrame。

JFrame 类的常用构造方法有：

①public JFrame()：创建一个没有标题的窗体。

②public JFrame（String title）：创建一个指定标题的窗体。

例如：

```
JFrame f = new JFrame("第一个窗口");
```

注意：框架创建以后是不可见的，必须调用 Component 类的 setVisible()方法设置窗体可见。
JFrame 类的常用方法如表 13-1 所示。

表 13-1 JFrame 类的常用方法

No.	方 法	描 述
1	public void setSize（int width, int height）	设置窗体大小
2	public void setSize（Dimension d）	通过 Dimension 设置窗体大小
3	public void setBackground（Color c）	设置窗体的背景颜色
4	public void setLocation（int x, int y）	设置窗体的显示位置
5	public void setLocation（Point p）	通过 Point 来设置组件的显示位置
6	public void setVisible（boolean b）	设置窗体是否可见，默认不可见
7	public void setResizable（boolean b）	设置窗体是否可调整大小，默认可调

(续表)

No.	方法	描述
8	public Container getContentPane()	返回此窗体的容器对象
9	public void pack()	调整窗体,以适合组件大小和布局
10	public void dispose()	撤销当前窗体,并释放窗体所用资源
11	public void setBounds(int x, int y, int width, int height)	设置窗体位置(x, y)和大小(width, height)
12	public void setDefaultCloseOperation(int operration)	设置单击窗体"关闭"按钮时程序作出的处理

【例1】 使用 JFrame 创建窗体。

```java
import javax.swing.*;
public class JFrameDemo2 extends JFrame {
    public JFrameDemo2() {
        //调用 JFrame 的构造方法并设置窗体的标题内容
        super("第一个 Swing JFrame 窗体");
        setLocation(200,200);          //设置窗体的显示位置
        //调用 JFrame 的构造方法并设置窗体的标题内容。
        setSize(400,300);              //设置窗体的大小
        setDefaultCloseOperation(EXIT_ON_CLOSE);//设置单击"关闭"按钮关闭程序
        setVisible(true);              //设置窗体可见
    }
    public static void main(String[] args){
        new JFrameDemo2();
    }
}
```

【例1】的运行结果如图 13-5 所示。

图 13-5 【例1】的运行结果图

【例1】代码中的 setDefaultCloseOperation(JFrame.EXIT_ON_CLOSE)是 JFrame 的方法,用于设置单击窗体右上角"关闭"按钮时,程序会作出具体处理。方法参数是一个整型值,程序根据参数不同作出不同的处理:

0 或 DO_NOTHING_ON_CLOSE:不执行任何操作。
1 或 HIDE_ON_CLOSE:隐藏窗体,默认操作。
2 或 DISPOSE_ON_CLOSE:释放窗体占用的资源,程序继续运行。
3 或 EXIT_ON_CLOSE:关闭程序。

如果不使用这个方法,程序默认是 setDefaultCloseOperation(JFrame.HIDE_ON_CLOSE)。

【例1】通过创建 JFrame 对象方法创建一个窗口,也可以通过继承 JFrame 方式来创建窗口,使用继承方式创建窗口,代码如下所示:

```
import javax.swing.*;
public class JFrameDemo2 extends JFrame {
  public JFrameDemo2() {
    //调用JFrame的构造方法并设置窗体的标题内容。
    super("第一个Swing JFrame窗体")
    setLocation(200,200);                       //设置窗体的显示位置
    setSize(400,300);                           //设置窗体的大小
    setDefaultCloseOperation(EXIT_ON_CLOSE);    //设置单击"关闭"按钮关闭程序
    setVisible(true);                           //设置窗体可见
  }
  public static void main(String[] args){
    new JFrameDemo2();
  }
}
```

13.3 面板

JPanel 也是一种经常使用到的容器之一，属于中间容器，本身不能单独使用。JPanel 用于容纳各类组件，完成各种复杂的界面显示。在 JPanel 中可以加入任意的组件，然后将 JPanel 容器添加到 JFrame 容器中。JPanel 的缺省布局管理器是 FlowLayout。

JPanel 类的常用构造方法有：

①public JPanel()：创建一个默认的 JPanel 对象，使用流式布局管理。关于布局将在后面讲解。

②public JPanel(LayoutManager layout)：创建具有指定布局管理器的 JPanel 对象。

【例2】 使用面板创建带组件的窗体。

```
import java.awt.*;
import javax.swing.*;
public class SwiPanel {
  public static void main(String[] args) {
        JPanel pan=new JPanel();                           //创建面板
        JFrame f=new JFrame("我的框架");
        Container con=f.getContentPane();                  //得到窗体的内容面板
        JTextField jf1=new JTextField("第一个文本框",20);  //创建文本框控件
        JTextField jf2=new JTextField("第二个文本框",20);
        JButton jbt=new JButton("确定");
        pan.add(jf1);
        pan.add(jf2);                                      //面板添加文本框
        pan.add(jbt);
        con.add(pan);                                      //内容面板将面板添加到窗体中
    f.setLocation(300,200);
        f.setSize(300,200);
        f.setDefaultCloseOperation(JFrame.EXIT_ON_CLOSE);
        f.setVisible(true);
    }
 }
```

运行结果如图 13-6 所示。【例2】中，面板使用 add 方法将文本框对象加入面板，然后内容面板使用 add 方法将面板加入窗体。向窗体中添加组件时，必须先取得窗体的内容面板 ContentPane，然后再使用 add()方法把组件加入到 ContentPane 中，这与 AWT 包中的 Frame 直接使用 add()方法添加组件不同。

图 13-6 【例2】的运行结果图

13.4 Swing 常用组件

Swing 组件有很多种，大多数组件的用法比较简单和类似，读者可以查阅 API 文档，了解组件的属性及常用方法。本节简单介绍几种常用的组件。

13.4.1 标签

标签（label）是最简单的组件，用于显示静态文本、图像等的区域，作用是对位于其后的界面组件作说明，可以设置标签的属性，如前景色，背景色、字体等。

标签对象使用 JLabel 类创建，JLabel 类的常用构造方法如下：

①public JLabel()：创建一个没有内容的标签对象。

②public JLabel（String text）：创建一个带有文字的标签对象。

③public JLabel（String text，int horizontalAlignment）：创建一个带有文字并且具有水平排列方向的标签对象。

④public JLabel（String text，Icon image，int horizontalAlignment）：创建一个带有图标和文字并且具有水平排列方向的标签对象。

⑤public JLabel（Icon image）：创建一个带有图标的标签对象。

⑥public JLabel（Icon image，int horizontalAlignment）：

创建一个带有图标并且具有水平排列方向的标签组件，horizontalAlignment 的值取 JLabel.CENTER、JLabel.LEFT、JLabel.RIGHT。

JLabel 类的常用方法有：

①public String getText()：返回该标签所显示的文本字符串。

②public void setText（String text）：定义标签将要显示的单行文本，如果 text 值为 null 或空字符串，则什么也不显示。

③public Icon getIcon()：返回该标签显示的图形图像（字形、图标）。

④public void setIcon（Icon icon）：定义标签将要显示的图标。如果 icon 值为 null，则什么也不显示。

⑤public void setBackground（Color c）：设置标签的背景颜色，默认背景颜色是容器的背景颜色。

⑥public void setForeground（Color c）：设置标签上的文字的颜色，默认颜色是黑色。

13.4.2 按钮

按钮组件是 GUI 设计中用的最多的 Swing 组件之一，单击按钮组件时，会产生事件，执行必要的操作。

按钮对象使用 JButton 类创建，JButton 类的常用构造方法为：

①public JButton()：创建一个不带文本和图标的按钮对象。

②public JButton（Icon image）：创建一个带有图标的按钮对象。

③public JButton（String text）：创建一个带有文字的按钮对象。

④public JButton（String text，Icon image）：创建一个带有文字和图标的按钮对象。

JButtond 的常用方法有：

①public String getText()：获取按钮的名字。

②public void setText（String name）：设定按钮的名字为 name。

③public Icon getIcon()：获取当前按钮的图标。

④public void setIcon（Icon icon）：重新设定按钮的图标。
⑤public void setBounds（int x，int y，int width，int height）：设定按钮的大小，参数 x 和 y 指定矩形形状的组件左上角在容器中的坐标，width 和 height 指定组件的宽和高。

【例3】 在窗体中创建两个标签、两个按钮。

```
import java.awt.*;
import javax.swing.*;
public class JButtonDemo {
    public JButtonDemo(){
        JFrame f=new JFrame();
        Container con=f.getContentPane();
        JPanel pan=new JPanel();
        JLabel xm=new JLabel("姓名");        //声明创建标签对象
        JLabel xb=new JLabel("性别");
        pan.add(xm);                         //标签对象添加到面板
        pan.add(xb);

        JButton ok=new JButton("确认");      //创建按钮对象
        JButton cancel =new JButton("取消");
        pan.add(ok);                         //添加按钮到面板
        pan.add(cancel);

        con.add(pan);                        //内容面板添加到窗体
        f.setTitle("组件示例");
        f.setSize(300,200);
        f.setLocation(200,200);
        f.setDefaultCloseOperation(JFrame.EXIT_ON_CLOSE);
        f.setVisible(true);
    }
    public static void main(String args[]){
        new JButtonDemo();
    }
}
```

【例3】 标签、按钮使用了默认的字体及颜色等显示，如果更改字体，则可以使用 Component 类定义的 setFont()方法，可以设置标签的颜色、背景颜色等。同时从程序代码来看，按钮的创建和显示过程和 JLabel 相似，该实例没有考虑事件处理，所以按钮不能响应用户的单击动作，只是实现了普通的按钮显示。

13.4.3 文本框

文本框（textfield）是可以编辑单行文本的组件，用于输入和输出一行文本。它可以显示某些初始的文字，是最常用的文本组件。

文本框对象使用 JTextField 类去创建，JTextField 类的常用构造方法有：
①public JTextField()：创建一个单行文本框组件，无初始内容。
②public JTextField（int cols）：创建一个指定其初始字段长度的单行文本框组件。
③public JTextField（String text）：创建一个指定其初始字符串的单行文本框组件。
④public JTextField（String text，int cols）：创建一个指定其初始字符串和字段长度的单行文本框组件。

JTextField 类的常用方法有：
①public void setFont（Font f）：设置字体。
②public void setText（String text）：在文本框中设置文本。
③public String getText()：获取文本框中的文本。
④public void setEditable（boolean b）：指定文本框的可编辑性，默认为 true，可编辑。

⑤public int getColumns()：返回 JTextField 中的列数。

文本框的使用示例可参见【例 2】，注意 JPanel 面板默认的布局管理器是流式布局管理方式，所以组件在窗体中的显示顺序与面板添加组件（add 方法）的顺序有关，与对象创建顺序没有关系。

13.4.4 文本域

文本域（textarea）是可以编辑多行文本的组件，可以显示多行纯文本，也可以换行。

文本域对象使用 JTextArea 类创建，JTextArea 类的常用构造方法：

①public JTextArea()：创建空文本域，0 行 0 列，在窗体中不显示。
②public JTextArea（int rows，int cols）：创建指定行数 rows 和列数 cols 的文本域。
③public JTextArea（String text）：创建带初始文本内容的文本域。
④public JTextArea（String text，int rows，int columns）：创建带初始文本内容和指定尺寸大小的文本域。参数 text 为 JTextArea 的初始化文本内容；参数 rows 为 JTextArea 的高度，以行为单位；参数 columns 为 JTextArea 的宽度，以字符为单位。

JTextArea 类的部分常用方法有：

①public void setFont（Font f）：设置字体。
②public void setText（String text）：在文本域中设置文本。
③public String getText()：获取文本域中的文本。
④public void setEditable（boolean b）：指定文本域的可编辑性，默认为 true，可编辑。
⑤public void insert（String str, int pos）：将指定文本插入指定位置。
⑥public void append（String str）：将给定文本追加到文档结尾。

【例 4】 窗体中添加标签、按钮以及文本域。

```
public class JTextAreaDemo {
    public JTextAreaDemo(){
        JFrame f=new JFrame();
        Container con=f.getContentPane();
        JPanel pan=new JPanel();
        JButton ok=new JButton("确认");
        JButton save=new JButton("取消");
        JLabel jg=new JLabel("请录入: ");
        JTextArea input=new JTextArea(5,20);       //创建 5 行 20 列文本域
        pan.add(jg);
        pan.add(input);                            //文本域添加到面板
        pan.add(ok);
        pan.add(save);
        con.add(pan);
        f.setTitle("组件示例");
        f.setSize(280,200);
        f.setLocation(200,200);
        f.setDefaultCloseOperation(JFrame.EXIT_ON_CLOSE);
        f.setVisible(true);
    }
    public static void main(String args[]){
        new JTextAreaDemo();
    }
}
```

【例 4】定义了一个 5 行 20 列的文本域，但是当输入的文本超过初始设置的行数或列数时，文本域会扩大文本域的范围以容纳输入的内容。如果想保持文本域的大小不变，可以先将文本域添加到滚动条窗格（JScrollPane）中，然后再将 JScrollPane 添加到面板中。代码修改如下：

```
JTextArea input=new JTextArea(5,20);
```

```
       JScrollPane sp=new JScrollPane(input);
       pan.add(sp);
```
代码修改后,【例 4】运行结果如图 13-7 所示。

图 13-7 带有滚动窗格的文本域图

图 13-7 可以看出,文本域带有滚动窗格,滚动窗格是 JScrollPane 容器提供的,JScrollPane 容器只允许放入一个组件,一般情况下,可以将多个组件添加到一个面板中,然后再将这个面板添加到 JScrollPane 中。JScrollPane 带有垂直滚动和水平滚动条,可以通过滚动条来看滚动面板中的组件。

13.4.5 单选按钮

单选按钮(radiobutton)有两种状态,即选中或取消状态,经常被用于选择一组相互排斥的选项,即用户每次选中一个项目时,会自动取消选中的前一个选择。

单选按钮对象使用 JRadioButton 类创建,JRadioButton 类的常用构造方法为:

①public JRadioButton():创建一个空的单选按钮组件,默认不选定。

②public JRadioButton(Icon image):创建一个带有图标的单选按钮组件,默认不选定。

③public JRadioButton(String text):创建一个带有文字的单选按钮组件,默认不选定。

④public JRadioButton(String text,Icon image):创建一个带有文字和图标的单选按钮组件。

⑤public JRadioButton(Icon image,boolean selected):创建一个带有图标的单选按钮组件,并且 selected 表示是否被选中;当 selected 值为 true 时表示选中,否则未选中。

⑥public JRadioButton(String text,boolean selected):创建一个带有文字的单选按钮组件,并且 selected 表示是否被选中;当 selected 值为 true 时表示选中,否则未选中。

JRadioButton 类的常用方法包括:

①public void setText(String text):设置显示文本。

②public String getText():返回按钮文本。

③public void setEditable(boolean selected):启用(或禁用)按钮。

④public boolean isSelected():返回按钮的状态。如果选定了切换按钮,则返回 true,否则返回 false。

public void setSelected(boolean selected):设置按钮的状态。

【例 5】 利用单选按钮显示性别:男女,并默认男被选中。

```
import java.awt.*;
import javax.swing.*;
public class JRadioButtonDemo {
    public JRadioButtonDemo(){
JFrame f=new JFrame();
Container con=f.getContentPane();
JPanel pan=new JPanel();
 //创建单选按钮对象,显示男,选中
JRadioButton male = new JRadioButton("男", true);
JRadioButton  female = new JRadioButton("女");           //创建单选按钮对象
ButtonGroup  group=new ButtonGroup();                    //创建按钮组对象
group.add(male);                                         //单选按钮添加到按钮组
```

```
        group.add(female);                              //单选按钮添加到按钮组
        pan.add(male);                                  //单选按钮添加到面板
        pan.add(female);                                //单选按钮添加到面板
        con.add(pan);
        f.setTitle("组件示例");
        f.setSize(300,200);
        f.setLocation(200,200);
        f.setDefaultCloseOperation(JFrame.EXIT_ON_CLOSE);
        f.setVisible(true);
    }
    public static void main(String args[]){
        new JRadioButtonDemo ();
    }
}
```

【例5】创建显示性别男、女的两个单选按钮,由于单选按钮为单选状态,需要将单选按钮分组,使一组中的单选按钮完成单选,分组使用 ButtonGroup 类,创建此类的对象,并将同组单选按钮加入按钮组对象中。这样才能保证实现单选。**注意 ButtonGroup 类只是一个逻辑上的容器,它并不在界面中表现出来。**

13.4.6 复选框

复选框(checkBox)和单选按钮类似,也有两种状态,即选中或未选中状态。选中与否形状是一个小方框,被选中则在框中打钩。和单选按钮 JRadioButton 不同,复选框允许用户选择多个选项。通过单击复选框来选取该选项,再单击一下,则取消选取。

复选框对象使用 JCheckBox 类创建,JCheckBox 类的常用构造方法:

①public JCheckBox():生成一个默认的复选按钮组件。
②public JCheckBox(Icon image):生成一个带有图标的复选按钮组件。
③public JCheckBox(String text):生成一个带有文字的复选按钮组件。
④public JCheckBox(String text, Icon image):生成一个带有文字和图标的复选按钮组件。
⑤public JCheckBox(String text, boolean flag):生成一个带有文字的复选按钮组件;flag 表示是否被选中,当 flag 值为 true 时,表示选中,否则表示未选中。
⑥public JCheckBox(String text, Icon image, boolean flag):
生成一个带有文字和图标的复选按钮组件;flag 表示是否被选中,当 flag 值为 true 时,表示选中,否则表示未选中。

JCheckBox 类的方法类似 JRadioButton 类的方法。

【例6】 利用组件完成图 13-8 所示的窗体。

思路:首先生成窗体,然后窗体中使用 3 个 JPanel 面板分别存放不同组件,然后三个面板根据网格式布局管理方式分别添加组件,最后将 3 个面板添加到内容窗格中。

图 13-8 综合组件使用示意图

```
public class JSwingDemo {
    public JSwingDemo(){
        JFrame f=new JFrame();
        Container con=f.getContentPane();
        JPanel pan=new JPanel();    //创建JPanel对象pan
        JLabel xm=new JLabel("姓名:");
        JLabel xb=new JLabel("性别:");
        JTextField name=new JTextField(8);
        JRadioButton  male = new JRadioButton("男", true);
        JRadioButton  female = new JRadioButton("女");
        ButtonGroup  group=new ButtonGroup();
        group.add(male);
```

```
                group.add(female);
                pan.add(xm);                    //添加到第一个面板 pan 中
                pan.add(name);
                pan.add(xb);
                pan.add(male);
                pan.add(female);
                JPanel pan1=new JPanel();       //创建 JPanel 对象 pan1
                JLabel ah=new JLabel("爱好: ");
                JCheckBox[]  hobby={new  JCheckBox("音 乐"),new  JCheckBox("足 球"),new
JCheckBox("绘画")};                             //创建复选框对象数组
                pan1.add(ah);                   //添加到第二个面板 pan1 中
                pan1.add(hobby[0]);             //将爱好复选框数组对象添加到第二个面板
                pan1.add(hobby[1]);
                pan1.add(hobby[2]);
                JPanel pan2=new JPanel();       //创建 JPanel 对象 pan2
                JButton ok=new JButton("确认");
                JButton cancel =new JButton("取消");
                pan2.add(ok);   //添加到第三个面板 pan2 中
                pan2.add(cancel);
                con.setLayout(new GridLayout(3,1));   //设置网格式布局管理，3 行 1 列
                con.add(pan);                         //第一个面板添加到内容窗格
                con.add(pan1);                        //第二个面板添加到内容窗格
                con.add(pan2);                        //第三个面板添加到内容窗格
                f.setTitle("组件示例");
                f.setSize(300,200);
                f.setLocation(200,200);
                f.setDefaultCloseOperation(JFrame.EXIT_ON_CLOSE);
                f.setVisible(true);
            }
            public static void main(String args[]){
                new JSwingDemo();
            }
        }
```

13.4.7 菜单条、菜单和菜单项

菜单条、菜单和菜单项是窗体常用的组件。菜单条（menubar）通常出现在 JFrame 的顶部，一个菜单条可以有多个菜单（menu），每个菜单下可以有多个菜单项（menuitem）。

窗口添加菜单的流程是：首先创建菜单条对象，然后再创建若干菜单对象，把这些菜单对象放在菜单条里，再按要求为每个菜单对象添加菜单项。

菜单中的菜单项也可以是一个完整的菜单。由于菜单项又可以是另一个完整菜单，因此可以构造一个层次状菜单结构。

1. 菜单条

菜单条（menubar）组件是用来摆放菜单组件的容器，通过菜单条可以把建立好的菜单组件加入到窗体中。对窗口中添加菜单条，必须使用 JFrame 类中的 setJMenuBar()方法。

菜单条对象创建使用 JMenuBar 类，JMenuBar 类的构造方法有：

public JMenuBar()：创建一个菜单条 JMenuBar 组件。

为窗口添加菜单条，代码如下所示：

```
JFrame jf=new JFrame("菜单窗口");     //创建一个以"菜单窗口"为标题的框架 jf
JMenuBar jmb=new JMenuBar();          //创建一个新的菜单栏
jf.setJMenuBar(jmb);                  //把新建的菜单栏 jmb 添加到框架 jf 中
```

JMenuBar 类的常用方法包括：

①public JMenu add（JMenu c）：将菜单 c 加入到菜单条中。

②public JMenu getMenu（int index）：返回菜单栏中指定位置的菜单，0 是第一个位置。

③public int getMenuCount()：返回菜单栏上的菜单数。
④remove（JMenu m）：删除菜单栏中的菜单m。

2. 菜单

菜单（menu）组件是用来存放菜单项的组件，菜单在菜单条下一般以文本字符串形式显示。
菜单对象使用JMenu类创建，JMenu类的常用构造方法有：
public JMenu（String s）：创建一个指定名称的JMenu组件。
创建菜单，并将菜单放入菜单条中代码段如下所示：

```
JMenuBar jmb=new JMenuBar();        //创建一个新的菜单条
JMenu file=new JMenu("文件");       //创建一个名称为"文件"的JMenu组件
jmb.add(file);                      //将新建的菜单file添加到菜单条中
JMenu edit=new JMenu("编辑");       //创建一个名称为"编辑"的JMenu组件
jmb.add(edit);                      //将新建的菜单edit添加到菜单条中
```

JMenu类的常用方法有：
①public JMenuItem add（JMenuItem item）：向菜单添加由参数item指定的菜单选项。
②public JMenu add（JMenu menu）：向菜单添加由参数menu指定的菜单，实现二级菜单。
③public void addSeparator()：向菜单添加一条分隔线。
④getItem（int n）：得到指定索引处的菜单项。
⑤getItemCount()：得到菜单项数目。
⑥public void insert（JMenuItem item，int n）：在菜单的位置n插入菜单项item。
⑦public void remove（int n）：删除菜单位置n的菜单项。

3. 菜单项

菜单项（menuitem）与按钮JButton很相似，是包含具体操作的组件。
菜单项对象使用JMenuItem类创建，JMenuItem类的常用构造方法有：
①public JMenuItem（String text）：创建带有文本的JMenuItem菜单项。
②public JMenuItem（Icon icon）：创建带有图标的JMenuItem菜单项。
③public JMenuItem（String text, Icon icon）：创建带有文本和图标的JMenuItem菜单项。
④public JMenuItem（String text, int mnemonic）：创建带有文本和键盘助记符的JMenuItem菜单项。

将菜单项添加到菜单中，代码段如下所示：

```
JMenuItem new=new JMenuItem("新建");
JMenuItem save=new JMenuItem("保存");
JMenuFile.add(new);
JMenuFile.add(save);
```

JMenuItem类的常用方法包括：
①public void setEnabled(boolean b)：启用或禁用菜单项。
②public void setMnemonic(int mnemonic)：设置菜单项的快捷键。
③public void setAccelerator(KeyStroke keyStroke)：设置快捷键的组合键。

【例7】 为窗体添加菜单。

思路：先设计窗体菜单条，然后向菜单条添加菜单，为菜单添加菜单项，最后将菜单条加入窗体中。代码如下所示：

```
public class JMenuDemo extends JFrame {
  JPanel p=new JPanel();
  JMenuBar mb=new JMenuBar();  //以下生成菜单组件对象
  JMenu m1=new JMenu("文件");
  JMenuItem open=new JMenuItem("打开");
```

```java
        JMenuItem close=new JMenuItem("关闭");
        JMenuItem exit=new JMenuItem("退出");
        JMenu m2=new JMenu("编辑");
        JMenuItem copy=new JMenuItem("复制");
        JMenuItem cut=new JMenuItem("剪切");
        JMenuItem paste=new JMenuItem("粘贴");
        JMenu m3=new JMenu("帮助");
        JMenuItem content=new JMenuItem("目录");
        JMenuItem index=new JMenuItem("索引");
        JMenuItem about=new JMenuItem("关于");
    public JMenuDemo(){
        super("菜单示例");
        setSize(350,200);
        m1.add(open);              //将菜单项加入到菜单中
        m1.add(close);
        m1.addSeparator();         //将分隔条加入到菜单中
        m1.add(exit);
        mb.add(m1);                //将菜单加入到菜单条中
        m2.add(copy);
        m2.add(cut);
        m2.add(paste);
        mb.add(m2);
        m3.add(content);
        m3.add(index);
        m3.addSeparator();
        m3.add(about);
        mb.add(m3);
        setJMenuBar(mb);           //显示菜单条
        setLocation(200,200);
        setDefaultCloseOperation(JFrame.EXIT_ON_CLOSE);
        setVisible(true);
    }
    public static void main(String args[]){
        new JMenuDemo();
    }
}
```

以上例子可以看出，对窗体添加组件的方式基本类似，都是根据设计需求，确定要使用的组件，然后声明组件变量，创建组件对象，并将组件加入到窗体或者面板中，如果有面板，还需要将面板添加到窗体中。

13.5 布局管理

Java 为了实现跨平台的特性并且获得动态的布局效果，将容器内的所有组件的布局安排给一个"布局管理器"负责管理。例如，将组件的排列顺序，组件的大小、位置，窗口移动或调整大小后组件如何变化等授权给对应的容器布局管理器来管理，不同的布局管理器使用不同算法和策略，容器可以通过选择不同的布局管理器来决定布局。

java.awt 包中提供以下几种布局管理器：流布局（FlowLayout）、边界布局（BorderLayout）、网格布局（GridLayout）等多种布局管理器。

组件的大小、形状、位置，在不同的布局管理器下有显著的不同，此外，布局管理器会自动适应小程序或应用程序窗口的大小，所以如果某个窗口的大小改变了，那么其上各个组件的大小、形状、位置都有可能发生改变。

JFrame 和 JDialog 的默认布局方式为边界式布局，JPanel 的默认布局管理器为流式布局。

13.5.1 流式布局管理器

流式布局采用 FlowLayout 类实现，流式布局是一种最基本的布局。这种布局指的是把组件一个接一个从左至右、从上至下地依次放在容器上，FlowLayout 不改变容器的组件的尺寸。

FlowLayout 类的常用构造方法有：

①public FlowLayout()：创建一个默认的 FlowLayout 布局管理器，居中对齐，默认水平和垂直间距 5 个像素。

②public FlowLayout(int align)：创建一个对齐方式是 align 的 FlowLayout 布局管理器。align 取如下值之一：

FlowLayout.LEFT　　　　左对齐
FlowLayout.CENTER　　居中对齐
FlowLayout.RIGHT　　　右对齐

③public FlowLayout(int align, int hgap, int vgap)：创建一个对齐方式是 align 的 FlowLayout 布局管理器，且组件间行间距为 hgap，列间距为 vgap。align 的具体含义同上。

【例 8】 窗口中包含 6 个按钮，查看代码，理解流式布局管理器布局特点和使用方式。

```java
public class FlowLayoutDemo {
    public static void main(String[] args){
        JFrame f = new JFrame();
        Container cn=f.getContentPane();
        cn.setLayout(new FlowLayout());//设置布局为流式布局
        JButton but = null;
        for (int i = 0; i < 6; i++) {
          but = new JButton("按钮 - "+i) ;
          cn.add(but) ;
        }
        f.setSize(350,200);
        f.setLocation(300,200);
        f.setDefaultCloseOperation(JFrame.EXIT_ON_CLOSE);
        f.setVisible(true);
    }
}
```

【例 8】中窗体通过 cn.setLayout（new FlowLayout()）；语句为窗体设置布局为流式布局，窗体中添加 6 个按钮，这 6 个按钮按照添加顺序，顺序在窗体中第一行开始显示，当第一行满时，显示到第二行，按钮居中对齐。

13.5.2 边界式布局管理器 BorderLayout

边界式布局将容器的布局分为五个区：东区、西区、南区、北区和中区。这几个区的分布规律是"上北下南，左西右东"。在使用边界式布局时，如果容器的大小发生变化，其变化规律为：组件的相对位置不变，尺寸发生变化。

如果容器使用边界式布局，在向容器加入组件时，应指明把组件放在哪一个区域中。一个区域放一个组件。如果某个位置要加入多个组件，应先将这多个组件放入另一个容器中，然后再将这个容器加入到这个位置。

边界式布局使用 BorderLayout 类创建，BorderLayout 类的常用构造方法有：

①public BorderLayout()：创建一个默认的 BorderLayout 布局管理器。

②public BorderLayout（int hgap，int vgap）：创建一个水平间距为 hgap，垂直间距为 vgap 的 BorderLayout 布局管理器。

【例 9】 在窗体里添加按钮，使用边界式布局管理器管理布局，查看并运行代码，体会边界式布局管理器的特点和使用方法。

```java
import java.awt.*;
import javax.swing.*;
public class BorderLayoutDemo {
  public static void main(String args[]) {
    new BorderLayoutDemo();
  }
  public BorderLayoutDemo() {
    JFrame f = new JFrame("Border Layout");
    Container cn=f.getContentPane();
    JPanel jp=new JPanel();
    cn.add(jp);
    jp.setLayout(new BorderLayout());           //设置布局管理为边界布局
    JButton bn = new JButton("B1");
    JButton bs = new JButton("B2");
    JButton be = new JButton("B3");
    JButton bw = new JButton("B4");
    JButton bc = new JButton("B5");
    jp.add(bn, BorderLayout.NORTH);             //将按钮添加到面板中，并指定位置
    jp.add(bs, BorderLayout.SOUTH);
    jp.add(be, BorderLayout.EAST);
    jp.add(bw, BorderLayout.WEST);
    jp.add(bc, BorderLayout.CENTER);
    f.setLocation(200,200);
    f.setSize(300,200);
    f.setDefaultCloseOperation(JFrame.EXIT_ON_CLOSE);
    f.setVisible(true);
  }
}
```

13.5.3 网格式布局管理器

网格式布局管理器是使用较多的一种布局管理方式，其基本布局策略是将容器的空间分成若干行和列组成的网格区域，容器内的组件分别添加到这些网格中。网格式布局管理器根据容器的实际容量来调整组件的大小。

网格式布局的特点是组件定位比较精确。由于 GridLayout 布局中每个网格具有相同的形状和大小，要求放入容器的组件也应保持相同的大小。

网格式布局使用 GridLayout 类创建，GridLayout 类的常用构造方法有：

① public GridLayout()：创建一个默认的 GridLayout 布局管理器，所有组件都放到一行中。

② public GridLayout（int rows，int cols）：创建一个行数为 rows，列数为 cols 的 GridLayout 布局管理器。

③ public GridLayout（int rows，int cols，int hgap，int vgap）：创建一个行数为 rows，列数为 cols，且行间距为 hgap，列间距为 vgap 的 GridLayout 布局管理器。

GridLayout 布局以行为基准，当放置的组件个数超额时，自动增加列；反之，组件太少也会自动减少列，行数不变。GridLayout 布局的每个网格必须填入组件，如果希望某个网格为空白，可以用一个空白标签（add(new Label())顶替。

【**例 10**】 在窗体里添加按钮，使用网格式布局管理器管理布局，查看并运行代码，体会网格式布局管理器的特点和使用方法。

```java
import java.awt.*;
import javax.swing.*;
public class GridLayoutDemo{
  public static void main(String args[]){
    new GridLayoutDemo();
  }
```

```java
    public GridLayoutDemo(){
      JFrame f = new JFrame("Grid Layout");
      Container cn=f.getContentPane();
      JPanel jp=new JPanel();
      cn.add(jp);
      jp.setLayout(new GridLayout(3,2));//设置网格布局管理，3 行 2 列
      JButton b1 = new JButton("b1");
      JButton b2 = new JButton("b2");
      JButton b3 = new JButton("b3");
      JButton b4 = new JButton("b4");
      JButton b5 = new JButton("b5");
      JButton b6 = new JButton("b6");
      jp.add(b1);//按照添加顺序将按钮加入到网格中
      jp.add(b2);
      jp.add(b3);
      jp.add(b4);
      jp.add(b5);
      jp.add(b6);
      f.setLocation(200,200);
      f.setSize(300,200);
      f.setDefaultCloseOperation(JFrame.DISPOSE_ON_CLOSE);
      f.setVisible(true);
    }
}
```

13.6 事件驱动程序设计

Swing 是目前 Java 中不可缺少的窗口工具包，是帮助用户建立图形用户界面（GUI）程序的强大工具。在完成 GUI 程序界面构建后，需要实现和用户的交互，即接受用户的操作，并执行相应的动作。这都是通过 AWT 的事件处理机制实现的。

Java 程序一旦构建完成 GUI，就开始等待用户通过鼠标、键盘操作组件，然后系统根据用户操作进行相应的处理，这就是事件驱动。

13.6.1 事件模型

通常用户的键盘或鼠标操作会引发一个系统预先定义好的事件（event），如键盘按键事件、鼠标单击事件，对于这些事件，用户可能需要系统进行响应，如单击"登录"按钮，就需要程序判断用户输入的用户名和密码是否正确，这就需要程序员编写代码，定义每个特定事件发生时程序应做出何种响应，即事件处理。

事件处理就是为组件设计相应的程序，使组件能够响应并处理用户操作所产生的事件。

完成事件处理的模型，即为**事件模型**，事件模型包含三个要素：

①**事件源**（event source）：能够产生事件的对象，如按钮、文本框等。

②**事件**（event）：用户使用鼠标或键盘对窗口中的组件进行交互时所发生的效果。对这些事件做出响应的程序，称为**事件处理程序**（event handler）。

③**事件监听器**（event listener）：事件监听器是一个对事件源进行监视的对象，当事件源上发生事件时，事件监听器能够监听到事件，并调用相应的方法对发生的事件做出相应的处理。

Java 事件处理方式是基于授权的事件模型——委托事件模型。其基本思想是将事件源（如按钮）和对事件做出的具体处理对象（监听器对象）分离开来，事件源不处理自己的事件，而是将事件处理委托给外部的处理实体——监听器。当事件发生时，产生事件的对象——事件源

会把此"信息"转给事件监听器。而这里所指的"信息"事实上就是 java.awt.event 事件类库里某个类所创建的对象,即"事件对象"(event object)。

Java 委托事件模型的工作原理如图 13-9 所示。

JavaAPI 中包含了许多用来完成事件处理的接口和类,通过接口和类中的事件处理的方法可以处理事件。这些包含有事件处理方法的接口称为**监听器接口**,包含有事件处理方法的类称为**适配器类**。

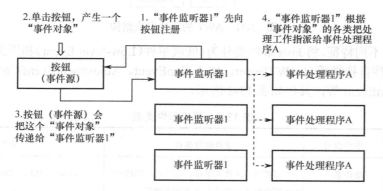

图 13-9 Java 委托事件模型的工作原理图

Java 事件处理的具体过程是事件源产生事件对象,事件对象产生后查看是否有注册监听该事件类型的监听器,如果有,系统将相应的事件对象发送给事件监听器对象,监听器对象负责处理事件源发生的事件,监听器对象会自动调用一个方法来处理事件,这些处理事件的方法就是**事件处理程序**。如果没有监听器对象,则该事件对象就被放弃。整个事件处理流程如图 13-10 所示。

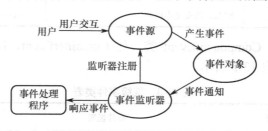

图 13-10 Java 事件处理流程图

一般来说,完成事件处理需要以下 4 个步骤:
① 导入 java.awt.event 类包中的类;
② 事件处理类实现监听器接口,格式为 implements xxxListener,其中 xxx 代表事件类型;
③ 将需要监听的组件注册给监听器,格式为:对象名.addxxxListener(this);
④ 实现接口中的具体事件处理方法。

13.6.2 Java 事件类、监听器接口和适配器类

1. Java 事件类

在 Swing 编程中,使用 AWT 的事件处理方式,所有的事件类都是 EventObject 类的子类,如图 13-11 所示。

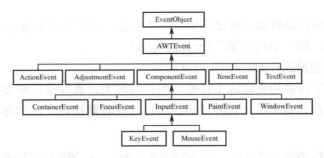

图 13-11　AWT 的事件层次结构

根据事件的不同特征,将 Java 事件类分为:低级事件(Low-level Event)和语义事件(Semantic Event)。语义事件直接继承自 AWTEvent,如 ActionEvent、AdjustmentEvent\Component- Event、ItemEvent 与 TextEvent 等,具体如表 13-2 所示。

表 13-2　语义事件类表

事件类	事件说明	事件触发条件	事件源
ActionEvent	动作事件	单击按钮、选择菜单项、双击列表项或单行文本框中输入字符串并按下回车键等	JButton、JList、JMenuItem、JTextField
AdjustmentEvent	调整事件	调整滚动条时	JScrollbar
ComponentEvent	组件事件	组件的移动、隐藏、缩放或显示	Component
ItemEvent	选择事件	单击复选框或列表项	JList、JRadioButton
TextEvent	文本事件	输入、改变文本内容	JTextField、JTextArea

低级事件则是继承自 ComponentEvent 类,如 ContainerEvent、FocusEvent、WindowEvent 与 KeyEvent 等,具体如表 13-3 所示。

表 13-3　低级事件类表

事件类	事件说明	事件说明	事件源
KeyEvent	键盘事件	键盘按下或释放	Component
MouseEvent	鼠标事件	拖动、移动、单击、按下、释放鼠标、鼠标进入或退出一个组件	Component
ContainerEvent	容器事件	将组件添加至容器或从中删除时会生成此事件	Container
FocusEvent	焦点事件	组件获得或失去键盘焦点	Component
WindowEvent	窗口事件	窗口激活、关闭、失效、恢复、最小化、打开或退出	Window

2. 监听器接口

在 Java 语言的事件处理机制中,不同的事件由不同的监听器处理,java.awt.event 包中定义了 11 个监听器接口,如表 13-4 所示,每个接口内部包含了若干处理相关事件的抽象方法。一般来说,每个事件类都有一个监听器接口与之相对应,当具体事件发生时,这个事件将被封装成一个事件类的对象作为实际参数传递给与之对应的实现该监听器的事件处理类的具体方法，由这个具体方法负责响应并处理发生的事件。

表 13-4　监听器接口及方法表

事件监听器	方　　法
ActionListener	actionPerformed
AdjustmentListener	adjustmentValueChanged
ComponentListener	componentResized、componentMoved、componentShown、componentHidden
ContainerListener	componentAdded、componentRemoved
FocusListener	focusLost、focusGained
ItemListener	itemStateChanged
KeyListener	keyPressed、keyReleased、keyTyped
MouseListener	mouseClicked、mouseEntered、mouseExited、mousePressed、mouseReleased
MouseMotionListener	mouseDragged、mouseMoved
TextListener	textChanged
WindowListener	windowActivated、windowDeactivated、windowClosed、windowClosing、windowIconified、windowDeiconified、windowOpened

　　查看上面几个表，可以发现事件类和监听器接口是相互对应的，例如，处理 ActionEvent 事件的事件处理类都必须实现 ActionListener 接口，实现 ActionListener 接口就必须重载上述的 actionPerformed()方法，在重载的方法体中，根据程序需求，编写代码。方法形参中提供事件对象 e，如果需要了解事件对象的具体信息，通常需要调用参数 e 的有关方法。例如，调用 e.getSource()方法查明产生 ActionEvent 事件的事件源，然后再采取相应的措施处理该事件。

　　3．适配器类

　　使用监听器接口进行事件处理，需要定义实现监听器的事件处理类，而某些监听器接口内部不仅是一个抽象方法，因此事件处理类需要实现多个抽象方法，例如，WindowListener 接口定义了七个抽象方法，因此使用这个接口的事件处理类需要全部实现这些方法，事实上，可能只有响应关闭窗口事件的 windowClosing()方法对用户有意义，必须赋予其一定的功能，而其余的六个方法不需编写任何代码，只需给出空的方法体即可。这样就减轻了编程人员的工作负担。

　　为了简化编程，JDK 针对大多数事件监听器接口定义了相应的实现类，即为事件适配器（event adapter）类。适配器类已实现相应监听器接口的所有方法，但不做任何事情，即这些 Adapter 类中的方法都是空的。

　　因此只要继承适配器类，就等于实现了相应的监听器接口，如果对某类事件的某种情况进行处理，只要覆盖相应的方法就可以，其他的方法也不用实现。适配器类与事件监听器接口的关系如表 13-5 所示。

表 13-5 适配器类与事件监听器接口对应关系

适配器类	事件监听器接口	事件类别
ComponentAdapter	ComponentListener	ComponentEvent
ContainerAdapter	ContainerListener	ContainerEvent
FocusAdapter	FocusListener	FocusEvent
KeyAdapter	KeyListener	KeyEvent
MouseAdapter	MouseListener	MouseEvent
MouseMotionAdapter	MouseMotionListener	MouseEvent
WindowAdapter	WindowListener	WindowEvent

13.6.3 事件处理实现方式

每一个事件类型都有一个相应的监听器接口，通常名为 **XXXListener**，其中 **XXX** 代表它所处理的事件类型。

使用监听器接口实现事件处理，需要定义实现监听器接口的事件处理类，在事件处理类定义时用 implements 声明要实现哪些接口，并在类中实现这些接口的所有抽象方法。

定义事件处理类后，必须指定该类对象处理的具体组件，即使用"组件名.addXXXListener()"语句进行注册。

事件处理类可以为 GUI 类本身，也可以为自定义的内部类或者单独事件处理类。

1. 直接使用 GUI 类完成事件处理

使用 GUI 类完成事件处理，需要 GUI 类实现监听器接口，这种方式非常简单，但是窗体功能太多，整体代码管理比较困难。

【例 11】 在一个窗口中摆放两个组件：一个命令按钮，一个文本域。当单击命令按钮后，将文本区中的字体颜色设置为红色。

思路：利用窗口做监听器对象，因此窗口类要实现按钮动作的监听接口，同时为命令按钮注册窗口为监听对象，同时在窗口类实现监听接口的抽象方法。

```
public class ListenerDemo implements ActionListener{      //实现监听器接口
    JTextField textfield;
    public Listener Demo(){
        JFrame f=new JFrame();
        JPanel p= new JPanel();
        f.add(p);
        JButton bt=new JButton("设置字体颜色");
        textfield =new JTextField("字体颜色",10);
        bt.addActionListener(this);                        //把 GUI 窗口作为监听器推选向
                                                           事件源 bt 注册
        p.add(textfield);
        p.add(bt);
        f.setTitle("操作事件");
        f.setLayout(new FlowLayout());
        f.setSize(260,170);
        f.setLocation(300,200);
```

```
            f.setDefaultCloseOperation(JFrame.EXIT_ON_CLOSE);
            f.setVisible(true);
        }
        public void actionPerformed( ActionEvent e){           //按钮事件处理方法
           textfield.setForeground(Color.RED);                 //改变文本颜色
        }
         public static void main(String[] args){
            new Listener Demo();
         }
}
```

2. 定义事件处理类实现事件处理

事件处理类实现某种监听器接口，以完成某种事件进行处理。事件处理类和窗口类是相互独立的，窗口类负责显示组件，事件处理类负责事件处理，因此各类功能相互独立，代码的逻辑性强。

使用事件处理类完成事件处理，仍需在窗口类中对组件进行监听器对象的注册。

【例 12】 在窗口中创建一个标签为"Exit"的命令按钮，单击该按钮，程序将结束运行，退回到系统状态。

思路：自定义事件处理类 ExitHandler，该类实现监听器接口 ActionListener，对于按钮注册 ExitHandler 类的监听器对象。

```
public class HandlerDemo2{
    public HandlerDemo2(){
       JFrame f=new JFrame("事件处理");
       JPanel p= new JPanel();
       f.add(p);
       JButton btnExit=new JButton("Exit");
       btnExit.addActionListener(new ExitHandler());         //将事件处理对象注册给按钮
       btnExit.setBounds(80,100,80,50);
       p.add(btnExit);
       f.setSize(260,170);
        f.setLocation(300,200);
       f.setDefaultCloseOperation(JFrame.EXIT_ON_CLOSE);
       f.setVisible(true);
    }
     public static void main(String args[]){                 //主方法中生成应用类的实例对象
       new HandlerDemo2();
     }
}
//自定义定义处理ActionEvent事件的类，监听器对象由该类创建
class ExitHandler implements ActionListener{
    //实现ActionListener接口的抽象方法actionPerformed(ActionEvent e)
    public void actionPerformed(ActionEvent e){
        System.exit(0);                                      //终止程序的Java命令
    }
}
```

【例 12】的事件处理类为独立类，也可以使用窗口类的内部类的形式来实现监听器接口。内部类有两种方式：一种是成员内部类，另一种是特殊内部类——匿名内部类形式实现。

成员内部类将实现接口的类定义在窗口类里，使之成为它的内部类，优点在于事件处理内部类可以访问外部类的所有成员。

匿名内部类完成事件处理，是在向组件注册监听器时，直接用 new 创建一个实现了监听器接口的匿名类的对象，该匿名类需实现监听器的抽象方法，对组件上的事件进行处理。

成员内部类方式实现【例 12】的部分代码如下所示：

```
public class HandlerDemo3{
    public HandlerDemo3(){
       JFrame f=new JFrame("事件处理");
```

```
            JButton btnExit=new JButton("Exit");
            btnExit.addActionListener(new ExitHandler());//将内部监听器对象注册给按钮
            f.add(btnExit);
            ......
        }
//定义处理ActionEvent事件的内部类，监听器由该类创建
    class ExitHandler implements ActionListener{
        public void actionPerformed(ActionEvent e){//实现ActionListener接口的抽象方法
            System.exit(0);                        //终止程序的Java命令
        }
    }
    .........
}
```

匿名内部类方式实现【例 12】的部分代码如下所示：

```
public class HandlerDemo4{
    public HandlerDemo4(){
        JFrame f=new JFrame("事件处理");
        ......
        JButton btnExit=new JButton("Exit");
        //将匿名监听器对象注册给按钮对象
        btnExit.addActionListener(new ActionListener(){//匿名内部类实现actionPerformed
()方法
            public void actionPerformed(ActionEvent e){
              System.exit(0);                        //终止程序的Java命令
            }
        });
        f.add(btnExit);
        ......
    }
    ......
}
```

13.7 常用事件类及事件处理

13.7.1 窗口事件及处理

窗口事件 WindowEvent 包括窗口打开、关闭等，窗口事件使用 WindowListener 进行监听处理，WindowListener 接口的抽象方法如表 13-6 所示。

表 13-6 WindowListener 接口的抽象方法

No.	方　　法	描　　述
1	void windowActivated(WindowEvent e)	将窗口变为活动窗口时触发
2	void windowDeactivated(WindowEvent e)	将窗口变为不活动窗口时触发
3	void windowClosed(WindowEvent e)	当窗口被关闭时触发
4	void windowClosing(WindowEvent e)	当窗口正在关闭时触发
5	void windowIconified(WindowEvent e)	窗口最小化时触发
6	void windowDeiconified(WindowEvent e)	窗口从最小化恢复到正常状态时触发
7	void windowOpened(WindowEvent e)	窗口打开时触发

第 13 章 图形用户界面

【例 13】 通过窗口事件监听器实现关闭窗口。

```java
public class WindowEventDemo{
    public static void main(String[] args) {
        JFrame frame = new JFrame("Window Event");
        //此窗体注册一个窗口事件监听器对象,这样监听器就可以事件进行处理
        frame.addWindowListener(new WindowEventHandle());
        frame.setSize(300, 160) ;
        frame.setLocation(300,200) ;
        frame.setVisible(true) ; //让组件显示
    }
}
class WindowEventHandle implements WindowListener {   //实现窗口监听接口的类
    public void windowActivated(WindowEvent e){}
    public void windowClosed(WindowEvent e){}
    public void windowClosing(WindowEvent e) {        //窗口关闭时触发,单击"关闭"按钮
        System.exit(0) ;                              //系统退出
    }
    public void windowDeactivated(WindowEvent e){}
    public void windowDeiconified(WindowEvent e){}
    public void windowIconified(WindowEvent e){}
    public void windowOpened(WindowEvent e){}
}
```

【例 13】 中,WindowEventHandle 事件处理类实现了监听器接口的所有抽象方法,因此代码相对烦琐。WindowListener 也可以继承监听器适配器类,这种方式可以根据处理需求重写相应方法,例如,现在只需要窗口关闭方法,则仅覆写 windowClosing() 方法即可。WindowEventHandle 继承适配器类的代码如下所示:

```java
class WindowEventHandle extends WindowAdapter {      //实现窗口监听
    public void windowClosing(WindowEvent e) {       //窗口关闭时触发,单击"关闭"按钮
        System.exit(0) ;                             //系统退出
    }
}
```

13.7.2 动作事件及处理

动作事件是由某个动作引发的执行事件,动作事件类为 ActionEvent 类,这个类仅包含一个事件。可以通过单击按钮、双击一个列表中的选项、选择菜单项、在文本框中输入内容后回车来触发动作事件。

在 Swing 的事件处理中,可以使用 ActionListener 接口处理动作事件,ActionListener 接口只定义了一个方法:public void actionPerformed(ActionEvent e)。

【例 14】 在窗口中创建两个按钮,标签分别为 Yello、Green,当单击"Yello"和"Green"按钮时,窗口背景颜色变为相应颜色。

```java
public class ActionEventDemo implements ActionListener{//窗口实现监听接口,事件处理
    JButton btn1,btn2;
    JFrame frame;
    JPanel jp;
    public static void main(String args[]){
        new ActionEventDemo();
    }
    public ActionEventDemo(){
        frame=new JFrame();
        Container con=frame.getContentPane( );
        jp=new JPanel();
        con.add(jp);
        btn1=new JButton("Yellow");
        btn2=new JButton("Green");
        btn1.addActionListener(this);                 //按钮注册事件处理对象
```

```
            btn2.addActionListener(this);
            jp.add(btn1);
            jp.add(btn2);
            frame.setLocation(200,200);
            frame.setSize(300,150);
            frame.setDefaultCloseOperation(JFrame.EXIT_ON_CLOSE);
            frame.setVisible(true);
      }
      public void actionPerformed(ActionEvent e){          //实现接口的事件处理方法
            JButton btn=(JButton)e.getSource();            //得到事件源对象
         if(btn==btn1)                                     //判断事件源是哪一个按钮
            jp.setBackground(Color.yellow);
         else if(btn==btn2)
            jp.setBackground(Color.green);
      }
    }
```

13.7.3 选择事件及处理

选择事件即代表选择项的选中状态发生变化的事件，选择事件使用类 ItemEvent 类描述，ItemEvent 类只包含一个事件，可以通过下列动作触发该事件：

①改变列表类对象中选项的选中或不选中状态；
②改变下拉列表类对象中选项的选中或不选中状态；
③改变单选按钮类对象的选中或不选中状态。

ItemEvent 类产生的事件对象通过 ItemListener 接口处理。

【例 15】 窗口创建两个单选按钮，选中的按钮选项内容在一个标签中显示。

思路：利用窗口做监听器类，因此窗口类要实现 ItemListener 接口，并在窗口类中完成 ItemListener 接口的抽象方法，在此方法中完成单选按钮事件处理，同时单选按钮注册窗口对象为监听器对象。

```
      public class ItemEventDemo implements ItemListener{
         JRadioButton jb1,jb2;
         ButtonGroup grp;
         JLabel lab;
         JFrame frame;
         Container con;
         JPanel jp;
         public static void main(String args[]){
            new ItemEventDemo();
         }
         public ItemEventDemo(){
            frame=new JFrame();
            con=frame.getContentPane();
            jp=new JPanel();
            con.add(jp);
            lab=new JLabel("请选择一个项目");
            jb1=new JRadioButton("篮球运动");           //创建单选按钮对象
            jb2=new JRadioButton("足球运动");
            grp=new ButtonGroup();
            grp.add(jb1);
            grp.add(jb2);
            lab.setBackground(Color.yellow);
            lab.setFont (new Font ("宋体", Font.PLAIN, 20));
            jb1.addItemListener(this);                //单选按钮对象注册窗口为监听器对象
            jb2.addItemListener(this);                //单选按钮对象注册窗口为监听器对象
            jp.add(lab);
            jp.add(jb1);
            jp.add(jb2);
```

```
        frame.setLocation(200,200);
        frame.setSize(150,200);
        frame.setTitle("Item Event");
        frame.setDefaultCloseOperation(JFrame.EXIT_ON_CLOSE);
        frame.setVisible(true);
    }
    public void itemStateChanged(ItemEvent e){//实现接口处理方法
        if(e.getSource()==jb1)                  //判断事件对象的来源是哪个按钮
            lab.setText(" 篮球运动");
        else if(e.getSource()==jb2)
            lab.setText("足球运动");
    }
}
```

13.7.4 键盘事件及处理

当一个组件处于激活状态时,按键盘上一个键会导致这个组件触发键盘事件。要得到键盘输入内容可通过 KeyEvent 类对象取得。KeyEvent 类常用方法如表 13-7 所示。

表 13-7 KeyEvent 类常用方法

No.	方法	描述
1	public char getKeyChar()	返回输入的字符,只针对 keyTyped 有意义
2	public int getKeyCode()	返回输入字符的键码
3	public static String getKeyText(int keyCode)	返回此键的信息,如"F1"或"A"等

键盘事件使用 KeyListener 接口进行处理,此接口抽象方法如表 13-8 所示。

表 13-8 KeyListener 接口定义的方法

No.	方法	描述
1	void keyTyped(KeyEvent e)	按下某个键时调用
2	void keyPressed(KeyEvent e)	按下按键时调用
3	void keyReleased(KeyEvent e)	松开按键时调用

【例 16】 为窗口添加文本域,并在文本域中显示在键盘上按下按键。

```
class KeyHandle extends JFrame implements KeyListener{
    JTextArea text = new JTextArea();                       //创建文本域
    public KeyHandle(){
        super.setTitle("Key Event");
        JScrollPane scr = new JScrollPane(text);
        scr.setBounds(5,5,300,200);
        super.add(scr);
        text.addKeyListener(this);                          //文本域添加监听器对象
        super.addWindowListener(new WindowAdapter(){        //窗体注册监听器
            public void windowClosing(WindowEvent e){
                System.exit(1);
            }
        });
        super.setLocation(300,300);
        super.setSize(310,210);
        super.setVisible(true);
    }
```

```java
        public void keyPressed(KeyEvent e){
            text.append("键盘""+KeyEvent.getKeyText(e.getKeyCode())+""键按下\n");
        }
        public void keyReleased(KeyEvent e){
            text.append("键盘""+KeyEvent.getKeyText(e.getKeyCode())+""键松开\n");
        }
        public void keyTyped(KeyEvent e){
            text.append("输入的内容是: "+e.getKeyChar()+"\n");
        }
}
    public class KeyEventDemo{
        public static void main(String args[]){
            new KeyHandle();
        }
    }
```

13.8 图形用户界面应用实例

【例 17】 在第 12 章将词典扩充为保存无限单词的词典程序，在此基础上，为设计程序创建图形用户界面。

思路：词典程序包括单词类（Word）、词典类（Dictionary），以及词典界面类（LookUpDirectory）和运行类（DictionaryRun），由于词典程序的功能和界面是相互独立的，所以在此仅需要修改界面类和运行类，对其他不做改变。

单词界面类包括主窗体、单词的添加窗体、单词查找窗体和关于窗体。主窗体通过菜单管理其他窗体，在单词查找窗体中实现对单词的查找、修改和删除。

主窗体主要代码如下所示：

```java
    public class SwingUI extends JFrame{
        Directory my;                              //词典对象
        JMenuItem addItem;
        JMenuItem queryItem ;
        JMenuItem aboutItem;
        JMenuItem exitItem;
        public SwingUI( Directory my){
            this.my = my;
            initMenu();
            initFrame();
        }
        public void initFrame(){
            setTitle("我的词典");
            this.setSize(400, 600);
            setDefaultCloseOperation(JFrame.EXIT_ON_CLOSE);
            setLocation(SwingUI.getMidDimesion( new Dimension(400,600)));
            this.setVisible(true);
        }
        public static Point getMidDimesion(Dimension d)
        {
            Point p = new Point();
            Dimension dim = Toolkit.getDefaultToolkit().getScreenSize();
            p.setLocation((dim.width - d.width)/2,(dim.height - d.height)/2);
            return p;
        }
        private void initMenu(){                   //初始化菜单
            JMenuBar bar = new JMenuBar();
            JMenu dictMenu = new  JMenu("Dict");
            JMenu sysMenu =  new  JMenu("Sys");
            addItem = new JMenuItem("Add");
```

```java
        addItem.addActionListener(new ActionListener() {
            public void actionPerformed(ActionEvent arg0) {
                AddFrame add = new AddFrame(my);        //将词典传递到添加窗口
            }
        });
        queryItem = new JMenuItem("query");
        queryItem.addActionListener(new ActionListener() {
            public void actionPerformed(ActionEvent arg0) {
                QueryFrame query = new QueryFrame(my);  //将词典传递到查询窗口
            }
        });
        aboutItem = new  JMenuItem("About");
        aboutItem.addActionListener(new ActionListener() {
                public void actionPerformed(ActionEvent arg0) {
                    About about = new About();
                }
        });
        exitItem = new JMenuItem("exit");
        exitItem.addActionListener(new ActionListener() {
                public void actionPerformed(ActionEvent arg0) {
                    System.exit(0);
                }
        });
        dictMenu.add(addItem);
        dictMenu.add(queryItem);
        sysMenu.add(aboutItem);
        sysMenu.add(exitItem);
        bar.add(dictMenu);
        bar.add(sysMenu);
        setJMenuBar(bar);
    }
}
```

查询窗体主要代码如下所示：

```java
public class QueryFrame extends JFrame {
    private Directory my;
    JTextField txtQuery;
    JButton btnQuery, btnClose, btndel;;
    JTable table;
    DictTableModel dataModel;
    public QueryFrame(Directory my) {
        this.my = my;
        initControl();
        initFrame();
    }
    public void initTable() {
        dataModel = new DictTableModel(my.getWordList());//设置表格数据模型
        table = new JTable(dataModel);
        table.setPreferredScrollableViewportSize(new Dimension(550, 30));
        JScrollPane scrollPane = new JScrollPane(table);
        add(scrollPane, BorderLayout.CENTER);
    }
    private void initControl()                              //初始化控件
    {
        setLayout(new BorderLayout());
        JPanel panel1 = new JPanel();
        panel1.setLayout(new FlowLayout(FlowLayout.CENTER));
        panel1.add(new JLabel("Query word:"));
        txtQuery = new JTextField(10);
        panel1.add(txtQuery);
        btnQuery = new JButton("Query");
        panel1.add(btnQuery);
        btnQuery.addActionListener(new ActionListener() {
```

```java
            public void actionPerformed(ActionEvent arg0) {
                Word word = my.searchWord(txtQuery.getText());
                if (word == null)
                    JOptionPane.showMessageDialog(QueryFrame.this, "无此单词!");
                else {
                    List<Word> list = new ArrayList<Word>();
                    list.add(word);
                    ((DictTableModel) table.getModel()).setData(list);
                }

            }
        });
        add(panel1, BorderLayout.NORTH);
        initTable();                                              //设置表格
        JPanel panel2 = new JPanel();
        panel2.setLayout(new FlowLayout(FlowLayout.RIGHT));
        btnClose = new JButton("close");
        btnClose.addActionListener(new ActionListener() {
            public void actionPerformed(ActionEvent arg0) {
                // TODO Auto-generated method stub
                setVisible(false);
            }
        });
        btndel = new JButton("Delete word");
        btndel.addActionListener(new ActionListener() {
            public void actionPerformed(ActionEvent arg0) {
                int row = table.getSelectedRow();                 //获取选中的行号
                if (row == -1) {
                    JOptionPane.showMessageDialog(QueryFrame.this, "请选择要删除的行!");
                } else {
                    List<Word> data = ((DictTableModel) table.getModel())
                            .getData();
                    data.remove(row);
                    dataModel.setData(data);
                    int col = table.getSelectedColumn();
                    String str = table.getValueAt(row, col).toString();
                    //删除my
                }
            }
        });
        panel2.add(btndel);
        panel2.add(btnClose);
        add(panel2, BorderLayout.SOUTH);
    }
    public void initFrame() {                                     //初始化窗体
        setTitle("查找单词");
        this.setSize(400, 500);
        setDefaultCloseOperation(JFrame.HIDE_ON_CLOSE);
        setLocation(SwingUI.getMidDimesion(new Dimension(400, 500)));
        this.setVisible(true);
    }
    public static Point getMidDimesion(Dimension d) {
        Point p = new Point();
        Dimension dim = Toolkit.getDefaultToolkit().getScreenSize();
        p.setLocation((dim.width - d.width) / 2, (dim.height - d.height) / 2);
        return p;
    }
}
```

添加窗体的主要代码如下所示：

```java
public class AddFrame extends JFrame{
    Directory my;                                                 //词典对象
```

```java
        JTextField txtCword;
        JTextField txtEword;
        JButton btnAdd;
        JButton btnClose;
        public AddFrame( Directory my)
        {
         this.my = my;
         initControl();
         initFrame();
        }
        public void initControl()
        {
         JLabel lblcword= new JLabel("中文单词");
         add(lblcword);

         txtCword= new JTextField();
         add(txtCword);
         JLabel lbleword =new JLabel("英文单词");
         add(lbleword);
         txtEword = new JTextField();
         add(txtEword);
         btnAdd =new JButton("Add");
         add(btnAdd);
         btnClose = new JButton("CLose");
         add(btnClose);
         btnAdd.addActionListener(new ActionListener(){
                public void actionPerformed(ActionEvent arg0) {
                    Word word =new Word();
                    word.setEWord(txtCword.getText());
                    word.setCWord(txtEword.getText());
                    my.add(word);
                    //弹出对话框添加成功
                    JOptionPane.showMessageDialog(null, "词典添加成功", "提示框",
JOptionPane.INFORMATION_MESSAGE);
                    txtCword.setText("");
                    txtEword.setText("");
                    System.out.println(word);

                }});
        btnClose.addActionListener(new ActionListener() {
                public void actionPerformed(ActionEvent arg0) {
                  setVisible(false);
                }
        });
        }
     //关于窗体代码如下所示:
     public void initFrame()//窗体初始化
     {
      setTitle("Add a word");
      setSize(150,100);
      setLocation(300, 300);
      setLayout(new GridLayout(3, 2));
      setDefaultCloseOperation(JFrame.HIDE_ON_CLOSE);
      setVisible(true);
     }
    }
    public class About extends JFrame {
        public About() {
            initFrame();//初始化窗体
        }
        public void initFrame() {
            setTitle("About");
```

```
            JLabel lblAbout = new JLabel("词典程序2.0, edit by MM");
            setLayout(new BorderLayout());
            add(lblAbout, BorderLayout.CENTER);
            JButton btnClose = new JButton("Close");
            add(btnClose, BorderLayout.SOUTH);
            setSize(300, 300);
            setLocation(About.getMidDimesion(new Dimension(300, 300)));
            setLayout(new GridLayout(3, 2));
            setDefaultCloseOperation(JFrame.HIDE_ON_CLOSE);
            setVisible(true);
        }
        public static Point getMidDimesion(Dimension d) {//使屏幕居中
            Point p = new Point();
            Dimension dim = Toolkit.getDefaultToolkit().getScreenSize();
            p.setLocation((dim.width - d.width) / 2, (dim.height - d.height) / 2);
            return p;
        }
    }
```

关 键 术 语

图形用户界面 Graphic User Interface　　抽象窗口工具包 Abstract Windowing Toolkit
组件 component　　容器 container　　布局管理器 LayoutManager　　标签 label
按钮 button Java　　基础类 Java Foundation Class　　文本框 textfield　　文本域 textarea
事件 event　　单选按钮 radiobutton　　菜单条 menubar　　菜单 menu
菜单项 menuItem　　流式布局 flowlayout　　网格布局 gridlayout　　边界布局 borderlayout
事件源 event source　　事件处理程序 event handler
事件监听器 event listener　　事件对象 event object　　适配器 adapter

本 章 小 结

1. Swing 是在 AWT 的基础上的一种扩展应用，提供了一套轻量级的组件。
2. Swing 中的所有组件都是以字母 J 开始的，所有组件都继承自 Component 类。
3. 在图形界面中，主要提供了 FlowLayout、BorderLayout、GridLayout、CardLayout 等多种布局管理器。
4. 事件源触发事件时会产生相应的事件对象，需要相应的监听器进行处理。在图形界面中提供了多个 Listener 接口进行事件处理。

复 习 题

一、选择题

1. JLable 上的文本是通过（　　）来指定的。
   A．setLable　　　　B．changeLable　　　　C．setText　　　　D．changeText
2. 使用（　　）组件允许用户通过键盘输入数据。
   A．JButton　　　　B．JTextField　　　　C．JLable　　　　D．以上选项均不对
3. ActionEvent 的对象会被传递给（　　）事件处理程序。
   A．addChangeListener　B．addActionListener　C．stateChanged　D．actionPerformed

4. 实现下列哪个接口可以对 TextField 对象的事件进行监听和处理？（　　）
   A. ActionListener　　B. FocusListener　　C. MouseMotionListener　　D. WindowListener
5. 使用（　　）方法可对 JRadionButton 组件进行选取或取消。
   A. setselected　　B. setChecked　　C. setDefault　　D. setEnabled
6. 调用（　　）方法可对拖动的鼠标进行注册。
   A. addMouseListener　　　　　　B. addMouseDraggedListener
   C. addMouseMotionListener　　　D. addMouseMovementListener
7. 添加到 JMenu 中以创建子菜单的 GUI 组件为（　　）。
   A. JSubmenu　　B. JMenuItem　　C. JMenu　　D. JMenuBar
8. 在 Swing 中，它的子类能用来创建框架窗口的类是（　　）。
   A. JWindow　　B. JFrame　　C. JDialog　　D. JApplet
9. 传递到鼠标事件处理程序的（　　）对象包含与所发生鼠标事件相关。
   A. EventHandler　　B. MouseEventHander　　C. MouseEvent　　D. EventArgs
10. JPanel 的默认布局管理器是下列哪一个？（　　）
    A. FlowLayout　　B. BorderLayout　　C. GridLayout　　D. CardLayout

二、程序分析题

1. 阅读下面的程序，在空格处填上相应的代码。

```
_____
public class JFrameExample1 {
    public static void main(String args[]) {
        JFrameExample1 obj = new JFrameExample1();
        obj.myJFrame();
    }
    public void myJFrame() {
        JFrame jframe = new JFrame("一个框架应用");
        Container panel = jframe.getContentPane();
        panel.setLayout(new FlowLayout());
        panel.add(new JButton(" 欢迎使用！"));
        jframe.setSize(300, 150);
        jframe.show();
    }
}
```

2. 阅读下面的程序，在空格处填上相应的代码。

```
import java.awt.*;
import javax.swing.*;
public class myCardLayoutExample1{
    public static void main(String args[]){
        JFrame jframe=new JFrame("一个滚动列表的例子");
        Container cp=jframe.getContentPane();
        CardLayout card=new CardLayout(20,20);
        cp.setLayout(card);
        JButton jbt1=new JButton("足球");
        JButton jbt2=new JButton("篮球");
        JButton jbt3=new JButton("排球");
        JButton jbt4=new JButton("羽毛球");
        JButton jbt5=new JButton("乒乓球");

        _____
        cp.add("b",jbt2);
        cp.add("c",jbt3);

        _____
        cp.add("e",jbt5);
        _____
```

```
                jframe.setSize(150,200);
                jframe.show();
        }
    }
```

3. 阅读下面的程序,在空格处填上相应的代码。
```
import java.awt.*;
import javax.swing.*;
public class myJScrollPanelExample{
    public static void main(String args[]){
        JFrame jframe=new JFrame("按钮+面板+滚动窗口");
        Container contentPane=jframe.getContentPane();
        contentPane.setLayout(new FlowLayout());
        JPanel jpanel=new JPanel();
        JScrollPane jscrollpane=new JScrollPane();
        JButton jbutton1=new JButton("确定");
        JButton jbutton2=new JButton("取消");
        JButton jbutton3=new JButton("保存");
        jpanel.add(jbutton1);
        _____
        jpanel.add(jbutton3);
        jscrollpane.setViewportView (jpanel);
        contentPane.add(jscrollpane);
        jframe.setSize(800,650);
        _____
    }
}
```

三、编程题

1. 编写程序,包括一个标签、一个文本框和一个按钮,当单击按钮时把文本框中的内容复制到标签中显示。

2. 请设计一个图形界面。单击"显示"按钮时,文本框中显示"你单击了";单击"退出"按钮时,退出程序。

3. 设计一个窗口,包含两个计算图形面积的对话框,界面如图 13-12 所示。

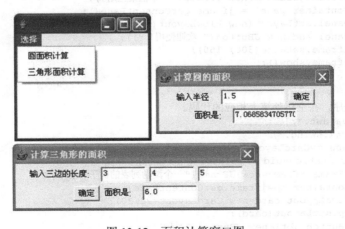

图 13-12 面积计算窗口图

第14章 文件和流

输入/输出（I/O）是指程序与外部设备或其他计算机进行交互的操作。几乎所有的程序都具有输入与输出操作，如从键盘上读取数据，从本地或网络上的文件读取数据或写入数据等。

Java 的 I/O 操作主要指的是使用 Java 进行输入、输出操作，Java 中的所有 I/O 操作类都存放在 java.io 类包中，在使用时需要导入此包。

流（Stream）是指在计算机的输入与输出之间运动的数据序列。Java 把不同类型的输入、输出源（键盘、文件、网络等）抽象为流，而其中输入或输出的数据则称为数据流（Data Stream），用统一的方式来表示，从而使程序设计简单明了。本章对文件的读取、流的使用方式进行介绍。

14.1 File 类

在整个 io 包中，唯一与文件本身有关的类就是 File 类。使用 File 类可以进行获得文件基本信息及操作文件等常用文件操作。

File 类的常用构造方法如下：

①File（String path）：将一个代表路径的字符串转换为绝对路径表示法。
②File（String parent，String child）：parent 代表目录，child 代表文件（不可为空）。
③File（File parent，String child）：parent 代表目录，child 代表文件（不可为空）。

File 类中的主要方法和常量如表 14-1 所示。

表 14-1 File 类中的主要方法与常量表

No.	方法与常量	描述
1	public static final String pathSeparator	表示多个路径的分隔符（Windows 是："；"）
2	public static final String separator	表示路径的分隔符（Windows 是："\"）
3	public File（String pathname）	创建 File 类对象，传入完整路径
4	public boolean createNewFile() throws IOException	创建新文件
5	public boolean delete()	删除文件或目录，目录需为空
6	public void deleteOnExit()	JVM 终止时删除当前的文件
7	public boolean exists()	判断文件是否存在
8	public boolean isDirectory()	判断给定的路径是否是一个目录
9	public long length()	返回文件的大小
10	public String[] list()	列出指定目录的全部内容，只是列出了名称
11	public File[] listFiles()	列出指定目录的全部内容，会列出路径
12	public boolean mkdir()	创建一个目录

(续表)

No.	方法与常量	描述
13	public boolean mkdirs()	生成一个新的目录,可包含子目录
14	public boolean renameTo（File dest）	为已有的文件重新命名

使用文件 File 类可以方便操作文件,File 类的对象实例化后,可以使用 createNewFile 方法创建一个新文件。

【例 1】 使用 File 类创建一个新文件。

```java
import java.io.File;
import java.io.IOException;
public class FileDemo1{
  public static void main(String args[]) {
    File f = new File(" d:\\test.txt ") ;    //必须给出完整路径
    try {
     f.createNewFile() ;                     //根据给定的路径创建新文件
    } catch (IOException e) {
     e.printStackTrace();
    }
  }
}
```

【例 1】 中使用 File f = new File（" d:\\test.txt "）；创建文件对象,表示对 d 盘根目录下的 test.txt 文件创建文件对象 f,注意在不同的操作系统中,路径的分隔符表示是不一样的。例如：Windows 中使用反斜杠表示目录的分隔符："\",而 Linux 中使用正斜杆表示目录的分隔符："/"。

Java 程序本身具有可移植性的特点,则在编写路径的时候最好可以根据程序所在的操作系统自动使用符合本地操作系统要求的分隔符,这样才能达到可移植性的目的,要想实现这样的功能,则就需要使用 File 类中提供的常量 File.separator 表示路径。

【例 1】 代码可以做如下修改：

```java
import java.io.File;
import java.io.IOException;
public class FileDemo1 {
  public static void main(String args[]) {
    //修改为可适应操作系统的路径
    String path = " d:" + File.separator + " test.txt "
    File f = new File(path);    //必须给出路径
    try {
      f.createNewFile();         //根据给定的路径创建新文件
    } catch (IOException e) {
      e.printStackTrace();
    }
  }
}
```

File 类支持删除文件操作,同样可以使用 mkdir 或 mkdirs 方法创建文件夹。

【例 2】 使用 File 类删除一个文件。

```java
import java.io.File;
public class FileDemo2 {
  public static void main(String args[]) {
    File f = new File(" d: " + File.separator + " test.txt ");//给出路径
    if(f.exists()){                                            //判断文件是否存在
      f.delete();                                              //如果文件存在,删除文件
    }
  }
}
```

【例 3】 使用 File 类创建文件夹。

```
import java.io.File;
public class FileDemo3 {
    public static void main(String args[]) {
        File f = new File("d:" + File.separator + "filedemo");
        File f1 = new File("d:" + File.separator + "stream\\filedemo");
        f.mkdir() ;
        f1.mkdirs();
    }
}
```

如果给定了一个目录,需要直接列出目录中的内容,File 类中定义了两个列出目录内容的方法。

①public String[] list():列出指定目录的全部内容,只列出文件或者目录名称,并将其放入一个字符串数组返回。

②public File[] listFiles():列出指定目录的全部内容,返回一个 File 对象数组。

【例 4】 使用 File 类列出指定目录下的全部文件,若给定目录可能存在子文件夹,此时要求也可以把所有的子文件夹的文件全部列出来。

思路:首先判断给定的路径是否是目录,之后使用 listFiles()列出一个目录中的全部内容,一个文件夹中可能包含其他的文件或子文件夹,子文件夹中也可能会包含其他的子文件夹,所以此处采用递归调用方式完成,流程图如图 14-1 所示。

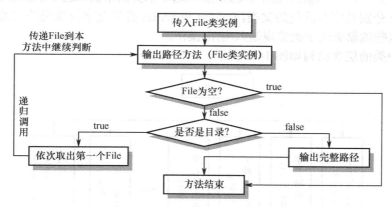

图 14-1 【例 4】流程图

```
import java.io.File;
public class FileDemo4{
    public static void main(String args[]) {
        File my = new File("d:" + File.separator);//操作路径
        print(my) ;
    }
    public static void print(File file) {           //递归调用此方法,输出目录中的文件
        if (file != null) {//增加一个检查机制
            if (file.isDirectory()) {               //判断是否是目录
                File f[] = file.listFiles() ;       //如果是目录,则列出全部内容
                if (f != null) {// 有可能无法列出目录中的文件
                    for (int i = 0; i < f.length; i++) {
                        print(f[i]);                //继续列出内容
                    }
                }
            }else{
                System.out.println(file);           //如果不是目录,则直接打印路径信息
            }
        }
    }
}
```

14.2 输入流和输出流

在 Java 中，把不同类型的输入/输出源抽象为流，其中输入和输出的数据称为**数据流**（Data Stream）。数据流是 Java 程序发送和接收数据的一个通道，数据流包括输入流（Input Stream）和输出流（Output Stream）两大类。通常，应用程序中使用输入流读出数据，输出流写入数据。流式输入、输出的特点是，数据的获取和发送均沿数据序列顺序进行。相对于程序来说，**输出流**是往存储介质或数据通道写入数据，而**输入流**是从存储介质或数据通道中读取数据。

Java 语言提供了 java.io 包，在该包中几乎每一个类都代表了一种特定的输入或输出流。为了使用这些流类，编程时需要引入这个包。Java 提供了两种类型的输入/输出流：一种是面向字节的流，数据的处理以字节为基本单位；另一种是面向字符的流，用于字符数据的处理。**字节流**（Byte Stream）每次读/写 8 位二进制数，也称为二进制流或位流。字符流一次读/写 16 位二进制数，并将其作为一个字符而不是二进制位来处理。需要注意的是，为满足字符的国际化表示，Java 语言的字符编码采用的是 16 位 Unicode 码，而普通文本文件中采用的是 8 位 ASC II 码。

除 File 类不是流类外，io 包其中有 4 个重要的抽象类，分别是 InputStream、OutputStream、Reader、Writer，几乎所有的输入/输出类都是继承这 4 个类而来的。这 4 个抽象类，InputStream 和 OutputStream 分别是字节流类的父类，Reader 和 Writer 分别是字符流类的父类。实际应用中，一般都是使用这些抽象类的子类实现输入/输出操作。

Java.io 包中类的层次结构如图 14-2 所示。

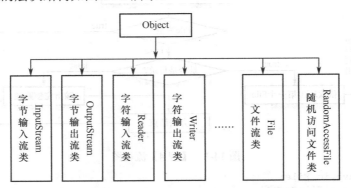

图 14-2 java.io 包的顶级层次结构图

在 Java 中进行输入/输出流操作（以文件操作为例），主要的操作步骤如下：
① 使用 File 类打开一个文件；
② 通过字节流或者字符流的子类，指定输出的位置；
③ 进行读/写操作；
④ 关闭输入/输出流。

14.3 二进制流

字节流每次读/写 8 位二进制数，也称为二进制流或位流。除了能够处理纯文本文件之外，还能用来处理二进制文件的数据，不会对数据作任何转换。InputStream 类和 OutputStream 类是所有字节流类的父类。

14.3.1 InputStream 类和 OutputStream 类

1. InputStream 类

面向字节的输入流都是 InputStream 类的子类，其类层次结构如图 14-3 所示。

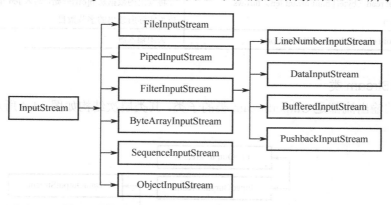

图 14-3 InputStream 的类层次结构图

InputStream 的主要子类如表 14-2 所示。

表 14-2 InputStream 主要子类表

类 名	功 能 描 述
FileInputStream	文件输入流
PipedInputStream	管道输入流
FilterInputStream	过滤输入流
ByteArrayInputStream	从字节数组读取的输入流
SequenceInputStream	两个或多个输入流的联合输入流，按顺序读取
ObjectInputStream	对象的输入流
LineNumberInputStream	为文本文件输入流附加行号
DataInputStream	包含读取 Java 标准数据类型方法的输入流
BufferedInputStream	缓冲输入流
PushbackInputStream	返回一个字节并把此字节放回输入流

InputStream 类中包含一套所有输入都需要的方法，可以完成最基本的从输入流读入数据的功能，方法如表 14-3 所示。

表 14-3 InputStream 类主要方法表

No.	方 法	描 述
1	public int available() throws IOException	可以取得输入文件的大小
2	public abstract int read() throws IOException	读取内容，以数字的方式读取

(续表)

No.	方法	描述
3	public int read（byte[] b）throws IOException	将内容读到 byte 数组之中，同时返回读入的个数
4	public int read（byte[] b,int off,int len）throws IOException	将读出的数据从 b[off]开始，写入 len 个字节至 b 中，返回值为实际所读出的字节数目
5	public void close() throws IOException	关闭输入流

2．OutputStream 类

面向字节的输出流都是 OutputStream 类的子类，其类层次结构如图 14-4 所示，子类含义如表 14-4 所示。

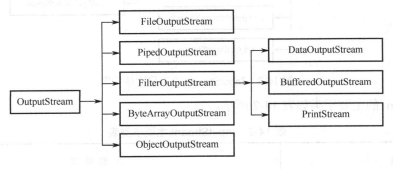

图 14-4　OutputStream 的类层次结构图

表 14-4　OutputStream 的主要子类说明

类　名	功　能　描　述
FileOutputStream	文件输出流
PipedOutputStream	管道输出流
FilterOutputStream	过滤输出流
ByteArrayOutputStream	写入字节数组的输出流
ObjectOutputStream	对象的输出流
DataOutputStream	包含写 Java 标准数据类型方法的输出流
BufferedOutputStream	缓冲输出流
PrintStream	包含 print()和 println()的输出流

OutputStream 类中包含一套所有输出流都需要的方法，如表 14-5 所示可以完成最基本的向输出流写入数据的功能。

表 14-5　OutputStream 的常用方法表

No.	方　法	描　述
1	public void close() throws IOException	关闭输出流

(续表)

No.	方法	描述
2	public void flush() throws IOException	刷新缓冲区
3	public void write（byte[] b）throws IOException	将一个 byte 数组写入数据流
4	public void write（byte[] b,int off,int len）throws IOException	将一个指定范围的 byte 数组写入数据流
5	public abstract void write（int b）throws IOException	将一个字节数据写入数据流

由于 InputStream 和 OutputStream 都是抽象类，所以在程序中创建的输入流和输出流对象一般是它们某个子类的对象，通过调用对象继承的 read()和 write()等方法就可实现对相应外设的输入/输出操作。

14.3.2 FileInputStream 类和 FileOutputStream 类

文件输入流类 FileInputStream 和输出流类 FileOutputStream 负责完成对本地磁盘文件的顺序输入/输出操作。FileInputStream 用来读取一个文件，FileOutputStream 用来将数据写入文件。

FileInputStream、FileOutputStream 常用构造方法包括：

①FileInputStream（String name）：打开文件 name 用来读取数据。

②FileInputStream（File file）：打开文件 file 用来读取数据。

③FileOutputStream（String name）：打开文件 name 用来写入数据。

④FileOutputStream（File file）：打开文件 file 用来写入数据。

⑤FileOutputStream（String name，Boolean append）：打开文件 name 用来写入数据，若 append 为 true，则写入的数据会加到原有文件后面，否则，覆盖原有的文件。

当建立一个 FileInputStream 或 FileOutputStream 的实例时，必须指定文件位置及文件名称，实例被建立时文件的流就会开启；而不使用流时，必须关闭文件流，以释放与流相依的系统资源，完成文件读/写的动作。

FileInputStream 可以使用 read()方法一次读入一个字节，并以 int 类型返回，或者是使用 read()方法时读入至一个 byte 数组，byte 数组的元素有多少个，就读入多少个字节。在将整个文件读取完成或写入完毕的过程中，这么一个 byte 数组通常被当作缓冲区，因为这么一个 byte 数组通常扮演承接数据的中间角色。

1．文件读取操作

【例 5】 利用 FileInputStream 类，读取文件内容。

```java
import java.io.*;
public class InputDemo1 {
    public static void main(String[] args) throws Exception {       //声明抛出异常
        File f = new File("d:" + File.separator + "test.txt");      //声明 File 对象
        InputStream input = new FileInputStream(f);                 //通过对象多态性，进行实例化
        byte b[] = new byte[1024];                                  //所有的内容读到此数组之中
        input.read(b);                                              //把内容取出，内容读到 byte 数组之中
        input.close();                                              //关闭输入流
        System.out.println("内容为: " + new String(b));             //把 byte 数组变为字符串输出
    }
}
```

【例 5】读出的文件内容，后面存在大量空格。因为开辟的 byte 数组大小为 1024，而实际读出的文件内容远远少于 1024 个字节，在将 byte 数组转换为字符串时，也会将后面的空白的数组元素转换为字符串。解决办法，有多种方式。

方式 1，InputStream 类的 read()有一个重载方法 read（byte[] b），将该内容读到 byte 数组之中，同时返回读入的字节数。

【例 6】 修改【例 5】，使其读取文件不包含大量空格。

```java
import java.io.* ;
public class InputDemo2{
    public static void main(String args[]) throws Exception{    //声明抛出异常
        File f= new File("d:" + File.separator + "test.txt") ;  //声明 File 对象
        InputStream input = new FileInputStream(f) ;            //通过对象多态性，进行实例化
        byte b[] = new byte[1024] ;                             //所有的内容都读到此数组之中
        int len = input.read(b) ;                               //读取内容
        input.close() ;                                         //关闭输入流
        System.out.println("读入数据的长度：" + len) ;
                                                                //把 byte 数组变为字符串输出
        System.out.println("内容为：" + new String(b,0,len)) ;  }
}
```

此程序的运行结果，就没有多余的空格出现。

方式 2，【例 6】在输出结果上虽然没有多余的空格，但是由于在创建数组的时候，开辟了大量的没用到的空间，造成空间浪费，因此可以根据文件的大小来创建数组。

【例 7】 根据文件大小创建数组空间实现文件的读取。

```java
import java.io.* ;
public class InputDemo3{
    public static void main(String args[]) throws Exception{    //声明抛出异常
        File f= new File("d:" + File.separator + "test.txt") ;  //声明 File 对象
        InputStream input = new FileInputStream(f) ;            //通过对象多态性，进行实例化
        byte b[] = new byte[(int)f.length()] ;                  //数组大小由文件决定
        int len = input.read(b) ;                               //读取内容
        input.close() ;                                         //关闭输入流
        System.out.println("读入数据的长度：" + len) ;
        System.out.println("内容为：" + new String(b)) ;        //把 byte 数组变为字符串输出
    }
}
```

方式 3，除以上方式外，可以通过循环将文件内容逐字节读出。

【例 8】 使用 read()方法循环读取文件内容。

```java
import java.io.* ;
public class InputDemo4{
    public static void main(String args[]) throws Exception{    //声明抛出异常
        File f= new File("d:" + File.separator + "test.txt") ;  //声明 File 对象
        InputStream input = new FileInputStream(f) ;            //通过对象多态性，进行实例化
        byte b[] = new byte[(int)f.length()] ;                  //数组大小由文件决定
        for(int i=0;i<b.length;i++){
            b[i] = (byte)input.read() ;                         //读取内容
        }
        input.close() ;                                         //关闭输入流
        System.out.println("内容为：" + new String(b)) ;        //把 byte 数组变为字符串输出
    }
}
```

以上几种方式都是在明确知道输入流大小情况的前提下进行，如果不知道输入的内容有多少，则可以通过判断是否读到文件末尾来进行读取。

【例 9】 通过判断是否读到文件末尾方式来进行读取文件内容。

```java
import java.io.* ;
public class InputDemo5{
    public static void main(String args[]) throws Exception{        //声明异常抛出
        File f= new File("d:" + File.separator + "test.txt") ;      //声明File对象
        InputStream input = new FileInputStream(f) ;                //通过对象多态性,进行实例化
        byte b[] = new byte[1024] ;                                 //所有内容读到此数组
        int len = 0 ;
        int temp = 0 ;                                              //接收每一个读取进来的数据
        while((temp=input.read())!=-1){
            b[len] = (byte)temp ;
            len++ ;
        }
        input.close() ;                                             //关闭输入流
    //把byte数组变为字符串输出
        System.out.println("内容为: " + new String(b,0,len)) ;
    }
}
```

2. 文件写操作

可以利用 FileOutputStream 实现向文件内容的写入,如果文件在写操作之前不存在,程序会自动为用户创建该文件。

【例10】 利用 FileOutputStream 类向文件中写入字符串。

```java
import java.io.* ;
public class OutputDemo1{
    public static void main(String args[]) throws Exception{        //声明抛出异常
        File f= new File("d:" + File.separator + "test.txt") ;      //声明File对象
        OutputStream out = new FileOutputStream(f) ;                //通过对象多态性,进行实例化
        String str = "Hello World!!!" ;                             //准备一个字符串
        byte b[] = str.getBytes() ;                                 //将字符串变为byte数组
        out.write(b) ;                                              //将内容输出,保存文件
        out.close() ;                                               //关闭输出流
    }
}
```

【例10】 是将 byte 数组直接写入文件中,也可以通过循环将数组逐字节的写入到文件中。

【例11】 使用 write(int n) 的方式向文件中写入字符。

```java
import java.io.* ;
public class OutputDemo2{
    public static void main(String args[]) throws Exception{        //声明抛出异常
        File f= new File("d:" + File.separator + "test.txt") ;      //声明File对象
        OutputStream out = new FileOutputStream(f) ;                //通过对象多态性,进行实例化
        String str = "Hello World!!!" ;                             //准备一个字符串
        byte b[] = str.getBytes() ;                                 //将字符串变为byte数组
        for(int i=0;i<b.length;i++){                                //采用循环方式写入
            out.write(b[i]) ;                                       //每次只写入一个字节
        }
        out.close() ;                                               //关闭输出流
    }
}
```

上面两个实例,如果重新执行程序,则向文件写入的内容会覆盖文件中已有的内容,可以通过 FileOutputStream 的另外一个构造方法实现文件内容的追加写入。

FileOutputStream(File file,boolean append) 此构造方法中,如果将 append 的值设为 true,则表示在文件的末尾追加内容。

【例12】 向文件追加写入字符串。

```java
import java.io.* ;
public class OutputDemo3{
    public static void main(String args[]) throws Exception{        //声明抛出异常
```

290 Java 语言程序设计

加内容
```
            File f= new File("d:" + File.separator + "test.txt") ;    //声明 File 对象
            OutputStream out = new FileOutputStream(f,true) ;          //表示在文件末尾追

            String str = "\r\nHello World!!!" ;                        //准备一个字符串, \r\n 表示换行
            byte b[] = str.getBytes() ;                                //将字符串变为 byte 数组
            for(int i=0;i<b.length;i++){                               //采用循环方式写入
                out.write(b[i]) ;                                      //每次只写入一个字节
            }
            out.close() ;                                              //关闭输出流
        }
    }
```

3．文件复制操作

使用 FileInputStream 和 FileOutputStream 可以完成文件复制操作。一般为如下流程：

①程序首先打开源文件文件；

②使用 read()将其逐字节读取出来（如果返回值为-1，则表明已到达文件尾端）；

③再使用 write()将读出的字节逐一写入另一个目标文件中；

④若文件无法打开（如文件不存在）或无法生成目标文件，会抛出 FileNotFoundException 异常，若读/写出错，则会抛出 IOException 异常；

⑤最后，在 finally 中关闭文件。

【例 13】 文件复制功能的实现。

```
    import java.io.*;
    public class FileIODemo {
        public static void main(String args[]) throws IOException {     //声明抛出异常
            File f = new File("d:" + File.separator + "test.txt");      //声明 File 对象
            File f1 = new File("d:" + File.separator + "test1.txt");
            InputStream inFile = new FileInputStream(f);                //通过对象多态性，进行实例化
            OutputStream outFile = new FileOutputStream(f1);
            int data;
            while((data=inFile.read())!=-1) {                           //逐字节读取文件内容
                outFile.write(data);                                    //将读取的字节写入目标文件
            }
            inFile.close();                                             //关闭输入流
            outFile.close();                                            //关闭输出流
        }
    }
```

14.3.3　BufferedInputStream 类和 BufferedOutputStream 类

上面关于 FileInputStream 和 FileOutputStream 的实例中，使用一个 byte 数组作为数据读入的缓冲区，在文件存取时，硬盘存取的速度远低于内存中的数据存取速度。为了减少对硬盘的存取，通常从文件中一次读入一定长度的数据，而写入时也是一次写入一定长度的数据，这可以增加文件存取的效率。

BufferedInputStream 和 BufferedOutputStream 可以为 InputStream、OutputStream 类的实例增加缓冲区功能。

BufferedInputStream 和 BufferedOutputStream 构造方法如下所示：

①BufferedInputStream（InputStream in）：构造一个 BufferedInputStream 实例。

②BufferedInputStream（InputStream in，int size）：构造一个具有给定的缓冲区大小的 BufferedInputStream 实例。

③BufferedOutputStream（OutputStream out）：构造一个 BufferedOutputStream 实例。

④BufferedOutputStream（OutputStream out，int size）：构造一个具有给定的缓冲区大小的

BufferedOutputStream 实例。

构建 BufferedInputStream 实例时，需要给定一个 InputStream 类型的实例，实现 BufferedInputStream 时，实际上最后是实现 InputStream 实例。同样地，在构建 BufferedOutputStream 时，也需要给定一个 OutputStream 实例，实现 BufferedOutputStream 时，实际上最后是实现 OutputStream 实例。

BufferedInputStream 有一个 byte 数组型的数据成员 buf。当读取数据时，如文件，BufferedInputStream 会尽量将 buf 填满。当使用 read()方法时，实际上是先读取 buf 中的数据，而不是直接对数据来源作读取。当 buf 中的数据不足时，BufferedInputStream 才会再实现给定的 InputStream 对象的 read()方法，从指定的装置中提取数据。

BufferedOutputStream 也有一个 byte 数组型的数据成员 buf。当使用 write()方法写入数据时，实际上会先将数据写至 buf 中，当 buf 已满时才会实现给定的 OutputStream 对象的 write()方法，将 buf 数据写至目的地，而不是每次都对目的地作写入的动作。

【例 14】 利用 BufferedInputStream 和 BufferedOutputStream 实现文件复制。

```java
import java.io.*;
class BufferedCopy {
  public static void main(String[] args) throws IOException {  //声明抛出异常
    File f = new File("d:" + File.separator + "test.txt");    //声明 File 对象
    File f1 = new File("d:" + File.separator + "test1.txt");
    FileInputStream fis = new FileInputStream(f);              //实例化流
    BufferedInputStream bis = new BufferedInputStream(fis);    //实例化缓冲流
    FileOutputStream fos = new FileOutputStream(f1);           //实例化流
    BufferedOutputStream bos = new BufferedOutputStream(fos);  //实例化缓冲流
    int bt;
    while ((bt= bis.read())!= -1)                              //逐字节读取文件内容
       bos.write(bt);
    bos.flush();                                               //刷新缓冲区
    bis.close();                                               //关闭流
    bos.close();
  }
}
```

BufferedInputStream 和 BufferedOutputStream 并没有改变 InputStream 或 OutputStream 的行为，读入或写出时的动作还是由 InputStream 和 OutputStream 负责。BufferedInputStream 和 BufferedOutputStream 只是在操作对应的方法之前，动态地为它们加上一些额外功能（像缓冲区功能），在这里是以文件存取流为例，实际上可以在其他流对象上也使用 BufferedInputStream 和 BufferedOutputStream 功能。

14.3.4 DataInputStream 类和 DataOutputStream 类

在 io 包中，提供了两个与平台无关的数据操作流：数据输出流（DataOutputStream）和数据输入流（DataInputStream）。它们允许程序按照与机器无关的格式读取 Java 原始数据。

DataInputStream 类和 DataOutputStream 类常用构造方法如下：

①DataInputStream（InputStream in）throws IOException：构造一个数据输入流实例。
②DataOutputStream（OutputStream out）throws IOException：构造一个数据输出流实例。
DataInputStream 与 DataOutputStream 常用方法如表 14-6 所示。

表 14-6 DataInputStream 与 DataOutputStream 常用方法表

No.	方　法	描　述
1	readInt()	读取一个 int 型整数

No.	方法	描述
2	readFloat()	读取一个 float 型浮点数
3	readDouble()	读取一个 double 型浮点数
4	readChar()	读取一个字符
5	readUTF()	读取一个 UTF-8 编码格式的字符串
6	writeInt(int v)	将一个 int 值以 4-byte 值形式写入输出流中
7	writeFloat(float v)	将一个 float 值以 4-byte 值形式写入输出流中
8	writeDouble(double v)	写入一个 double 类型，该值以 8-byte 值形式写入输出流中
9	writeChar(int v)	将一个字符写入输出流中
10	writeUTF(String s)	将一个字符串以 UTF-8 编码格式写入输出流中

【例 15】 利用 DataInputStream 与 DataOutputStream 将 Member 类实例的成员数据写入一个文件中，然后读取文件数据后，将这些数据还原为 Member 对象。

```
//Member 类
public class Member {
private String name;
private int age;
public Member() { }
public Member(String name, int age) {
  this.name = name;
  this.age = age;
}
public void setName(String name) {
  this.name = name;
}
public void setAge(int age) {
 this.age = age;
}
public String getName() {
 return name;
}
public int getAge() {
 return age;
}
}
//DataStreamDemo 类
import java.io.*;
public class DataStreamDemo {
public static void main(String[] args) {
Member[] members ={new Member("yuesan", 92), new Member("lisi", 97),
new Member("wangwu", 85)};
try {
File f = new File("d:" + File.separator + "member.txt");
DataOutputStream dataout = new DataOutputStream( new FileOutputStream(f));
for(Member member : members) {
  dataout.writeUTF(member.getName());    //写入 UTF 字符串
  dataout.writeInt(member.getAge());     //写入 int 数据
```

```
        }
        dataout.flush();
        dataout.close();
        //读出数据并还原为 Member 对象
        DataInputStream datain =new DataInputStream(new FileInputStream(f));
        for(int i = 0; i < members.length; i++) {
            String name = datain.readUTF();           //读出 UTF 字符串
            int score = datain.readInt();             //读出 int 数据
            members[i] = new Member(name, score);
        }
        datain.close();
        //显示还原后的数据
        for(Member member : members) {
            System.out.printf("%s\t%d%n", member.getName(), member.getAge());
        }
    } catch(IOException e) { e.printStackTrace(); }
  }
}
```

14.4 字符流

字符流是针对字符数据的特点进行过优化的，因而提供一些面向字符的有用特性。简单说字符流就是对流数据以一个字符（两个字节）的长度为单位来处理（0～65535、0x0000～0xffff），并进行适当的字符编码转换处理，即字符流相关类可以用于进行所谓纯文本文件的字符读/写。

14.4.1 Reader 类和 Writer 类

Reader 和 Writer 是 java.io 包中所有字符流的父类。由于它们都是抽象类，所以应使用它们的子类来创建实体对象，利用对象来处理相关的读/写操作。

Reader 类和 Writer 类支持 Unicode 标准字符集（Character Set），在处理流数据时，会根据系统默认的字符编码来进行字符转换。也可以直接在构建实例时，自行指定编码。

1．Reader 类

面向字符的输入流类都是 Reader 的子类，其类层次结构如图 14-5 所示，各子类含义如表 14-7 所示。

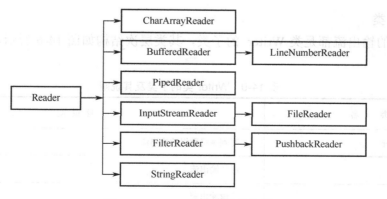

图 14-5　Reader 的类层次结构图

表 14-7　Reader 类的主要子类及说明

类　名	功　能　描　述
CharArrayReader	从字符数组读取的输入流
BufferedReader	缓冲输入流
PipedReader	管道输入流
InputStreamReader	将字节转换到字符的输入流
FilterReader	过滤输入流
StringReader	字符串输入流
LineNumberReader	为输入数据附加行号
PushbackReader	返回一个字符并把此字节放回输入流
FileReader	文件输入流

Reader 类中包含一套所有其子类输入都需要的方法，可以完成最基本的从输入流读入数据的功能，如表 14-8 所示。

表 14-8　Reader 类的主要方法及其描述

No.	方　　法	描　　述
1	public int read() throws IOException	读取一个字符，以数字的方式返回
2	public int read(char[] cbuf) throws IOException	将内容读到 char 数组之中，同时返回读入的个数
3	public int read(char[] cbuf,int off,int len) throws IOException	将读出的数据从 cbuf[off]开始，写入 len 个字符至 cbuf 中，返回值为实际所读出的字节数目
4	public void close() throws IOException	关闭输入流

2．Writer 类

面向字符的输出流都是类 Writer 的子类，其类层次结构如图 14-6 所示，各子类含义如表 14-9 所示。

表 14-9　Writer 类的子类及其说明

类　名	功　能　说　明
CharArrayWriter	写到字符数组的输出流
BufferedWriter	缓冲输出流
PipedWriter	管道输出流
FilterWriter	过滤输出流

(续表)

类　名	功　能　说　明
StringWriter	字符串输出流
PrintWriter	包含 print()和 println()的输出流
FileWriter	文件输出流

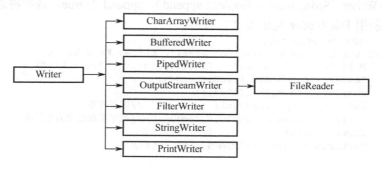

图 14-6　Writer 的类层次结构图

Writer 类中包含一套所有输出都需要的方法，可以完成最基本的向输出流写入数据的功能，表 14-10 给出 Writer 类常用方法。

表 14-10　Writer 类常用方法表

No.	方法或常量	描　述
1	public abstract void close() throws IOException	关闭输出流
2	public abstract void flush() throws IOException	刷新缓冲区
3	public void write（char[] cbuf) throws IOException	将一个 char 数组写入数据流
4	public abstract void write（char[] cbuf，int off，int len） throws IOException	将一个 char 数组的一部分写入数据流
5	public void write（int c）throws IOException	将一个字符数据写入数据流
6	public void write（String str）throws IOException	将一个字符串写入数据流
7	public void write（String str，int off，int len）throws IOException	将一个字符串的一部分写入数据流

14.4.2　FileReader 类和 FileWriter 类

FileReader 类是 Reader 类的子类 InputStreamReader 类的子类，因此 FileReader 类既可以使用 Reader 类的方法，也可以使用 InputStreamReader 类的方法来操作文件对象。

FileWriter 类是 Writer 类的子类 OutputStreamWriter 类的子类，因此 FileWriter 类既可以使用 Writer 类的方法，也可以使用 OutputStreamWriter 类的方法来操作文件对象。

在使用 FileReader 类读取文件时，必须先调用 FileReader()构造方法创建 FileReader 类的对象，再调用 read()方法。

在使用 FileWriter 类写入文件时，必须先调用 FileWriter()构造方法创建 FileWriter 类的对象，再调用 writer() 方法。

FileReader、FileWriter 常用构造方法：
① public FileReader（File file）：根据文件对象创建一个可读取的输入流对象。
② public FileReader（String name）：根据文件名创建一个可读取的输入流对象。
③ public FileWriter（File file）：根据文件对象创建一个可写入的输出流对象。
④ public FileReader（String name）：根据文件名创建一个可写入的输出流对象。
⑤ public FileWriter（File file，Boolean append）：append 为 true，数据将追加在文件后面。
⑥ public FileWriter（String name，Boolean append）：append 为 true，数据将追加在文件后面。

【例 16】 利用 FileReader 类读取文件内容。

```java
public class ReaderDemo1{
    public static void main(String args[]) throws Exception{
        File f= new File("d:" + File.separator + "test.txt") ;
        Reader input = new FileReader(f);
        char c[] = new char[1024];
        int len = input.read(c);           //读取内容
        String str=new String(c,0,len);    //把字符数组变为字符串
        input.close() ;
        System.out.println("内容为：\n" +str);
    }
}
```

如果不知道文件大小，也可以和字节流一样，使用循环方式进行读取。

【例 17】 利用 FileReade 类，使用循环方式读取文件内容。

```java
public class ReaderDemo2{
    public static void main(String args[]) throws Exception{
        File f= new File("d:" + File.separator + "test.txt");
        Reader input = new FileReader(f);
        char c[] = new char[1024] ;
        int temp = 0;
        int len = 0 ;
        while((temp=input.read())!=-1){
            c[len] = (char)temp ;
            len++ ;
        }
        String str= new String(c,0,len);
        input.close() ;
        System.out.println("内容为：\n" +str);
    }
}
```

FileWriter 向文件写入内容和 FileOutputStream 的操作流程类似，FileWriter 可以直接向输出流输出字符串，而不是向输出流输出字符。

【例 18】 利用 FileWrite 类向文件写入字符串。

```java
public class WriterDemo1{
    public static void main(String args[]) throws Exception{
        File f= new File("d:" + File.separator + "test.txt");
        Writer out = new FileWriter(f);
        String str = "Hello World!!!" ;
        out.write(str);
        out.close();
    }
}
```

在使用字符输出流对文件进行操作时，也可以实现对文件的追加功能。

【例 19】 利用 FileWriter 类向文件追加写入字符串。

```java
public class WriterDemo2{
    public static void main(String args[]) throws Exception{
```

```
            File f= new File("d:" + File.separator + "test.txt");
            Writer out = new FileWriter(f,true);
            String str = "Hello World!!!";
            out.write(str);
            out.close();
        }
    }
```

【例 20】 利用 FileWriter 类实现文件复制。

```
    public class FileCopy {
        public static void main(String args[]) throws IOException {//声明抛出异常
            File f = new File("d:" + File.separator + "test.txt");    //声明 File 对象
            File f1 = new File("d:" + File.separator + "test1.txt");
            Reader inFile = new FileReader(f);        //通过对象多态性，进行实例化
            Writer outFile = new FileWriter(f1);
            int c;
            while((c=inFile.read())!=-1) {            //逐字节读取文件内容
                outFile.write(c);                     //将读取的字节写入目标文件
            }
            inFile.close();                           //关闭输入流
            outFile.close();                          //关闭输出流
        }
    }
```

在字节流中即使没有关闭流，最终也可以输出，而字符流如果不关闭流则不能够输出。在所有的硬盘上保存的文件或者是文件进行传输的时候都是以字节的方式进行的，包括图片等也是按字节完成的，而字符只有在内存中才会形成，所以使用的字节流操作文件是最多的。

14.4.3 InputStreamReader 类和 OutputStreamWriter 类

InputStreamReader 和 OutputStreamWriter 分别为 InputStream 和 OutputStream 加上字符处理的功能，将以任何 InputStream、OutputStream 子类的实例作为构建 InputStreamReader、OutputStreamWriter 对象时的变量，存取时以系统默认字符编码来进行字符转换，也可以自行指定字符编码。

InputStreamReader 类是 Reader 类的子类，将字节输入流转变为字符输入流，即将一个字节输入流对象转换为字符输入流对象。以文件操作为例，读取时将读入的字节流通过 InputStreamReader 类变为字符流。

OutputStreamWriter 类是 Writer 类的子类，将字节输出流转变为字符输出流，即将一个字符输出流对象转换为字节输出流对象。以文件操作为例，内存中的字符数据通过 OutputStreamWriter 类变为字节流才能保存在文件中。

InputStreamReader、OutputStreamWriter 构造方法：

①InputStreamReader（InputStream in）：构造 InputStreamReader 实例。

②InputStreamReader（InputStream in，String enc）：使用指定字符编码构造 InputStreamReader 实例。

③OutputStreamWriter（OutputStream out）：构造 OutputStreamWriter 实例。

④ OutputStreamWriter（OutputStream out，String enc）：使用指定字符编码构造 OutputStreamWriter 实例。

【例 21】 利用 InputStreamReader 类将字节输入流变为字符输入流读取文件。

```
    public class InputStreamReaderDemo{
        public static void main(String args[]) throws Exception{
            File f = new File("d:" + File.separator + "test.txt") ;
        //将字节流变为字符流
            Reader reader = new InputStreamReader(new FileInputStream(f)) ;
```

```
            char c[] = new char[1024] ;
            int len = reader.read(c) ;    //读取
            reader.close() ;              //关闭
            System.out.println(new String(c,0,len)) ;
        }
    }
```

【例 22】 利用 InputStreamReader 类将字节输出流变为字符输出流写文件。

```
    public class OutputStreamWriterDemo{
        public static void main(String args[]) throws Exception    {
            File f = new File("d:" + File.separator + "test.txt") ;
   //字节流变为字符流
            Writer out = new OutputStreamWriter(new FileOutputStream(f)) ;
out.write("hello world!!") ;    //使用字符流输出
            out.close() ;
        }
    }
```

14.4.4 BufferedReader 类和 BufferedWriter 类

BufferedReader 类是用来读取缓冲区中的数据,使用时必须创建 FileReader 类实例或字节输入流转换类 InputStreamReader 将字节输入流 System.in 变为字符流实例,再以该对象为参数创建 BufferedReader 类的对象。

BufferedWriter 类用于将数据写入缓冲区。使用时必须创建 FileWriter 类对象,再以该对象为参数创建 BufferedWriter 类的对象,最后需要用 flush()方法将缓冲区清空。

BufferedReader、BufferedWriter 构造方法:

①public BufferedReader（Reader in）:创建缓冲区字符输入流。

②public BufferedReader（Reader in，int size）:创建输入流并设置缓冲区大小。

③public BufferedWriter（Writer out）:创建缓冲区字符输出流。

④public BufferedWriter（Writer out，int size）:创建输出流并设置缓冲区大小。

当 BufferedReader 在读取文本文件时,先从文件中读入字符数据并置入缓冲区,之后若使用 read()方法,会先从缓冲区中进行读取。

使用 BufferedWriter 时,写入的数据并不会先输出至目的地,而是先存储至缓冲区中。

除了 Reader 和 Writer 中提供的基本的读/写方法外,BufferedReader 增加对整行字符的处理方法 readLine,BufferedWriter 增加了向文件写入一个换行符的方法 newLine:

public String readLine() throws IOException:读一行字符。

public void newLine() throws IOException:输出一新行。

BufferedReader 的 readLine()方法对用户输入的字符先进行缓冲,直至读到用户输入换行字符时,再一次将整行字符串传入。

```
        BufferedReader reader =new BufferedReader (new InputStreamReader (System.in));
```

【例 23】 利用 BufferedWriter 类进行文件复制。

```
    public class BufferedCopy{
        public static void main(String args[]) throws Exception{
            String str=new String();
            File f = new File("d:" + File.separator + "test.txt"); //声明 File 对象
            File f1 = new File("d:" + File.separator + "test1.txt");
            BufferedReader in=new BufferedReader(new FileReader(f));
            BufferedWriter out=new BufferedWriter(new FileWriter(f1));
            while((str=in.readLine())!=null){
                System.out.println(str);
                out.write(str);         //将读取到的 1 行数据写入输出流
                out.newLine();          //写入换行符
            }
```

```
            out.flush();
            in.close();
            out.close();
        }
    }
```

【例24】 将键盘输入的内容存储至指定的文件中,输入"quit"结束程序。
```
public class BufferedCopy {
    public static void main(String args[]) throws Exception{
        File f = new File("d:" + File.separator + "test.txt");
        BufferedReader in =new BufferedReader(new InputStreamReader(System.in));
        BufferedWriter out =new BufferedWriter(new FileWriter(f));
        String input = null;
        System.out.println("请输入要存档内容,输入'quit'结束:");
        while(!(input =in.readLine()).equals("quit")) {
            out.write(input);
            out.newLine();
        }
        in.close();
        out.close();
        System.out.println("操作结束!");
    }
}
```

14.5 随机流

字节流和字符流在对文件存取时是顺序进行的,即每在文件中存取一次,文件的读取位置就会相对于目前的位置前进一次。不能随机访问中间的数据。

Java.io 包提供了 RandomAccessFile 类用于对文件的随机访问。使用这个类,可以跳转到文件的任意位置读/写数据。程序可以在文件中插入数据,而不会破坏该文件的其他数据。此外,程序也可以更新或删除先前存储的数据,而不用重写整个文件。

RandomAccessFile 类是 Object 类的直接子类,包含两个主要的构造方法:

①public RandomAccessFile(File file, String mode):以 file 创建随机访问文件流对象, mode 读取模式。

②public RandomAccessFile(String name, String mode):以具体文件名创建随机访问文件流对象, mode 模式。

mode 为访问文件的方式,有 "r" 或 "rw" 两种形式。若 mode 为 "r",则文件只能读出,对这个对象的任何写操作将抛出 IOException 异常;若 mode 为 "rw" 并且文件不存在,则该文件将被创建。若 name 为目录名,也将抛出 IOException 异常。

RandomAccessFile 类的常用操作方法如表 14-11 所示。

表 14-11 RandomAccessFile 类常用方法表

No.	方　　法	描　　述
1	public void close() throws IOException	关闭流
2	public int read (byte[] b) throws IOException	将内容读取到 byte 数组中
3	public final byte readByte() throws IOException	读取一个字节
4	public final int readInt() throws IOException	从文件中读取整型数据

No.	方法	描述
5	public void seek（long pos）throws IOException	设置读指针的位置
6	public final void writeBytes（String s）throws IOException	将字符串按字节写入文件
7	public final void writeInt（int v）throws IOException	将 int 型数写入文件
8	public int skipBytes（int n）throws IOException	指针跳过多少个字节

【例 25】 使用 RandomAccessFile 类对文件进行数据读/写。

```java
public class RandomFileDemo{
    public static void main(String args[]) throws Exception {
        File f = new File("d:" + File.separator + "test.txt");
        RandomAccessFile rf = new RandomAccessFile(f,"rw");
        rf.writeBoolean(true);
        rf.writeInt(123456);
        rf.writeChar('j');
        rf.writeDouble(1234.56);
        rf.seek(1);
        System.out.println(rf.readInt());
        System.out.println(rf.readChar());
        System.out.println(rf.readDouble());
        rf.seek(0);
        System.out.println(rf.readBoolean());
        rf.close();
    }
}
```

14.6 流的应用示例

【例 26】 对于第 13 章中修改后词典程序，添加文件保存单词功能，当进入系统时，将文件中的单词读入词典，当退出词典时，将词典中的单词保存到文件中。

思路：对词典添加使用文件保存单词的功能，实现对单词在文件中读出和写入，明显是需要使用流输入、输出功能。这里选择 DataInputStream 类和 PrintStream 类完成对单词的读入和写入。由于读/写文件相当于是工具方法，因此定义 Tool 类，包含读/写方法，读/写方法定义为静态方法，当然也可以选择其他文件流来完成工作，读者可以自行实现。

代码如下所示：

```java
package dictionary;
//该类实现文件内容的读和写
import jav.util.*;
import java.io.*;
public class Tools {
    public static List readWord(String filename) {    //从文件中读入单词
        List list = new ArrayList();                   //创建列表存放从文件中读取的单词
        try {
            DataInputStream in = new DataInputStream(new BufferedInputStream(
                new FileInputStream(filename)));
            String word;                               //存放从文件中取出的一行
            String[] words;                            //存放单词被分割后的数组
            while ((word = in.readLine()) != null) {
                words = word.split(",");
                //将单词的英文和中文放到list
```

```
                    list.add(new Word(words[0], words[1]));//
                }
                in.close();
        } catch (IOException e) {
                e.printStackTrace();
        } finally {
                return list;
        }
    }
    //将 Dict 中的单词列表写入文件
    public void putMap2Words(String fileName, List list) {
        try {
                PrintStream out = new PrintStream(new FileOutputStream(fileName));
                for (int i = 0; i <= list.size(); i++) {
            //取列表中的单词然后转成字符串
                    String str = ((Word) list.get(i)).toString();
                    out.println(str);
                }
                out.flush();
                out.close();
        } catch (IOException e) {
                e.printStackTrace();
        }
    }
}
```

通过 Tool 类可以将文件中的单词读入词典的 list 列表，或者将列表中的单词写入文件，读者可以思考下，还需要修改哪个类，或者说在什么位置调用 Tool 类方法实现单词文件的读入和写出呢？

关 键 术 语

输入/输出 io->in/out　　　输入流 InputStream　　　输出流 OutputStream
文件输入流 FileInputStream　　　文件输出流 FileOutputStream
输入/输出异常 IOException　　　缓冲区读取 BufferedReader
文本文件读取 FileReader　　　缓冲区输出 BufferedWriter
文本文件写出 FileWriter　　　清空 flush　　　关闭 close

本 章 小 结

流是数据读/写的一个通道，可以使用该通道读取源中的数据，或把数据送到目的地。输入流的指向称作源，程序从输入流中读取源中的数据；输出流的指向称作目的地，程序向输出流写入数据从而把信息传递到目的地。

在 Java 中使用 File 类的实例表示文件或目录，可以直接使用此类完成文件的各种操作。

输入/输出流主要分为字节流（InputStream、OutputStream）和字符流（Reader、Writer）两种，字节流和字符流类是以抽象类的形式定义，实际操作时都是使用其子类完成。

缓冲字节流和缓冲字符流使用缓冲区提高了操作效率。

DataInputStream 和 DataOutputStream 可提供一些对 Java 基本数据类型写入的方法，像读/写 int、double 和 boolean 等的方法。

字符流类中的 InputSteamReader 和 OutputStreamWriter 类实现字符流和字节流的转换。

RandomAccessFile 类可以从指定位置操作文件内容，也就是可以随机对文件内容访问。

复 习 题

一、选择题

1. Java 语言提供处理不同类型流的类的包是（　　）。
   A. java.sql　　　B. java.util　　　C. java.math　　　D. java.io
2. 下列流中哪一个使用了缓冲区技术？（　　）
   A. BuffereOutputStream　　B. FileInputStream　　C. DataOutputStream　　D. FileReader
3. 要在磁盘上创建一个文件，可以使用哪些类的实例？（　　）
   A. File　　　B. FileOutputStream　　　C. RandomAccessFile　　　D. 以上都对
4. 能对读入字节数据进行 java 基本数据类型判断过滤的类是（　　）。
   A. PrintStream　　B. DataOutputStream　　C. DataInputStream　　D. BuffereInputStream
5. 使用下列哪一个类可以实现在文件的任意一个位置读/写一个记录？（　　）
   A. RandomAccessFile　　B. FileReader　　C. FileWriter　　D. FileInputStream
6. 通常情况下，下列哪一个类的对象可以作为 BufferedReader 类的构造函数的参数？（　　）
   A. InputStreamReader　　B. PrintStream　　C. OutputStreamReader　　D. PrintWriter
7. 若要创建一个新的含有父目录的目录，应该使用下列哪一个类的实例？（　　）
   A. RandomAccessFile　　B. FileOutputStream　　C. File　　D. 以上都对
8. 与 InputStream 流相对应的 Java 系统的标准输入对象是（　　）。
   A. System.in　　B. System.out　　C. System.err　　D. System.exit()
9. FileOutputStream 类的父类是（　　）。
   A. File　　　B. FileOutput　　　C. OutputStream　　　D. InputStream
10. BufferedReader 类的（　　）方法能够读取文件中的一行。
    A. readLine()　　B. read()　　C. line()　　D. close()

二、读程序题

1. 请将下列键盘接收数据的代码补充完整。
```
import java.io.*;
class BRRead{
public static void main(String[]args) _____{
 char c;
 BufferedReader br = new _____(new InputStreamReader(System.in));
 c = _____ ;
 System.out.println(c);
}
}
```

2. 阅读以下代码，并将空格处填写完整。
```
import java.io.*;
public class Test2 {
    public static void main(String args[])throws Exception{
        int a=4;
        BufferedReader br=new BufferedReader(new _____(System.in));
        System.out.println("请输入一个数字");
        String input= _____ ;
        int b=Integer.parseInt(input);
    if(b>a){
      int sum=b/a;
```

```
            System.out.println(sum);
        }else{
         System.out.println("输入错误");
        }
      }
    }
```
当输入的数字是 8 时，那打印输出的结果是_____。

3．下面是从文件中读取字符数据的类，请补全空白处的代码。
```
        FileReader:按照字符方式读取文件内容
        import java.io.*;
        public class Hello{
          public static void main(String args[]){
            try{
              BufferedReader br=new (new FileReader("/home/wuxiaoxiao/1.txt"));
              String in;
              while((            )
                System.out.println(in);
            }catch(IOException e){
             System.out.println(e);
             }
           }
         }
```

三、编程题

1．编写一个程序，从键盘输入一串字符，从屏幕输出并将其存入 a.txt 文件中。
2．利用文件输入/输出流编写一个实现文件复制的程序，源文件名和目标文件名通过命令行参数传入。

第 15 章 线 程

到目前为止，本教材前面所介绍的各个实例都是单线程程序，即运行的 Java 程序在"同一时间"内只会做一个工作，有时需要程序"同时"做多个工作，即所谓多线程（multi-thread）程序，在窗口程序、网络程序中经常使用多线程功能。

Java 是少数的几种支持"多线程"的语言之一。大多数的程序语言只能顺序运行单独一个程序块，但无法同时运行不同的多个程序块。Java 的"多线程"恰可弥补这个缺憾，它可以让不同的程序块一起运行，如此一来可让程序运行更为顺畅，同时也可达到多任务处理的目的。本章对线程的定义、多线程的 Java 实现、线程的调度以及同步进行介绍。

15.1 线程的定义

15.1.1 进程、线程与多线程

进程（process）是程序的一次动态执行过程，它经历了从代码加载、执行到执行完毕的一个完整过程，这个过程也是进程本身从产生、发展到最终消亡的过程。多进程操作系统能同时运行多个进程（程序），由于 CPU 具备分时机制，所以每个进程都能循环获得自己的 CPU 时间片。由于 CPU 执行速度非常快，使得所有程序好像是在"同时"运行一样。进程和线程一样，都是实现并发的一个基本单位。

线程（thread）是比进程更小的执行单位，线程是进程内部单一的一个顺序控制流。所谓多线程是指一个进程在执行过程中可以产生多个线程，这些线程可以同时存在、同时运行，形成多条执行线索。一个进程可能包含了多个同时执行的线程。

与进程不同的是，同类多线程共享一块内存空间和一组系统资源，所以，系统创建多线程开销相对较小。由于各个线程的控制流彼此独立，因此多个线程之间的代码执行是可以按照任何合理的顺序进行的，由此带来了线程的调度和同步问题。

多线程和多任务是两个既有联系又有区别的概念。多任务是针对操作系统而言的，代表着操作系统可以同时执行的程序个数；多线程是针对一个程序而言的，代表着一个进程内部可以同时执行的线程个数，而每个线程可以完成不同的任务。

多线程的执行是并发的。并发不同于并行，并行是指两个线程并行执行，互不干涉，则并行是指宏观上的"并行"，微观上的"分时复用"，如果系统只有一个 CPU，那么真正的并行是不可能的，但是由于 CPU 的速度非常快，如果采用时间片轮转的方法，用户即可从宏观上感觉多个线程是在"并行"执行。

15.1.2 Java 的多线程机制

Java 语言的特点之一就是内置了对多线程的支持。java.lang 包中的线程类 Thread 封装了所有需要的线程控制，可以使用很多方法来控制一个线程的运行、休眠、挂起或停止，这就是 Java 的多线程机制。

使用 Java 的多线程机制编程可将程序的任务分解为几个并行的子任务，通过线程并发执行

来加速程序运行，提高 CPU 的利用率。

15.1.3 主线程

每个 Java 应用程序都有一个默认的主线程。Java 应用程序都是从主类的 main 方法开始执行的，当 JVM 加载代码发现 main 方法后就会启动一个线程，这个线程称为"主线程"并行（main 线程），该线程负责执行 main 方法。在 main 方法的执行过程中再创建其他线程，就称为程序中的其他线程。如果 main 方法中没有创建其他线程，当 main 方法执行完最后一条语句，JVM 会结束该 Java 应用程序，这就是单线程程序。如果 main 方法中又创建了其他线程，那么 JVM 就会在主线程和其他线程之间轮流切换，保证每个线程都有机会使用 CPU 资源。

操作系统让各个进程轮流执行，当轮到 Java 应用程序时，JVM 就保证让 Java 应用程序中的多个线程都有机会使用 CPU 资源，即让多个线程轮流执行。如果计算机有多个 CPU 处理器，那么 JVM 就能充分利用这些 CPU，获得真实的线程并发执行效果。

15.2 线程的创建和运行

作为一种完全面向对象的语言，Java 提供了类 java.lang.Thread 来方便多线程编程，这个类提供了大量的方法来方便操作各个线程。

15.2.1 继承 Thread 类创建线程

1．Thread 类的常用构造方法

①Thread()：创建线程实例。
②Thread（String name）：创建线程实例，指定 name 作为线程实例的名称。
③Thread（Runnable target）：创建线程实例，以实现 Runnable 接口的类的实例作为参数。
④Thread（Runnable target，String name）：创建线程实例，以实现 Runnable 接口的类的实例作为参数，指定 name 作为线程实例的名称。

2．Thread 类的常用方法

①public Thread currentThread()：返回当前正在运行的线程。
②public String getName()：返回线程的名字。
③public void sleep（int m）：线程休眠 m 毫秒。
④public void start()：启动线程。
⑤pubic void run()：线程的主体，由 JVM 自动调用。

Thread 类以上方法中，最重要的方法是 run()方法，它为 Thread 类的 start()方法所调用，提供线程所要执行的代码。

如需要通过 Thread 类创建线程，需要继承 Thread 类，并在创建的 Thread 类的子类中重写 run()方法，加入线程所要执行的代码。

继承 Thread 类创建线程的语法格式如下所示：

```
class 类名称 extends Thread {          //从 Thread 类扩展出子类
    属性 …;                            //类中的属性定义
    方法 …;                            //类中的方法定义
    public void run(){                 //重写 Thread 类的 run()方法,是线程的主体
        …;                             //线程的功能实现
    }
}
```

【例 1】 通过继承 Thread 类创建线程子类 MyThread，在测试类 TestThread 中创建两个线程类实例并启动两个线程。

```
class MyThread extends Thread{                          //Thread 类子类
    private String name ;                                //表示线程的名称
    public MyThread(String name){
        this.name = name;                                //通过构造方法初始化 name 属性
    }
    public void run(){                                   //重写 Thread 类的 run()方
法，作为线程主体
        for(int i=0;i<10;i++){
            System.out.println(name + "运行, i = " + i) ;
        }
    }
}
public class TestThread{
    public static void main(String args[]){
        MyThread mythread1 = new MyThread("线程 A ") ;    //实例化对象
        MyThread mythread2 = new MyThread("线程 B ") ;    //实例化对象
        mythread1.start() ;                              //启动线程
        mythread2.start() ;                              //启动线程
    }
}
```

【例 1】的某次运行结果如图 15-1 所示。

```
---------- 运行 ----------
线程A 运行, i = 0
线程B 运行, i = 0
线程A 运行, i = 1
线程A 运行, i = 2
线程A 运行, i = 3
线程B 运行, i = 1
线程A 运行, i = 4
线程B 运行, i = 2
线程A 运行, i = 5
线程B 运行, i = 3
线程A 运行, i = 6
线程B 运行, i = 4
线程A 运行, i = 7
线程B 运行, i = 5
线程A 运行, i = 8
线程B 运行, i = 6
线程A 运行, i = 9
线程B 运行, i = 7
线程B 运行, i = 8
线程B 运行, i = 9

输出完成 (耗时 0 秒) - 正常终止
```

图 15-1 【例 1】运行结果图

从【例 1】运行结果可以发现，两个线程是交错运行的，哪个线程对象抢到了 CPU 资源，哪个线程就可以运行，所以每次的运行结果是不一样的。如果一个类通过继承 Thread 类实现多线程，只能调用一次 start()方法，如果调用多次，会抛出"java.lang.IllegalThreadStateException"异常。

由于 Java 只支持单继承，如果当一个类继承了其他的类时，就不能通过 Thread 类来创建线程，而是使用 Runnable 接口来实现线程。

15.2.2 实现 Runnable 接口创建线程

Runnable 接口只定义了一个抽象方法 run()，该方法声明如下：

```
public void run();
```

使用 Runnable 接口创建多线程的定义格式如下：

```
class 类名称 implements Runnable{      //实现 Runnable 接口的线程操作类
    属性… ;                             //类中的属性定义
    方法… ;                             //类中的方法定义
```

```
            public void run(){              //重写 Runnable 接口的 run()方法
    线程主体；
        }
}
```

当创建了实现 Runnable 接口的线程子类以后，需要实例化该子类的对象，然后以该对象为参数，创建 Thread 类的对象，再调用 start()方法才能启动线程。因为 start()方法是在 Thread 类中定义的，实现 Runnable 接口的类不能调用 start()方法。本质上，start() 执行的是一个对 run()的调用。

【例 2】 通过实现 Runnable 接口创建线程子类 MyThread，在测试类 TestRunnable 中创建两个线程类实例并启动两个线程。

```
class MyThread implements Runnable{            //实现 Runnable 接口，作为线程的实现类
    private String name ;                      //线程的名称
    public MyThread(String name){
        this.name = name ;                     //通过构造方法初始化 name 属性
    }
    public void run(){                         //重写 run()方法，作为线程主体
        for(int i=0;i<10;i++){
            System.out.println(name + "运行, i = " + i) ;
        }
    }
}
public class TestRunnable{
    public static void main(String args[]){
        MyThread mt1 = new MyThread("线程 A ") ;  //实例化对象
        MyThread mt2 = new MyThread("线程 B ") ;  //实例化对象
        Thread t1 = new Thread(mt1) ;             //实例化 Thread 类对象
        Thread t2 = new Thread(mt2) ;             //实例化 Thread 类对象
        t1.start() ;                              //启动多线程
        t2.start() ;                              //启动多线程
    }
}
```

【例 2】某次运行结果如图 15-2 所示。

图 15-2 【例 2】运行示意图

通过以上两种实现来看，无论是通过继承 Thread 类实现多线程还是通过实现 Runnable 接口实现多线程，其主要任务都是对线程体 run()方法的具体实现。但是线程的启动必须是通过 start()方法实现的。

15.2.3 两种多线程实现机制的比较

Thread 类和 Runnable 接口都可以实现多线程，其结果都是一样的，这两者之间有什么关联呢？通过查看 JDK 文档发现 Thread 类的定义如下：

```
public class Thread extends Object implements Runnable
```

Thread 类实现了 Runnable 接口，也就是说 Thread 类也是 Runnable 接口的一个子类，但是 Thread 类并没有完全实现 Runnable 接口中的 run()方法，因此通过继承 Thread 类实现多线程，必须重写 run()方法。

【例 3】 完成模拟铁路售票系统的 Java 应用程序，实现 3 个售票点同时发售某日某次列车的车票 5 张，一个售票点用一个线程来表示。

思路：一个售票点就是一个线程，3 个售票点即 3 个线程同时运行，售卖车票，注意若车票被卖出，则其他售票点不能再次售出。第一种做法，通过继承 Thread 类完成一个线程模拟铁路售票程序。

```java
class MyThread extends Thread{         //继承 Thread 类
    private int ticket = 5 ;           //表示共有 5 张票
    private String name;
    public MyThread(String name){
        this.name=name;
    }
    public void run(){                 //重写 run()方法
        for(int i=0;i<20;i++){
            if(this.ticket>0){
                System.out.println(name+"卖票: ticket = " + ticket--) ;
            }
        }
    }
}
public class TestThread{
    public static void main(String args[]){
        MyThread mt1 = new MyThread("线程 A") ;
        MyThread mt2 = new MyThread("线程 B") ;
        MyThread mt3 = new MyThread("线程 C") ;
        mt1.start() ;
        mt2.start() ;
        mt3.start() ;
    }
}
```

【例 3】第一种解决方案的运行结果如图 15-3 所示。

```
---------- 运行 ----------
线程B卖票: ticket = 5
线程C卖票: ticket = 5
线程C卖票: ticket = 4
线程A卖票: ticket = 5
线程A卖票: ticket = 4
线程A卖票: ticket = 3
线程A卖票: ticket = 2
线程A卖票: ticket = 1
线程C卖票: ticket = 3
线程B卖票: ticket = 4
线程C卖票: ticket = 2
线程B卖票: ticket = 3
线程B卖票: ticket = 1
线程B卖票: ticket = 2
线程B卖票: ticket = 1
输出完成 (耗时 0 秒) - 正常终止
```

图 15-3　线程售票示意图

第一种解决方案中，程序启动了 3 个线程对象，但这 3 个线程对象，各自拥有车票 ticket 资源，每个线程分别卖出了 5 张票，因此得出结论：用 Thread 类实际上无法达到资源共享的目的。

第二种思路，使用 Runnable 接口完成线程，模拟铁路售票程序，代码如下所示：

```java
class MyThread implements Runnable{    //实现 Runnable 接口
    private int ticket = 5 ;           //表示共有 5 张票
```

```
        public void run(){                    //实现run()方法
            for(int i=0;i<20;i++){
              if(this.ticket>0){
                System.out.println(Thread.currentThread().getName()+"卖票: ticket =" + ticket--) ;
            }
          }
        }
    }
    public class TestThread{
        public static void main(String args[]){
            MyThread mt = new MyThread();
            Thread t1 = new Thread(mt);
            Thread t2 = new Thread(mt);
            Thread t3 = new Thread(mt);
            t1.start() ;
            t2.start() ;
            t3.start() ;
        }
    }
```

第二种思路的运行结果如图 15-4 所示。

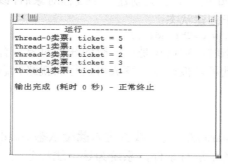

图 15-4 使用 Runnable 完成售票模拟运行图

从程序的输出结果来看，尽管启动了 3 个线程对象，但是结果都是操纵了同一个车票资源 ticket，实现了资源共享的目的。

实现 Runnable 接口相对于继承 Thread 类来说，有以下几个优点：

①可以避免由于 Java 的单继承特性带来的局限；

②多个相同程序代码的线程去处理同一资源的情况，把虚拟 CPU（线程）同程序的代码、数据有效分离，较好地体现了面向对象的设计思想；

③增强了程序的健壮性，代码能够被多个线程共享，代码与数据是独立的；

④当多个线程的执行代码来自同一个类的实例时，即称它们共享相同的代码。多个线程可以操作相同的数据，与它们的代码无关；

⑤当共享访问相同的对象时，即共享相同的数据。当线程被构造时，需要的代码和数据通过一个对象作为构造方法实参传递进去，这个对象就是一个实现了 Runnable 接口的类的实例。

15.3 线程状态

15.3.1 线程的状态

任何事物都有一个生命周期，线程也不例外，任何线程一般具有五种状态，即创建、就绪、运行、阻塞、死亡。线程从新建到消亡的状态变化过程称为**线程的生命周期**，线程状态的转移与方法之间的关系可用图 15-5 来表示。

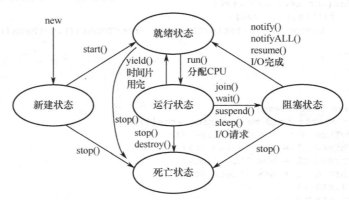

图 15-5 线程的生命周期图

1．新建状态

使用 new 关键字和 Thread 类或其子类创建一个线程对象后，该线程就处于**新建状态**。例如，执行下列语句时，线程就处于创建状态：

```
Thread myThread = new MyThread( );
```

当一个线程处于创建状态时，它仅仅是一个空的线程对象，有自己的内存空间，但系统不为它分配资源。此时的线程既可以被调度，变成可运行的就绪状态；也可以被杀死，变成死亡状态。

2．就绪状态

新建状态的线程调用了 start() 方法，该线程进入**就绪状态**（ready state），如 myThread.start()。处于就绪状态的线程已经具备了运行条件，系统为这个线程分配了它需要的系统资源，但还没有分配到 CPU，因而进入线程就绪队列，等待系统为其分配 CPU。处于就绪状态的线程什么时候可以真正运行，取决于系统的调度策略和当前就绪队列的情况。

一旦获得 CPU，线程就进入运行状态并自动调用自己的 run() 方法。

3．运行状态

运行状态（running state）表明线程正在运行，该线程已经拥有了对 CPU 的控制权。当就绪状态的线程被调用并获得处理器资源时，线程就进入了运行状态。此时，自动调用该线程对象的 run() 方法。run() 方法定义了该线程的操作和功能。

处于运行状态的线程在下列情况下将让出 CPU 的控制权：线程运行完毕、有比当前线程更高优先级的线程处于可运行状态、线程主动睡眠一段时间、线程在等待某一资源。

4．堵塞状态

处于运行状态的线程，因为某种原因，将让出 CPU 并暂时终止自己的运行，进入**阻塞状态**（block state）。

在阻塞状态的线程不能进入就绪队列。只有当引起阻塞的原因消除时，如睡眠时间已到，或等待的 I/O 设备空闲下来，线程便转入就绪状态，重新到就绪队列中排队等待 CPU 资源。当再次获得 CPU 时，便从原来终止位置开始继续运行。

一般情况下，导致线程进入阻塞状态包括下列原因：

①JVM 将 CPU 资源从当前线程切换给其他线程，使本线程让出 CPU 的使用权，并处于中断状态。

②线程使用 CPU 资源期间，执行 sleep()方法，使当前线程进入休眠状态。sleep()方法是 Thread 类的一个静态方法，线程一旦执行了 sleep()方法，就会立刻让出 CPU 的使用权，使当前线程处于中断状态。经过参数指定的毫秒数之后，该线程就重新进到线程队列中排队等待 CPU 资源，以便从中断处继续运行。

③线程使用 CPU 资源期间，执行了 wait()方法，使得当前线程进入等待状态。等待状态的线程不会主动进到线程队列中排队等待 CPU 资源，必须由其他线程调用 notify()方法通知它，使得它重新进到线程队列中排队等待 CPU 资源，以便从中断处继续运行。

④线程使用 CPU 资源期间，执行某个操作进入阻塞状态，如执行读/写操作引起阻塞，进入阻塞状态时线程不能进入排队队列，只有当引起阻塞的原因消除时，线程才重新进到线程队列中排队等待 CPU 资源，以便从原来中断处开始继续运行。

5．死亡状态

死亡状态（dead state）是线程生命周期中的最后一个阶段，处于死亡状态的线程不具有继续运行的能力。线程死亡的原因有两个：一个是正常运行的线程完成了它的全部工作；另一个是线程被强制性地终止，如通过执行 stop 或 destroy 方法来终止一个线程。但是调用 stop()或 destroy()终止线程不被推荐，因为前者会产生异常，后者是强制终止。

15.3.2　线程的调度

1．线程调度

线程调度（thread scheduling）是指按照特定机制在就绪队列中选择某个线程分配 CPU 的使用权，为了加强对线程的调度，最简单的方式是设定线程的相对优先级，指示操作系统哪个线程更重要。

线程调度器按线程优先级（thread priority）的高低选择高优先级线程执行，同时线程调度是抢先式调度，即如果在当前线程执行过程中，一个更高优先级的线程进入就绪状态，则这个线程立即被调度执行。抢先式调度又分为**时间片方式**和**独占方式**。

在时间片方式下，当前活动线程执行完当前时间片后，如果有其他处于就绪状态的相同优先级的线程，系统会将执行权交给其他就绪态的同优先级线程，当前活动线程转入等待执行队列，等待下一个时间片的调度。

在独占方式下，当前活动线程一旦获得执行权，将一直执行下去，直到执行完毕或由于某种原因主动放弃 CPU，或者是有一高优先级的线程处于就绪状态。

下面几种情况下，当前线程会放弃 CPU：

①线程调用了 yield()或 sleep()方法主动放弃 CPU；

②由于当前线程进行 I/O 访问，外存读/写，等待用户输入等操作，导致线程阻塞；

③为等候一个条件变量，线程调用 wait()方法。

抢先式系统下，由高优先级的线程参与调度；时间片方式下，当前线程的时间片用完，由同优先级的其他线程参与调度。

【例 4】　在主线程中用 Thread 类创建 2 个线程，分别在命令行窗口输出线程名及执行循环次数（都是 10 次），主线程在命令行窗口输出线程名及执行循环次数（5 次）。

```
public class ThreadSched {
    public  static void main(String args[]) { //主线程
        Thread1  thread1=new Thread1();
        Thread2  thread2=new Thread2();
        thread1.start();                       //启动线程
        thread2.start();                       //启动线程
```

```
            for(int i=1;i<=5;i++) {
                System.out.print(Thread.currentThread().getName()+":"+i+"  ");
            }
        }
    }
    class Thread1 extends Thread {
      public void run() {
        for(int i=1;i<=10;i++) {
            System.out.print(Thread.currentThread().getName()+":"+i+"  ");
        }
      }
    }
    class Thread2 extends Thread {
      public void run() {
        for(int i=1;i<=10;i++) {
            System.out.print(Thread.currentThread().getName()+":"+i+"  ");
        }
      }
    }
```

【例 4】运行结果如图 15-6 所示。

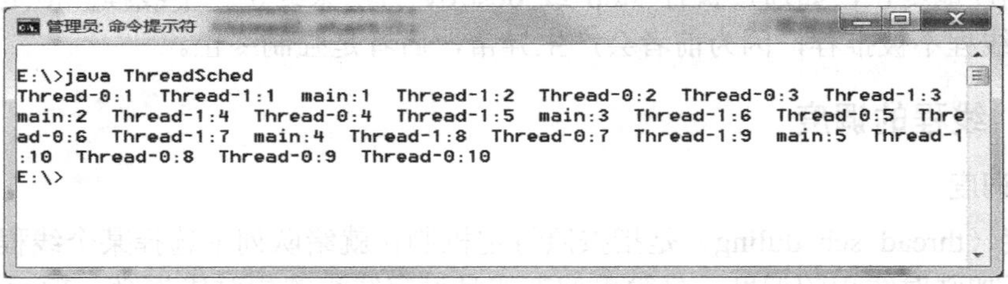

图 15-6 【例 4】运行结果示意图

运行结果分析如下：

首先，VM 首先将 CPU 资源分配给主线程。

主线程在执行了

```
    Thread1  thread1=new Thread1();
    Thread2  thread2=new Thread2();
    thread1.start();
    thread2.start();
```

4 条语句后，JVM 虚拟机已经知道程序有 3 个线程：main 线程、Thread-0 线程和 Thread-1 线程，它们要轮流使用 CPU 资源。因此，接下来 JVM 让 main 线程、Thread-0 线程和 Thread-1 线程轮流使用 CPU 资源，输出下列结果：

```
      Thread-0:1    Thread-1:1   main:1    Thread-1:2    Thread-0:2     Thread-0:3      Thread-1:3
main:2 Thread-1:4   Thread-0:4   Thread-1:5    main:3    Thread-1:6    Thread-0:5     Thread-0:6
Thread-1:7 main:4  Thread-1:8   Thread-0:7   Thread-1:9  main:5
```

这时 main 线程的 main 方法结束，进入死亡状态，因此，JVM 不再将 CPU 资源分配给 main 线程，但是 Java 程序还没结束，因为还有两个线程 Thread-0 线程和 Thread-1 线程没有死亡。

JVM 轮流使 Thread-0 线程和 Thread-1 线程使用 CPU 资源，再输出如下结果：

```
    Thread-1:10
```

这时 Thread-1 线程结束，进入死亡状态，JVM 知道现在程序只有一个线程 Thread-0 线程需要 CPU 资源，因此，JVM 让 Thread-0 线程使用 CPU 资源，再输出如下结果：

```
    Thread-0:8   Thread-0:9   Thread-0:10
```

这时，Java 程序的所有线程都结束了，JVM 结束 Java 程序的执行。

注意，本程序在不同的计算机运行或在同一台计算机上运行的结果不尽相同，输出结果依赖当前 CPU 资源的使用情况。

2. 线程的优先级

为了能调度处于就绪状态的线程，需要设置线程的优先级，JVM 中的线程调度器负责管理线程，调度器把线程的优先级分为 10 个级别，分别用 Thread 类中的类常量表示。

每个 Java 线程的优先级都在常数 1～10 之间，即 Thread.MIN_PRIORITY 和 Thread.MAX_PRIORITY 之间。如果没有明确地设置线程的优先级别，每个线程的优先级都为常数 5，即 Thread.NORM_PRIORITY。

线程的优先级可以通过 setPriority（int grade）方法调整，该方法需要一个 int 类型参数。如果此参数不在 1～10 的范围内，那么 setPriority 便产生一个 IllegalArgumenException 异常。getPriority 方法返回线程的优先级。**需要注意的是有些操作系统只能识别 3 个级别：1，5，10。**

Java 调度器的任务是使高优先级的线程能始终运行，一旦 CP 空闲，则使具有同等优先级的线程以轮流的方式顺序使用 CPU。

也就是说，如果有 A、B、C、D 四个线程，A 和 B 的级别高于 C、D，那么，Java 调度器首先会以轮流的方式执行 A 和 B，一直等到 A、B 都执行完毕进入死亡状态，才会在 C、D 之间轮流切换。

【例 5】 线程优先级的使用。

```java
public class PriorityDemo {
  public static void main(String[] args) {
    Thread t1 = new MyThread1();
    Thread t2 = new MyThread2();
    Thread t3 = new Thread(new MyRunnable1());
    Thread t4 = new Thread(new MyRunnable2());
    t1.setPriority(10); //设置线程的优先级，10 为最高优先级
    t2.setPriority(10);
    t3.setPriority(1);   //设置线程的优先级，1 为最低优先级
    t4.setPriority(1);
    t1.start();
    t2.start();
    t3.start();
    t4.start();
  }
}
class MyThread1 extends Thread {
  public void run() {
    for (int i=0;i<3;i++) {
      System.out.println("线程 1 第"+i+"次执行！");
    }
  }
}
class MyThread2 extends Thread {
  public void run() {
    for (int i=0;i<3;i++) {
      System.out.println("线程 2 第"+i+"次执行！");
    }
  }
}
class MyRunnable1 implements Runnable {
  public void run() {
    for (int i=0;i<3;i++) {
      System.out.println("线程 3 第"+i+"次执行！");
    }
  }
}
class MyRunnable2 implements Runnable {
  public void run() {
    for (int i=0;i<3;i++) {
```

```
            System.out.println("线程4第"+i+"次执行! ");
        }
    }
}
```

【例5】中线程1和线程2优先级均为10,线程3和线程4优先级均为1,因此,优先级高的线程1和线程2执行完毕后才执行优先级低的线程3和线程4。当然,在程序运行过程中,并不是说优先级高的一定就会先执行,优先级高的线程是获得较多的执行机会,优先级低的线程是获得较少的执行机会。

在实际编程时,不提倡使用线程的优先级来保证算法的正确执行。要编写正确、跨平台的多线程代码,必须假设线程在任何时刻都有可能被剥夺 CPU 资源的使用权。

15.3.3 线程操作方法

Java 中操作线程的方法在 Thread 类中定义,表 15-1 给出 Thread 类常用的方法。

表 15-1 线程常见操作方法

No.	方法名称	描 述
1	public static Thread currentThread()	返回目前正在执行的线程
2	public final String getName()	返回线程的名称
3	public final int getPriority()	返回线程的优先级
4	public boolean isInterrupted()	判断目前线程是否被中断,如果是,返回 true,否则返回 false
5	public final boolean isAlive()	判断线程是否是活动线程
6	public final void join() throws InterruptedException	等待线程死亡
7	public void run()	执行线程
8	public final void setName(String name)	设定线程名称
9	public final void setPriority(int newPriority)	设定线程的优先级
10	public static void sleep(long millis) throws InterruptedException	使目前正在执行的线程休眠 millis 毫秒
11	public void start()	开始执行线程
12	public static void yield()	将目前正在执行的线程暂停,允许其他线程执行
13	public final void setDaemon(boolean on)	将一个线程设置成后台运行
14	public final void setPriority(int newPriority)	更改线程的优先级

1. 获取和设置线程名称

在 Thread 类中,可以通过 getName()方法取得线程的名称,通过 setName()方法设置线程的名称。

线程的名称一般在启动线程前设置,但也允许为已经运行的线程设置名称。如果程序并没有为线程指定名称，则系统会自动地为线程分配一个名称。

【例6】 获取和设置线程名称。

```java
class MyThread implements Runnable{
  public void run(){
     for(int i=0;i<3;i++){  //获取线程名
        System.out.println(Thread.currentThread().getName()+" 执行第 "+i+" 循环");
     }
  }
}
public class GetName {
    public static void main(String args[]) {
        MyThread my = new MyThread();
        Thread t1=new Thread(my);            //系统自动设置线程名称
        Thread t2=new Thread(my,"线程 A");    //手工设置线程名称
        Thread t3=new Thread(my);            //系统自动设置线程名称
      t1.setName("线程 B");                   //设置线程名
      t3.setName("线程 C");                   //设置线程名
      t1.start();
      t2.start();
      t3.start();
    }
}
```

2. 判断线程是否启动

线程处于"新建"状态时，线程调用 isAlive()方法返回 false。当一个线程调用 start()方法，并占有 CPU 资源后，该线程的 run()方法就开始运行。在线程的 run()方法结束之前，即没有进入死亡状态之前，线程调用 isAlive()方法返回 true。当线程进入"死亡"状态后（实体内存被释放），线程仍可以调用方法 isAlive()，这时返回的值是 false。

【例7】 判断线程是否启动。

```java
class MyThread implements Runnable {
    public void run() {
        for (int i = 0; i < 3; i++) {
            System.out.println(Thread.currentThread().getName()
                + "运行 --> " + i);
        }
    }
}
public class ThreadAlive{
    public static void main(String args[]) {
        MyThread mt = new MyThread();
        Thread t = new Thread(mt, "线程");
        System.out.println("线程开始执行之前 --> "+t.isAlive());//判断是否启动
        t.start();                                              //启动线程
        System.out.println("线程开始执行之后 --> "+t.isAlive());//判断是否启动
        for (int i=0;i<3;i++) {
            System.out.println(" main 运行 --> "+i);
        }
        System.out.println("代码执行之后 --> " +t.isAlive());
    }
}
```

3. 线程的强制运行

在线程操作中，可以使用 join()方法让一个线程强制运行，线程强制运行期间，其他线程无法运行，必须等待此线程完成之后才可以继续执行。

【例8】 线程的强制运行。

```java
class MyThread implements Runnable {
    public void run(){
```

```
                for (int i=0;i<5;i++){
                    System.out.println(Thread.currentThread().getName()+"运行-->"+i);
                }
            }
        }
        public class ThreadJoin{
            public static void main(String args[]){
                MyThread mt = new MyThread();
                Thread t=new Thread(mt, "Thread 1");
                t.start();
                for (int i=0;i<5;i++){
                    if(i>2){
                        try{
                            t.join();//线程 t 进行强制运行
                        } catch (Exception e) {}
                    }
                    System.out.println("Main 线程运行-->"+i);
                }
            }
        }
```

4. 线程的休眠

在程序中允许一个线程进行暂时的休眠,可以使用 Thread.sleep()方法实现休眠。调用 sleep()方法会使得线程让出 CPU 资源,进入就绪队列,从而让低优先级的线程运行,以提高程序的整体效率。使用此方法还可以实现延时效果。

【例9】 使用 sleep 方法实现线程休眠。

```
        class MyThread implements Runnable{
            public void run(){
                for (int i=0;i<5;i++){
                    try{
                        Thread.sleep(500);  //线程休眠 0.5 秒
                    }catch(Exception e){}
                    System.out.println(Thread.currentThread().getName()+"运行, i="+i);
                }
            }
        }
        public class ThreadSleep {
            public static void main(String args[]){
                MyThread mt=new MyThread();
                new Thread(mt,"线程").start();
            }
        }
```

5. 中断线程

在主线程中通过调用 interrupt()方法可以使进入休眠状态的子线程提前唤醒。

【例10】 使用 interrupt 方法中断休眠线程。

```
        class MyThread implements Runnable {
           public void run() {
              System.out.println("1.进入 run()方法休眠");
              try {
                 System.out.println("2.线程休眠 2 秒");
                 Thread.sleep(2000);//这里休眠 2 秒
                 System.out.println("3.线程正常休眠完毕");
              } catch (InterruptedException e) {
                 System.out.println("4.线程发生异常休眠被中断");
                 return;
              }
              System.out.println("5.线程正常结束 run()方法");
           }
```

```
    }
public class ThreadInterrupt {
 public static void main(String[] args) {
  MyThread mt = new MyThread();
  Thread t = new Thread(mt,"线程A");
  t.start();                    //启动线程
  try {
   Thread.sleep(1000);         //保证线程至少执行1秒
  } catch (InterruptedException e) {
   e.printStackTrace();
  }
  t.interrupt();                //中断线程
 }
}
```

【例 10】中,一个线程启动后进入了休眠状态,设定休眠 2 秒之后继续执行线程体,由于主方法在启动线程之后 1 秒就将其中断,休眠一旦中断就转向执行 catch 语句块中的语句,如果将主线程中的休眠时间改为 3 秒,即 sleep(3000),那么程序运行会是什么结果呢?

15.4 线程的同步

Java 程序中可以存在多个线程,由于线程调度的原因,当两个或两个以上的线程同时操作一个变量,即多个线程需要共享资源时,可能使变量的操作结果出现问题,这种情况下程序必须作出相应处理,若多个线程同时操作一个变量,使用某种方式来确定该资源在某一刻仅被一个线程占用。

要想解决这样的问题,就必须使用同步机制。所谓线程同步就是若干个线程都需要使用一个同步(synchronized)修饰的方法,即程序中的多个线程都需要使用同一个方法,而这个方法用 synchronized 给予了修饰。多个线程调用 synchronized 方法时必须遵守同步机制。

线程同步机制是指当一个线程 A 使用 synchronized 方法时,其他线程必须等待线程 A 使用完该 synchronized 方法后才能使用,而且一个时间只能是一个线程使用该 synchronized 方法。

同步可以分为同步代码块和同步方法两种方式。

15.4.1 同步代码块

同步代码块语法格式如下所示:

```
…
synchronized(对象){
需要同步的代码 ;
}
…
```

在使用同步代码块时必须制定一个需要同步的对象,一般都把当前对象设置为同步对象。

【例 11】 使用同步代码块,修改售票程序。

```
class MyThread implements Runnable{
private int ticket = 5 ;                    //共有5张票
    public void run(){
       for(int i=0;i<100;i++){
            synchronized(this){              //对当前对象进行同步
                if(ticket>0){                //还有票
                   try{
                       Thread.sleep(300) ;   //加入延迟
                   }catch(InterruptedException e){
                       e.printStackTrace() ;
                   }
```

```
                       System.out.println(Thread.currentThread().getName()+"卖
票:ticket="+ticket-- );
                   }
               }
           }
       }
       public class TestSync02{
           public static void main(String args[]){
               MyThread mt = new MyThread();
               Thread t1 = new Thread(mt);
               Thread t2 = new Thread(mt);
               Thread t3 = new Thread(mt);
               t1.start();
               t2.start();
               t3.start();
           }
       }
```

运行结果：

【例 11】将售票的 if(tickets>0)的语句放入 synchronized 语句内，形成了同步代码块。在同一时刻只能有一个线程可以进入同步代码块内运行，只有当该线程离开同步代码块后，其他线程才能进入同步代码块内运行。这样就不会出现卖出票为 0 或负数的情况出现，从而保证 if 售票语句代码段原子性。

15.4.2 同步方法

除了可以对代码块进行同步外，也可以对方法实现同步，只要在需要同步的方法定义前加上 synchronized 关键字即可。

同步方法语法格式如下所示：

```
访问控制符 synchronized 返回值类型 方法名称(参数){
//方法体
}
```

【例 12】 使用同步方法，修改售票程序，实现同步。

```
class MyThread implements Runnable{
    private int ticket = 5;                    //共有 5 张票
    public void run(){
        for(int i=0;i<20;i++){
            this.sale();                       //调用同步方法
        }
    }
    public synchronized void sale(){           //声明同步方法
        if(ticket>0){                          //还有票
            try{
                Thread.sleep(300);             //休眠 300 毫秒
            }catch(InterruptedException e){
                e.printStackTrace() ;
            }
            System.out.println(Thread.currentThread().getName()+"卖票: ticket="
+ticket--);
        }
    }
}
public class TestSync03{
    public static void main(String args[]){
        MyThread mt = new MyThread();
        Thread t1 = new Thread(mt);
        Thread t2 = new Thread(mt);
        Thread t3 = new Thread(mt);
```

```
            t1.start() ;
            t2.start() ;
            t3.start() ;
    }
}
```

关 键 术 语

进程 process   线程 Thread   多线程 multi-Thread   就绪状态 ready state
运行状态 running statement   阻塞状态 block state   死亡状态 dead state
线程调度 thread scheduling   线程优先级 thread priority

本 章 小 结

线程是比进程更小的执行单位。一个进程在其执行过程中，可以产生多个线程，形成多条执行线索，每个线索，即每个线程有自己的创建、运行和消亡的过程。

实现线程的两种方法：继承 Thread 类和实现 Runnable 接口，Thread 类在类中没继承其他类的情况下使用，而 Runnable 接口通常本类中继承了其他类时，而有不得不线程的时候使用，但这两个实现线程的方法都得用 start()方法启用一个线程，然后自动去调用 run()方法，确定线程实现的内容。

JVM 中的线程调度器负责管理线程，在采用时间片的系统中，每个线程都有机会获得 CPU 的使用权。

线程创建后仅仅分配了内存资源，必须调用 start()方法启动线程，线程进入就绪队列等待获取 CPU 资源。

当多个线程对象操作统一资源时，需要使用 synchronized 关键字来进行资源的同步处理。

复 习 题

一、选择题

1. 实现线程的创建有（ ）方式。
   A．一种   B．两种   C．三种   D．四种
2. 当（ ）方法终止时，能使线程进入死亡状态。
   A．run()   B．setPriority()   C．yield()   D．sleep()
3. 使新创建的线程参与运行调度方法是（ ）。
   A．run()   B．start()   C．init()   D．resume()
4. 线程生命周期中正确的状态是（ ）。
   A．新建状态、运行状态和消亡状态
   B．新建状态、运行状态、阻塞状态和消亡状态
   C．新建状态、可运行状态、运行状态、阻塞状态和消亡状态
   D．新建状态、可运行状态、运行状态、恢复状态和消亡状态
5. 下列有关线程的叙述哪个是正确的？（ ）。
   A．一旦一个线程被创建，它就立即开始运行
   B．调用 start()方法可以使一个线程成为可运行的，但是它不一定立即开始运行

C. 主线程不具有默认优先级

D. Java 中线程的优先级从低到高以整数 0～9 表示

6. 用 Thread 子类实现多线程的步骤顺序是（　　）。

A. 声明 Thread 类的子类，创建 Thread 子类的实例，让线程调用 start()方法

B. 声明 Thread 类的子类，在子类中重新定义 run()方法，创建 Thread 子类的实例

C. 创建 Thread 子类的实例，让线程调用 start()方法

D. 声明 Thread 类的子类，在子类中重新定义 run()方法，创建 Thread 子类的实例，让线程调用 start()方法

7. 关于以下程序段的执行结果，说法正确的是（　　）。

```
public class Borley extends Thread{
public static void main(String argv[]){
Borley b = new Borley();
b.start();
}
public void run(){
System.out.println("Running");
}
}
```

A. 编译通过并执行，但无输出　　　　B. 编译通过并执行，输出 Running

C. 产生错误，没有 Thread 类对象　　　D. 产生错误，没有通道到达 Thread 包

8. 关于线程的同步，下面说法正确的是（　　）。

A. 线程的同步完全由系统来实现，用户不需要定义线程间的同步

B. 在对共享资源以互斥的方式访问时，需要用户定义线程间的同步

C. 线程的同步与线程的优先级有关

D. 线程的同步就是线程的调度

二、阅读程序题

1. 定义类 ThdTest，其父类为 Thread 类；并在主方法中创建一个 ThdTest 的对象，同时启动该线程对象。请完成程序。

```
//声明类 ThdTest，其父类为 Thread 类
       (1)          {
  public void run(){
     for(int i = 0; i < 10; i++){
        //输出当前线程的名字和 i 的值
              (2)
        try{
//让当前线程休眠 100ms
          (3)
}catch(Exception e){ e.printStackTrace ();}
}
}
}
public class Demo{
  public static void main(String[] args){
     //创建一个 ThdTest 的对象
           (4)
     //启动线程对象，使其进入就绪状态
           (5)
}
}
```

2. 定义类 ThdDemo，实现接口 Runnable；并在主方法中创建一个 ThdDemo 的对象 td，然后使用对象 td 创建一个线程对象，同时启动该线程对象。请完成程序。

```
//声明类 ThdDemo，实现接口 Runnable
class ThdDemo implements Runnable{
```

```
        public void run(){
          for(int i = 0; i < 10; i++){
              //输出当前线程的名字和i的值
              System.out.println(Thread.currentThread().getName() + ":" + i);
              try{
//让当前线程休眠100ms
_____(1)_____
}catch(Exception e){ e.printStackTrace ();}
       }
      }
     }
     public class Demo{
       public static void main(String[] args){
           //创建一个ThdDemo的对象td
_____(2)_____
           //使用td创建线程对象
_____(3)_____
           //启动线程对象，使其进入就绪状态
_____(4)_____
       }
     }
```

3. 下列程序的功能是在监控台上每隔一秒钟显示一个字符串"Hello"，能够填写在程序中下划线位置，使程序完整并能正确运行的语句是

```
public class Test implements Runnable{
public static void main(String args[]){
Test t=new Test();
Thread tt=new Thread(t);
tt.start();
}
public void run(){
for(;true;){
try{
_____ ;
}catch(_____e){}
System.put.println("Hello");
}
}
}
```

三、编程题

1. 编写一个多线程程序实现如下功能：线程 A 和线程 B 分别在屏幕上显示信息"A start""B start"后调用 wait 等待；线程 C 开始后调用 sleep 休眠一段时间，然后调用 notifyall，使线程 A 和线程 B 继续运行。线程 A 和线程 B 恢复运行后输出信息"A END""B END"后结束，线程 C 在判断线程 A 线程 B 结束后，自己也结束运行。

2. 设计 4 个线程，其中两个线程每次对 j 增加 1，另外两个线程对 j 每次减少 1。写出程序。

3. 创建两个线程，每个线程打印出线程名字后再睡眠，给其他线程以执行的机会，主线程也要打印出线程名字后再睡眠，每个线程前后共睡眠 5 次。

附录 A　Java 的下载、安装与配置

一、Java 下载

下载 Java 安装包，需要在浏览器的地址栏输入下载网址 http://www.oracle.com/technetwork/java/javase/downloads/index.html，进入下载页面，如图 A-1 所示。

图 A-1　Java 下载页面图

在图 A-1 中选择 Java SE Downloads，跳转页面，如图 A-2 所示，根据计算机的软硬件设置选择下载链接，开始下载。下载完毕，会在保存的地方看到一个压缩包文件，即 JDK 安装包。

Java SE Development Kit 8u91
You must accept the Oracle Binary Code License Agreement for Java SE to download this software.
Accept License Agreement　Decline License Agreement

Product / File Description	File Size	Download
Linux ARM 32 Hard Float ABI	77.72 MB	jdk-8u91-linux-arm32-vfp-hflt.tar.gz
Linux ARM 64 Hard Float ABI	74.69 MB	jdk-8u91-linux-arm64-vfp-hflt.tar.gz
Linux x86	154.74 MB	jdk-8u91-linux-i586.rpm
Linux x86	174.92 MB	jdk-8u91-linux-i586.tar.gz
Linux x64	152.74 MB	jdk-8u91-linux-x64.rpm
Linux x64	172.97 MB	jdk-8u91-linux-x64.tar.gz
Mac OS X	227.29 MB	jdk-8u91-macosx-x64.dmg
Solaris SPARC 64-bit (SVR4 package)	139.59 MB	jdk-8u91-solaris-sparcv9.tar.Z
Solaris SPARC 64-bit	98.95 MB	jdk-8u91-solaris-sparcv9.tar.gz
Solaris x64 (SVR4 package)	140.29 MB	jdk-8u91-solaris-x64.tar.Z
Solaris x64	96.78 MB	jdk-8u91-solaris-x64.tar.gz
Windows x86	182.11 MB	jdk-8u91-windows-i586.exe
Windows x64	187.41 MB	jdk-8u91-windows-x64.exe

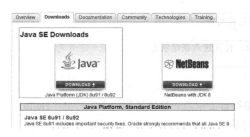

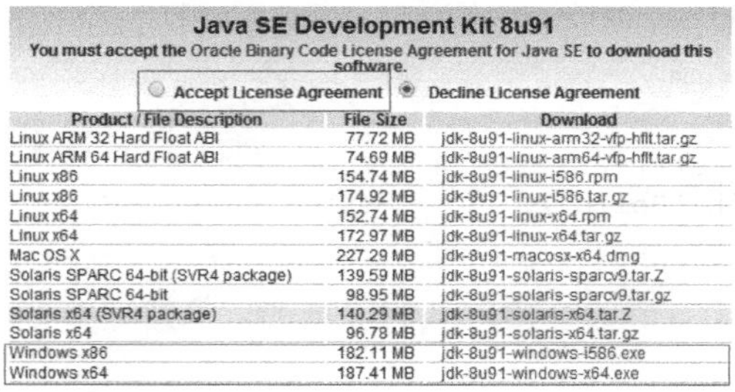

图 A-2　Java 软硬件配置选择图

二、Java 安装

Java 安装，包括 JDK 安装和 JRE 安装，首先双击安装文件，显示图 A-3 所示内容，开始安装，单击下一步，进入 JDK 定制安装界面。

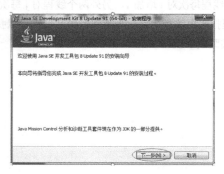

图 A-3　Java 软件安装图

图 A-4 界面为 JDK 定制安装界面,可以选择安装内容、更改 JDK 安装文件夹。JDK 默认安装在 C 盘下,如果需要改变安装目录,则需要单击"更改"按钮,去修改安装目录,也可以单击列表前的下拉三角形,选择是否安装某项内容,修改完成,单击"下一步"按钮,开始安装 JDK。

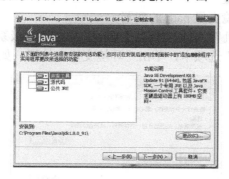

图 A-4 选择 JDK 的安装文件夹图

在 JDK 安装完成后,开始安装 JRE,如图 A-5 所示,JRE 默认安装在 C 盘,如果修改了 JDK 安装目录,建议同时修改 JRE 的安装文件夹,将 JDK 和 JRE 安装在同一个文件夹下。若要修改安装文件夹,需单击"更改"按钮。

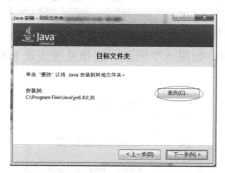

图 A-5 JRE 选择安装文件夹图

更改安装文件夹后,单击"下一步"按钮,开始安装 JRE,安装完成。

Java 安装文件夹介绍

安装完成后,在 Java 安装目录下包含两个文件夹,JDK 文件夹和 JRE 文件夹,JDK 为 Java 的开发工具箱,JRE 为 Java 的运行环境文件夹。

在 JDK 下包含下列文件夹:

①bin 文件夹:存放 Java 的编译器和其他 Java 命令工具执行文件。
②lib 文件夹:存放 Java 的类库,主要是 Jar 包文件。
③Include 文件夹:里面包含 C 语言的头文件,支持 Java 本地接口和 Java 虚拟机调试程序接口的本地代码编程。
④jre 文件夹:JDK 使用的 Java 运行环境(JRE)的根目录。
⑤db 文件夹:Java 开发的数据库 Derby 所在的文件夹。

在 JRE 下包括下列文件夹:

①bin 文件夹:包含运行 Java 程序需要的执行文件和 dll 等库文件。
②lib 文件夹:包含运行 Java 程序需要的核心代码库。

三、Java 环境的配置

安装完 JDK 后需要配置环境变量 path 和 classpath，首先设置环境变量 path。

1. 环境变量 path 的配置

按照下列步骤，完成环境变量 path 的配置。

在桌面上，右键"计算机"，选择"属性"选项，单击"高级系统设置"按钮，弹出"系统属性"对话框，选择"高级"选项卡，单击"环境变量"按钮，如图 A-6 所示。

图 A-6 选择环境变量图

在"环境变量"对话框中，如图 A-7 所示，选择系统变量 Path，单击"编辑"按钮，准备添加 Java 路径变量 Path。

图 A-7 系统变量 Path 选择图

将光标移至变量值的最后，将已安装的 JDK 下 bin 文件夹的路径输入到最后如图 A-8 所示，例如：D:\Program Files\Java\jdk1.8.0_91\bin。

注意若原来 Path 的变量值末尾没有分号（;），则需要先输入分号再输入文件夹的路径。

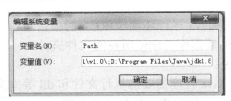

图 A-8 path 变量编辑图

2. 设置环境变量 classpath

设置环境变量 classpath 与 path 变量设计相似，按照下列步骤，完成环境变量 classpath 的配置。

在桌面上，右键"计算机"，选择"属性"选项，单击"高级系统设置"按钮，弹出系统属性对话框，选择"高级"选项卡，单击"环境变量"按钮。

在系统变量下，单击"新建"按钮，新建 classpath 变量。

在"新建系统变量"对话框下，如图 A-9 所示，输入变量名 classpath，变量值为当前路径"."，JDK 安装文件夹 lib 下 tools.jar、dt.jar 文件所在的具体路径如；D:\Program Files\Java\jdk1.8.0_91\lib\tools.jar；D:\Program Files\Java\jdk1.8.0_91\lib\dt.jar。**注意路径以分号分隔。**

图 A-9　classpath 变量新建图

附录 B Eclipse 下载与安装

Eclipse 是目前 IT 行业的常用的 Java 集成开发环境（IDE），是一个开放源代码的、基于 Java 的可扩展开发平台。Eclipse 最初是由 IBM 公司开发的 IDE 开发环境，2001 年 11 月贡献给开源社区，现在由非营利软件供应商联盟 Eclipse 基金会（Eclipse Foundation）管理。目前该软件不仅支持 Java 开发，而且通过插件方式支持 C/C++、python、PHP、Android 等编程语言的开发。下面从 Eclipse 的下载、安装，以及 Eclipse 的基础使用等对其进行介绍。

一、下载 Eclipse

在浏览器的地址栏输入网址 http://www.eclipse.org/downloads/，即可跳转到 Eclipse 的下载页面如图 B-1 所示。根据开发语言、项目、计算机的软硬件环境选择相应下载链接，在图中用红色矩形包着为最新版本的下载链接，单击下载链接，跳转页面，选择镜像文件的下载地址。

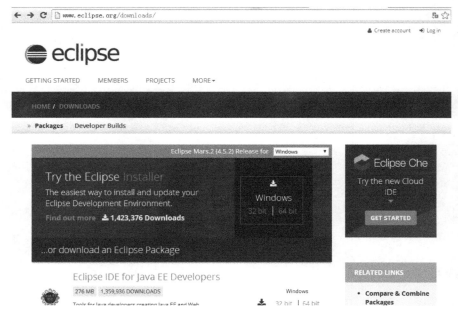

图 B-1 Eclipse 下载页面图

在选择镜像文件的下载地址时，可以直接单击 download 下载链接，或者选择 china 国内的镜像文件的下载链接，即可开始下载，下载完毕，会在保存的地方看到一个压缩包文件，即为 eclipse 安装包。

二、Eclipse 安装

单击安装文件，出现图 B-2 所示界面，单击选择安装"Eclipse IDE for Java Developers"，出现图 B-3 界面。

附录 B　Eclipse 下载与安装　**327**

图 B-2　Eclipse 安装开始图

在图 B-3 界面上选择 Eclipse 的安装目录，可以单击矩形包起来的文件夹，可以修改安装目录，同时在此界面上可以选择是否创建桌面图标和在开始菜单中创建目录，单击"INSTALL"按钮，开始安装至完成。

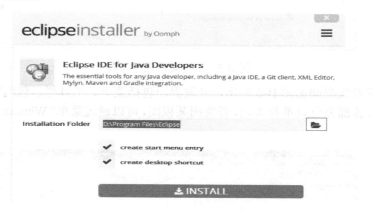

图 B-3　Eclipse 安装配置图

三、Eclipse 开发环境介绍

双击 Eclipse 图标，即可运行 Eclipse 程序，Eclipse 首先显示如图 B-4 所示界面，在此界面需要选择工作区（workspace）所在的目录，即 Eclipse 中创建的项目所在的文件夹，系统给出一个默认文件夹，可以单击"Browse"按钮更改工作区所在目录，并可以选择是否以后使用该文件夹作为工作区的默认文件夹，并且以后不再询问（Use this as the default and do not ask again），单击"OK"按钮，进入 Eclipse 开发环境。

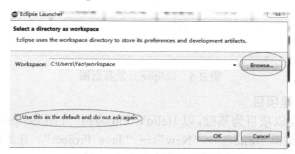

图 B-4　workspace 选择图

进入 Eclipse 开发环境，首先显示 Welcome 欢迎界面，界面如图 B-5 所示，在此界面可了解 Eclipse 开发环境、创建 HelloWorld、查看示例等，也可以打击关闭按钮，关闭 Welcome 界面，进入 Eclipse 日常开发环境界面。

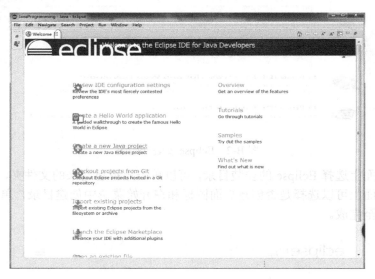

图 B-5　Eclipse 欢迎界面图

Eclipse 日常开发界面如图 B-6 所示，开发界面包括菜单、工具栏、包浏览视图、文件编辑区、问题视图等，各部分可以单独关闭，若关闭某视图，可以通过菜单"Window"→"Show View"，选择相关视图。

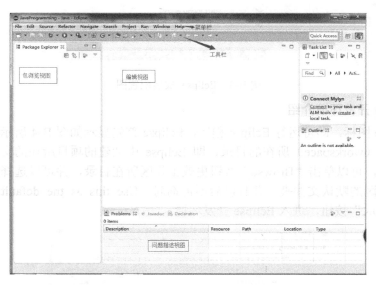

图 B-6　Eclipse 开发界面图

1. 使用 Eclipse 创建项目

Eclipse 开发程序，是以项目为基础，以 HelloWorld 为例，介绍 Eclipse 创建项目过程，Eclipse 中创建项目，需要单击菜单"File"→"New"→"Java Project"，开始创建项目，出现图 B-7 所示界面，在此界面需要填写项目名称，可以修改项目所在的文件夹、设置.java 文件和.class

文件所在文件夹、决定是否将项目添加到工作集中。在图界面输入项目名称"HelloWorld"，单击"Finish"按钮，完成项目创建。

图 B-7　项目创建图图

创建项目后，Eclipse 环境在 Package Explorer 视图显示已经创建的项目，如图 B-8 所示。其中 src 是存放 Java 源文件的文件夹，JRE System Library 是项目的运行所需的类库。

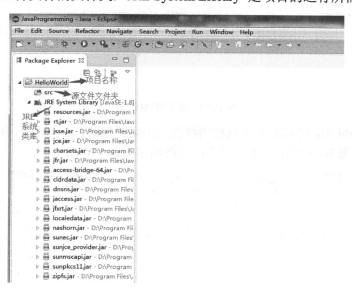

图 B-8　Package Explorer 视图

2．编写、运行 Java 源文件

完成项目创建后，可以在项目中编写 Java 代码，即在项目中添加 Java 源文件。在项目中新建 Java 源文件，需要选中 src 文件夹，右键"New"→"Class"，创建 Java 类。出现界面如图 B-9 所示。

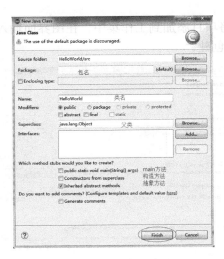

图 B-9　Java 类创建图

在图 B-9 界面，可以填写文件所在包的包名（目前在默认包），输入 Java 类的类名，设置类的父类，并可以选择是否自动生成 main 方法、构造方法等。在图 B-9 所示界面，输入 Java 类类名 HelloWorld，并选择自动生成 main 方法，然后单击"Finish"窗口完成类的创建。

完成 HelloWorld 类创建后，Eclipse 自动生成 HelloWorld 类的代码，并可以在编辑视图区域进行查看和修改，如图 B-10 所示。在此添加语句 System.out.println（"Hello world"）。

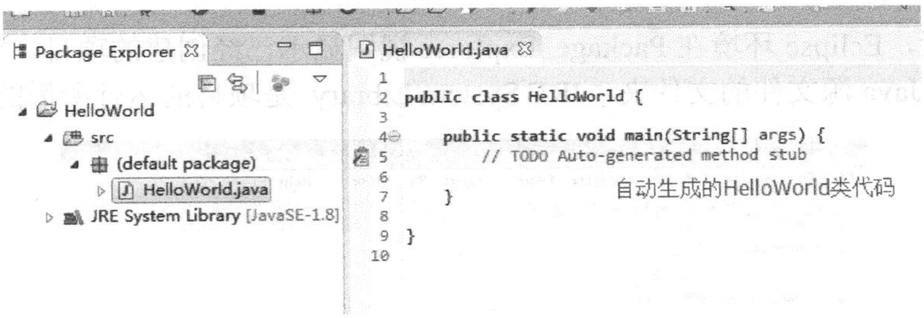

图 B-10　类代码编辑图

对于 HelloWorld 类，可以单击工具栏的绿色三角运行按钮，运行此类，运行结果在 Console 视图显示，界面如图 B-11 所示。运行程序，最终输出 Hello World。

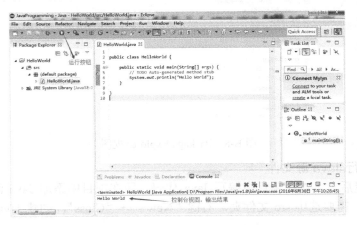

图 B-11　HelloWorld 运行示意图

注：在 Eclipse 项目可以包含多个 Java 类，创建多个 Java 源文件，新建 Java 类的过程与上面相同。

四、Eclipse 常见使用问题介绍

1．文件的删除、重命名、以及打开

对于已经创建的项目以及 Java 类，可以通过双击项目名，或者 Java 源文件的文件名，打开项目或者源文件进行编辑。

对于 Eclipse 项目和文件可以进行删除，删除文件或者项目需要在"Package Explorer"区单击选定项目名称或者文件名，右键选择"Delete"，进行删除。

对于 Eclipse 项目和文件可以修改项目名或者文件名，修改项目名或者文件名需要在"Package Explorer"区单击选定项目名称或者文件名，右键选择"Refactor"→"Rename"，修改项目名或者文件名。

2．代码纠错

当输入代码有错误，则错误代码处以红线标识，并且源文件处用错号标识，当鼠标移至错误代码处，给出错误提示信息和解决方法，如图 B-12 所示，但代码修改正确后，则红线消失。

图 B-12　代码纠错图

3．代码显示行号

图 B-12 所示编辑区代码前显示行号，若需要 Eclipse 代码显示行号，需要单击菜单"Window"→"Preference"，显示图 B-13 所示的对话框，在对话框的左侧，展开"General"→"Editors"→"Text Editors"，然后在对话框右侧，选中复选框"show line number"，然后单击"OK"按钮。

同时，在这个界面还可以设置 Eclipse 编辑器的字体和颜色。

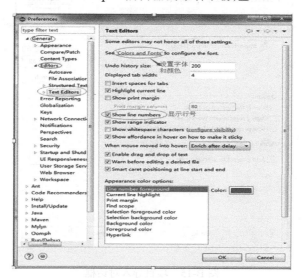

图 B-13　Eclipse 属性设置图

4. 导入项目

若将已存在的 Eclipse 项目，使用 Eclipse 打开，需要导入项目，以项目 ImportTest 为例，演示导入项目的一般过程。

单击菜单"File"→"Import"，出现图 B-14 所示对话框，在 Select 对话框中单击"General"，选中"Existing Projects into Workspace"，然后单击"next"按钮，进入 Import 对话框。

图 B-14 文件导入选择对话框

在图 B-15 所示 Import 对话框中，首先单击"browse"按钮，选择要导入项目 ImportTest 所在的文件夹，在 Projects 区域中显示出可以导入的项目，单击"Finish"按钮完成导入。

图 B-15 项目导入对话框

5. 导入外部 Jar 包到项目

某些情况下，项目需要添加外部类库或者 jar 包到 Eclipse 项目中，例如，项目需要使用 SqlServer 数据库，则需要导入 SqlServer 访问 jar 包，下面以 SqlServer jar 包添加到项目 HelloWorld 为例，展示导入外部 jar 包的一般过程。

首先选定项目名称"HelloWorld"，右键"New"→"Folder"，创建文件夹，在图 B-16 所示 Folder 对话框输入文件夹的名字，如"Library"。

复制要添加的 jar 包，然后在 Eclipse 中选中新建的文件夹 Library，右键"Paste"，将 jar 包粘贴到文件夹中。

图 B-16　新建文件夹示意图

右键项目名称"HelloWorld"，依次选择"Build Path"→"Configure Build Path..."，打开 Properties 对话框，如图 B-17 所示。

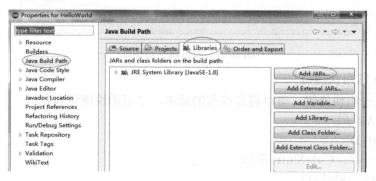

图 B-17　项目属性对话框

在打开 Properties 对话框中，先选中"Libraries"Tab 页，再从右边的按钮中点击"Add JARs..."。

在图 B-18 所示"JAR selections"的对话框中，依次展开 HelloWorld 项目和 Library 文件夹，然后选中已经复制到项目中的 jar 包，然后单击"OK"按钮关闭对话框。

334 Java 语言程序设计

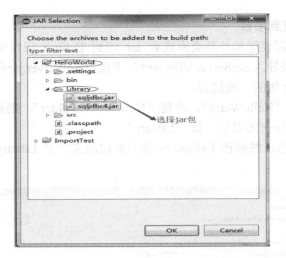

图 B-18 jar 包选择示意图

在图 B-19 所示"Properties"对话框中 "Libraries" Tab 页中可以看到刚才导入的 jar 包的名称，点击"OK"按钮确认。

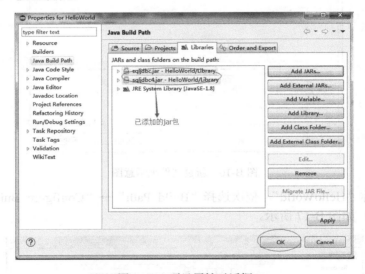

图 B-19 项目属性对话框

五、Eclipse 常用快捷键

Eclipse 定义一组快捷键，可以提高编程的效率，常用的快捷键包括：
单词补全：Alt+/
删除行：Ctrl+D
当前行前插一行：Ctrl+Shift+Enter
组织导入：Ctrl+Shift+O
文件保存：Ctrl+ S
添加注释：Ctrl+/
文档格式化：Ctrl + Shift + F
运行代码：Ctrl + F11

附录 C Java 运算符的优先级和结合性

Java 语言规定了运算符的优先级与结合性。优先级是指同一表达式中多个运算符被执行的次序，在表达式求值时，先按运算符的优先级别由高到低的次序执行，例如，算术运算符中采用"先乘除后加减"。如果在一个运算对象两侧的优先级别相同，则按规定的"结合方向"处理，称为运算符的"结合性"。Java 规定了各种运算符的结合性，如算术运算符的结合方向为"自左至右"，即先左后右。Java 中也有一些运算符的结合性是"自右至左"的，如图 C-1 所示。

优先级	运算符	结合性
1	() [] .	从左到右
2	! +(正) -(负) ~ ++ --	从右向左
3	* / %	从左向右
4	+(加) -(减)	从左向右
5	<< >> >>>	从左向右
6	< <= > >= instanceof	从左向右
7	== !=	从左向右
8	&(按位与)	从左向右
9	^	从左向右
10	|	从左向右
11	&&	从左向右
12	||	从左向右
13	?:	从右向左
14	= += -= *= /= %= = &= |= ^= ~= <<= >>= >>>=	从右向左

图 C-1 Java 运算符的优先级和结合性

Java 运算符的优先级与 C++语言的几乎完全一样，圆括号和[]的优先级最高，赋值运算符的优先级最低。在运算过程中，可以使用圆括号改变运算的顺序。

图 C-1 所列运算符的优先级，由上而下优先级别逐渐降低。对于处在同一层级的运算符，则按照它们的结合性，即"先左后右"还是"先右后左"的顺序来执行。Java 中除赋值运算符的结合性为"先右后左"外，其他所有运算符的结合性都是"先左后右"。

例如：

```
    int a=3;
    int b=3;
    int c=a+++b;                      //根据运算符的优先级"++"优先于"+"，所以 c=(a++)+b
    System.out.println(c);            //输出结果为：6
    boolean e=!false||true;           //先来执行"!false"，再进行逻辑或运算
    boolean f=!(false||true);         //先来执行"false||true"，再进行逻辑非运算
    System.out.println(e);            //输出结果为：true
    System.out.println(f);            //输出结果为：false
    int g=3;
    System.out.println(g+=2>4);       //编译出错，因为运算符">"优先于"+="，所以先来执行"2>4",
//再来执行"g+=false"，而布尔值不能参与算术运算因此编译出错
    System.out.println((g+=2)>4);//g 值为 5，输出结果为：true
```

附录 D Java API 使用

API（Application Programming Interface，应用程序编程接口）是一些预先定义的函数，目的是提供应用程序与开发人员基于某软件或硬件的访问一组例程的能力，而又无需访问源码，或理解内部工作机制的细节。Java API 有两个含义：Java 的类库和方法，也就是编程接口的意思；Java API 文档。

正文中经常提到的 API 其实是 Java 的参考手册，说明各种类、接口的定义，不同的 JDK 有不同的 API，Oracle 的网站上可以下载英文版的 API。

一、API 下载

进入 Oracle 官方网站 https://www.oracle.com/index.html，选择 Download 中的 Java for Developers，单击跳转页面，如图 D-1 所示。

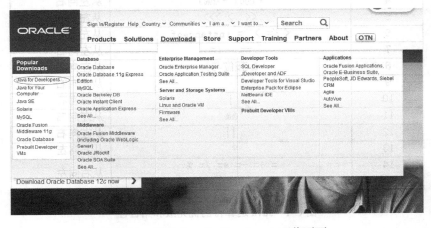

图 D-1 选择 Java for Developers 下载页面

在 Java 开发者页面向下拉动，找到 Java SE 8 Documentation，点击 "Download" 下载链接，如图 D-2 所示。

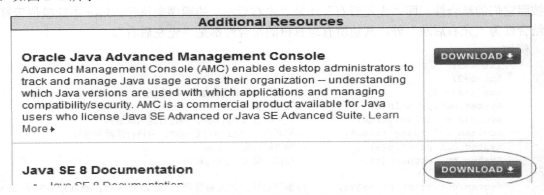

图 D-2 API 文档下载链接选择图

在下载页面选择接受单选按钮 Accept License Agreement，单击下载链接，完成下载 jdk-8u102-docs-all.zip，如图 D-3 所示。

图 D-3　文档下载页面选择图

将下载的文件夹解压缩，并进入 docs 文件夹，里面包含 api 子文件夹，进入 api 子文件夹，如图 D-4 所示，找到 index.html 文件双击打开，即可查询 API 文档。

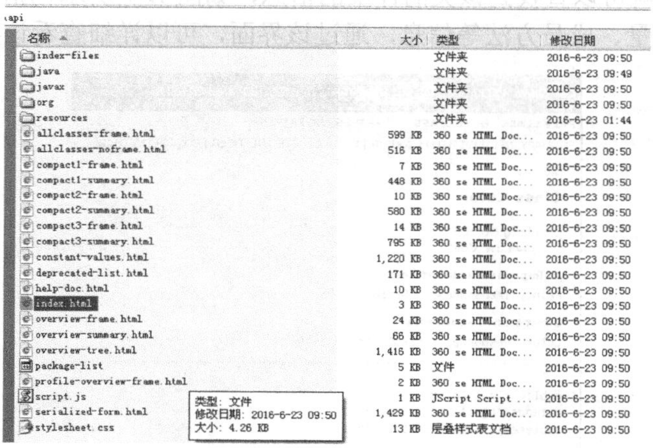

图 D-4　API 文档目录图

二、API 使用方法

双击 index.html 文档，即可打开 API 文档，如图 D-5 所示。

图 D-5　API 文档图

在 API 文档首页面可以选择 FRAMES 模式或者 NO FRAMES 模式浏览网页。TREE 列出了所有包的层次和类的层次结构；DEPRECATED 是不建议使用的类或接口；INDEX 按照字母 A～Z 的顺序列出所有的类库里的类。

例如，要查找 Color 这个类，哪怕你不清楚该类所在的包也没关系，只需要点击 INDEX，然后在 26 个字母中，点击 C，即可获得所有以 C 开头的类，如图 D-6 所示，向下拖动网页，找到 Color 类。

图 D-6　通过 INDEX 查找首字母为 C 类图

点击 Color 类，就可以查找到该类的详细的信息，如图 D-7 所示包括所在的包、该类的继承关系、类的成员变量、成员方法等信息，通过该界面，可以详细查看该类信息。

图 D-7　Color 类文档显示图

附录 E JUnit 测试工具的使用

软件测试（Software Testing）是在规定的条件下对程序进行操作，以发现程序错误，衡量软件质量，并对其是否能满足设计要求进行评估的过程。

软件测试是软件开发的一个重要过程，是程序质量管理的一个重要组成部分，软件测试过程包括单元测试、集成测试、确认测试、系统测试等测试流程，其中单元测试是指集中对用源代码实现的每一个程序单元进行测试，检查各个程序模块是否正确地实现了规定的功能。因此一个程序单元的单元测试经常由该单元的开发者完成，因此了解如何完成单元测试，也是软件开发人员的一个学习目标。

JUnit 是一个 Java 语言的自动化的单元测试框架，由 Kent Beck 和 Erich Gamma 建立，并成为目前软件开发的常用的测试框架，多种 Java 开发工具都已经集成了 JUnit 作为单元测试的工具，来完成白盒测试。

一、使用 Eclipse 自动生成 JUnit 单元测试类

假设已经完成了一个类 Caculator，下面对类 Caculator 的方法 div 和方法 add 进行测试。

```
package cn.lyu.edu;
public class Caculator {
    public int div(int x,int y)
    {
        return x/y;
    }
    public int add(int x,int y)
    {
        return x+y;
    }
}
```

选定要测试的类 CacuLator，右键 new→Junit Test Case，如图 E-1 所示。

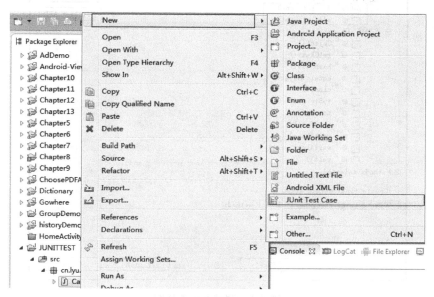

图 E-1 测试类新建图

在图 E-2 所示界面选定 New JUnit 4 test，设置测试类的名称、包名等信息，一般情况下测试类的名字为被测试的类名+Test，所以我们测试类的类名为 CaculatorTest，所在包为 cn.lyu.test。

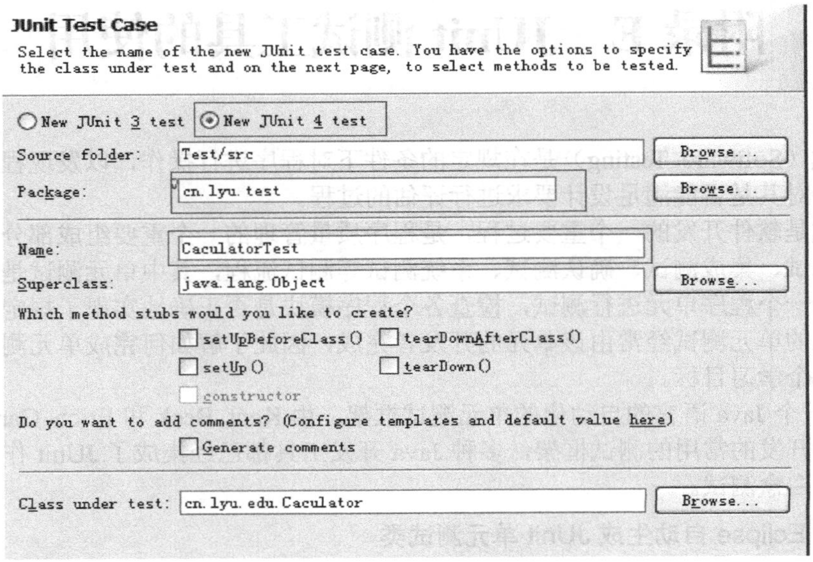

图 E-2 测试类创建图

在图 E-3 中选择类中要被测试的方法，对于类 Caculator，选择 add 和 div 方法被测试，单击 Finish 按钮，CaculatorTest 测试类被生成。

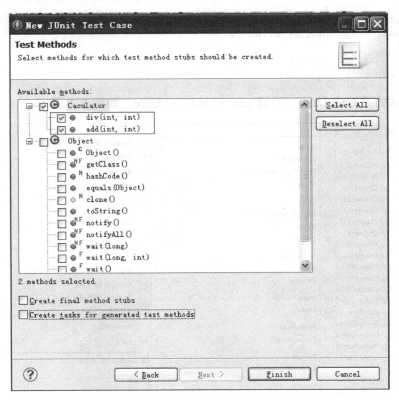

图 E-3 测试方法选择图

从图 E-4 生成的测试类可以看出，测试类名称为被测试类的名字+Test，测试方法的名字也为 test+被测试方法的名字，同时在每一个测试方法前面有一个注解@Test，表示这是一个测试方法，方法内调用 Assert 类的静态方法 fail()完成测试，fail()表示测试失败，即在不检查任何条件的情况下使断言失败。

```
package cn.lyu.test;

import static org.junit.Assert.*;
import org.junit.Test;

public class CaculatorTest {

    @Test
    public void testDiv() {
        fail("Not yet implemented");
    }

    @Test
    public void testAdd() {
        fail("Not yet implemented");
    }
}
```

图 E-4　测试类代码图

在代码编辑器右键 Run as→JUnit Test 运行生成的测试类，对两个方法进行测试，如图 E-5 所示。

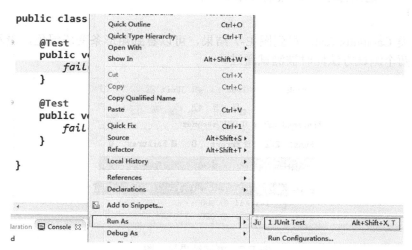

图 E-5　运行测试类示意图

可以看到如图 E-6 所示的测试结果，一共测试两个方法，失败 2 个，红色横条表示测试失败。至此，Eclipse 利用 JUnit 框架为类 Calculator 生成了测试类，并运行完成测试。

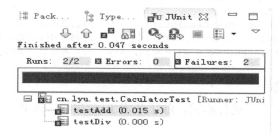

图 E-6　测试类运行结果图

二、JUnit 测试类的编写

对于自动生成的测试方法，需要进行修改，来对被测试方法进行测试。其思路基本是调用被测试方法，判断运行的结果和预期结果是否一致。

【例1】 修改生成的 CaculatorTest 类，完成测试。

在测试方法中，创建 Caculator 类的对象 c，利用对象调用需要被测试的方法，并使用 assertEquals 来判断运行结果和预期结果是否一致。

```java
package cn.lyu.test;
import static org.junit.Assert.*;
import junit.framework.TestCase;
import org.junit.Test;
import cn.lyu.edu.Caculator;
public class CaculatorTest {
    @Test
    public void testDiv() {
        Caculator c= new Caculator();           //创建 Caculator 对象
        int result = c.div(4, 4);               //调用 div 方法，得到 result
        TestCase.assertEquals(result, 1);       //判断结果 reuslt 和预计值1是否相同
    }
    @Test
    public void testAdd() {
        Caculator c= new Caculator();
        int result = c.add(4, 4);
        TestCase.assertEquals(result, 8);
    }
}
```

运行测试类 CaculatorTest，得到图 E-7 结果，可以看到矩形条变成绿色，表示测试通过。同时可以发现两个测试方法同时被测试通过。

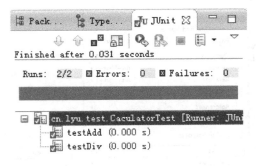

图 E-7 测试结果显示图

通过【例1】可以看出 JUnit 可以自动化执行多个测试方法，并对测试结果进行判断，因此非常方便，同时从【例1】中可以看出，测试是否成功和测试选择的测试用例关系非常大。例如对 testDiv 方法，将测试用例改为(4,0)，测试则会出现错误。

```java
public void testDiv() {
    Caculator c= new Caculator();           //创建 Caculator 对象
    int result = c.div(4, 0);               //调用 div 方法，得到 result
    TestCase.assertEquals(result, 1);       //判断结果 reuslt 和预计值1是否相同
}
```

三、JUnit 使用的注解

JUnit 4 引入注解来对方法进行测试，除了基本 Java 注解，表 E-1 对 JUnit 专门使用的注解进行解释。

表 E-1　JUnit 使用注解

注　解	描　述
@Test public void method()	@Test 注解代表方法是一个测试方法
@Test (expected = Exception.class)	表示预期会抛出 Exception.class 的异常
@Test(timeout=100)	表示预期方法执行不会超过 100 毫秒
@Before public void method()	表示该方法在每一个测试方法之前运行，可以使用该方法进行初始化之类的操作
@After public void method()	表示该方法在每一个测试方法之后运行，可以使用该方法进行释放资源，回收内存之类的操作
@BeforeClass public static void method()	表示该方法只执行一次，并且在所有方法之前执行。一般可以使用该方法进行数据库连接操作，注意该注解运用在静态方法
@AfterClass public static void method()	表示该方法只执行一次，并且在所有方法之后执行。一般可以使用该方法进行数据库连接关闭操作，注意该注解运用在静态方法
@Ignore	表示该方法忽略。一般在低层代码有所改动，但是未实现，可以暂时忽略掉。也可以忽略掉执行时间过长的测试

【例 2】　在测试类 CaculatorTest 使用注解。

```
package cn.lyu.test;
import static org.junit.Assert.*;
import junit.framework.TestCase;
import org.junit.BeforeClass;
import org.junit.Test;
import cn.lyu.edu.Caculator;
import java.lang.Exception;
public class CaculatorTest {
    static Caculator c ;
    @BeforeClass
    public static void start(){
        c = new Caculator();
    }
    @Test(expected=ArithmeticException.class,timeout =100)
    public void testDiv() {
        int result = c.div(4, 0);
        TestCase.assertEquals(result, 1);
    }
    @Test
    public void testAdd() {
        int result = c.add(4, 4);
        TestCase.assertEquals(result, 8);
    }
}
```

【例 2】中首先为测试方法 testDiv()加注解@Test，并为其属性赋值，因为 test 中除以 0 会产生算术异常，所以，在注解中使用属性 expected=ArithmeticException.class，表示会抛出异常，同时设置预期执行时间不超过 100 秒。为静态方法 start 设置注解 BeforeClass，表示这个静态方法在其他所有方法前执行，在方法中新建一个 Caculator 类型静态对象 c。这个例子中，方法的执行顺序为：start 方法、testDiv 方法、testAdd 方法。运行结果图 E-8 所示。

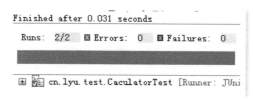

图 E-8　例 2 运行结果图

对于加注解的类，@Before、@After、@Test 注解规定方法运行顺序，运行测试类时，这些被注解的方法的运行顺序为：

@BeforeClass → @Before → @Test → @After → @AfterClass

每一个注解测试方法的运行顺序为：

@Before → @Test → @After

四、JUnit 常使用断言

JUnit 经常使用一些辅助方法来确定被测试的方法是否按照预期的效果正常工作，通常把这些辅助方法称为断言。在【例 2】中使用断言 assertEquals 来判断运行结果是否与预期结果一致，从而完成方法测试。JUint 常用的断言如表 E-2 所示。

表 E-2 JUnit 常用断言表

断言名称	功能
assertArrayEquals（expecteds，actuals）	查看两个数组是否相等
assertEquals（expected，actual）	查看两个对象是否相等。类似于字符串比较使用的 equals()方法
assertNotEquals（first，second）	查看两个对象是否不相等
assertNull（object）	查看对象是否为空
assertNotNull（object）	查看对象是否不为空
assertSame（expected，actual）	查看两个对象的引用是否相等。类似于使用"=="比较两个对象
assertNotSame（unexpected，actual）	查看两个对象的引用是否不相等。类似于使用"!="比较两个对象
assertTrue（condition）	查看运行结果是否为 true
assertFalse（condition）	查看运行结果是否为 false
assertThat（actual，matcher）	查看实际值是否满足指定的条件
fail()	让测试失败

参 考 文 献

[1]（美）梁勇（Y. Daniel Liang）著．李娜译.Java 语言程序设计（基础篇）（第 8 版）[M].北京：机械工业出版社，2011.

[2]（美）Bruce Eckel 著．陈昊鹏译.Java 编程思想(第 4 版)[M]．北京：机械工业出版社，2007.
耿祥义，张跃平著．Java2 实用教程（第 4 版）[M]．北京：清华大学出版社，2014.

[3]（美）Cay S.Horstmann 等著．周立新等译．Java 核心技术（卷 I）基础知识（原书第 9 版）[M].北京：机械工业出版社，2014.

[4] 林信良著．Java JDK 8 学习笔记[M]．北京：清华大学出版社，2015.

[5] 胡智喜著．uml 面向对象系统分析与设计教程[M]．北京：电子工业出版社，2014-07-01.

[6] 王薇等著．Java 程序设计与实践教程[M]．北京：清华大学出版社，2011.

[7] Oracle Java 技术．http: //www.oracle.com/technetwork/cn/java/index.html.